Oldenbourg

VHDL-Synthese

Entwurf digitaler Schaltungen und Systeme

von
Prof. Dr. rer. nat. Jürgen Reichardt
und
Prof. Dr.-Ing. Bernd Schwarz
Hochschule für Angewandte Wissenschaften
Hamburg

3., bearbeitete Auflage

Oldenbourg Verlag München Wien

Autoren:
Prof. Dr. rer. nat. Jürgen Reichardt
Prof. Dr.-Ing. Bernd Schwarz
FB Elektrotechnik / Informatik
Hochschule für Angewandte Wissenschaften Hamburg (HAW)
Berliner Tor 7
20099 Hamburg

reichardt@etech.haw-hamburg.de
schwarz@etech.haw-hamburg.de

Der Verlag übernimmt keine Gewähr dafür, dass die beschriebenen Verfahren, Pro-gramme usw. frei von Schutzrechten Dritter sind. Die Wiedergabe von Gebrauchsnamen, Handelsnamen, Warenbezeichnungen usw. in diesem Buch berechtigt auch ohne beson-dere Kennzeichnung nicht zu der Annahme, dass solche Namen im Sinne der Warenzei-chen- und Markenschutzgesetzgebung als frei zu betrachten wären und daher von jeder-mann benutzt werden dürften.

Bibliografische Information Der Deutschen Bibliothek

Die Deutsche Bibliothek verzeichnet diese Publikation in der Deutschen Nationalbibliografie; detaillierte bibliografische Daten sind im Internet über <http://dnb.ddb.de> abrufbar.

© 2003 Oldenbourg Wissenschaftsverlag GmbH
Rosenheimer Straße 145, D-81671 München
Telefon: (089) 45051-0
www.oldenbourg-verlag.de

Lektorat: Sabine Krüger, Kathrin Veigel
Herstellung: Rainer Hartl
Umschlagkonzeption: Kraxenberger Kommunikationshaus, München
Gedruckt auf säure- und chlorfreiem Papier
Druck: R. Oldenbourg Graphische Betriebe Druckerei GmbH

Vorwort

Das vorliegende Buch entstand aus einer Neubewertung der Lehrinhalte der Fächer „Digitaltechnik" und „Entwurf Digitaler Systeme" am Fachbereich Elektrotechnik und Informatik der Fachhochschule Hamburg.

Die in der Vergangenheit für den PLD-Entwurf (Programmable Logic Device) verwendeten Entwurfswerkzeuge waren nicht mehr ausreichend, um den Anforderungen eines modernen Digitalsystem-Entwurfs zu genügen. Für die heute überwiegend verwendeten CPLDs (Complex Programmable Logic Devices) und FPGAs (Field Programmable Gate Arrays) werden mächtigere Entwurfsmethoden sowie geeignetere Werkzeuge benötigt. Wesentliches Element sind dabei Modellierungen mit standardisierten Hardwarebeschreibungssprachen, die den früheren Schaltplanentwurf mehr und mehr ablösen.

Nach umfassenden Diskussionen in unserem Lehrgebiet Informationstechnik wurde entschieden, Elemente der Hardwarebeschreibungssprache VHDL parallel zur Digitaltechnik zu vermitteln, um darauf aufbauend in den weiteren Lehrveranstaltungen Systementwürfe gestalten zu können. VHDL steht dabei für VHSIC (**V**ery **H**igh **S**peed **I**ntegrated **C**ircuit) **H**ardware **D**escription **L**anguage und wurde durch den Standard IEEE-1076 in den Jahren 1987 und 1993 als herstellerunabhängige Hochsprache definiert bzw. fortgeschrieben.

Ein besonderes Ziel unserer Lehrveranstaltungen ist es, den bekannten Beschreibungsformen für Elemente der Digitaltechnik, nämlich den Wahrheitstabellen- und Schaltplanentwürfen, einen Hochsprachenentwurf gegenüberzustellen. Der starke Hardwarebezug der genannten Lehrveranstaltungen setzt dabei voraus, dass nur synthesefähige VHDL-Beschreibungen entwickelt werden.

Auf der Suche nach geeignetem Unterrichtsbegleitmaterial mussten wir feststellen, dass der deutschsprachige Lehrbuchmarkt kein diesen Vorstellungen entsprechendes Angebot enthält. Deshalb haben wir begonnen, zunächst im Rahmen einer Wahlfachveranstaltung „VHDL-Synthese für XILINX-FPGAs" eine praxisnahe und hochsprachenorientierte Entwurfsmethodik in der Lehre zu erproben. Mittlerweile sind wesentliche Elemente dieser Methodik in die Digitaltechnik-Vorlesungen und -Praktika eingeflossen. Aus diesen Lehrinhalten wurde das Konzept des vorliegenden Lehrbuches entwickelt.

Es will als Zielgruppe zunächst die Studierenden der Elektrotechnik und der Informatik an Hochschulen und Universitäten erreichen, wobei es bereits in der Grundlagenvorlesung Digitaltechnik genutzt werden kann. Dieses Lehrbuch ist ebenso auf Entwicklungsingenieure[1] in der Praxis ausgerichtet, die erstmalig einen VHDL-basierten Digitalentwurf beabsichtigen.

Zielgerichtet für die Synthese digitaler Elektronik wird dem Leser eines der ersten deutschsprachigen Lehrbücher vorgestellt, das VHDL vor dem Hintergrund der Digitaltechnik vermittelt. Besonderen Wert legen wir dabei auf die Kombination aus Hardwarebeschrei-

---

[1] Wir bitten die Leserinnen um Verständnis, dass wir im Folgenden die männlichen Berufsbezeichnungen verwenden. Wir haben uns wegen der Kürze und der unseres Erachtens besseren Lesbarkeit für diese Formulierungen entschieden.

bung, Funktionsprüfung durch Simulation und Analyse der Syntheseergebnisse. Den synthesefähigen Hardwarebeschreibungen der ausgewählten Funktionselemente werden, soweit erforderlich, die digitaltechnischen Entwurfsprinzipien zur Seite gestellt. Bei uns hat sich im Laufe des Buchprojektes und im Rahmen der Vorlesungsveranstaltungen die Einschätzung entwickelt, dass es für die Studierenden ein entscheidender Zeitvorteil ist, die Digitaltechnikinhalte zusammen mit der Hardwarebeschreibungssprache und den Zielen der Hardwaresynthese zu erlernen. Daraus resultierten nicht nur sehr anspruchsvolle Studien- und Diplomarbeiten zu Themen der digitalen Bildverarbeitung mit FPGA-Coprozessoren sondern auch frühzeitige Semesterprojekte zur Entwicklung von anwendungsspezifischen RISC-Prozessoren. Seitens der Industrie wurde uns bestätigt, dass Absolventen, die auf diese Weise ausgebildet wurden, mit deutlich kürzerer Einarbeitungszeit in komplexe IC-Entwurfsprojekte integriert werden konnten.

Wir danken unseren Kollegen und Mitarbeitern im Lehrgebiet für umfangreiche Diskussionen und viele Anregungen zur inhaltlichen Ausgestaltung der neu strukturierten Lehrveranstaltungen zur Digitaltechnik und der Umgestaltung der Laborversuche. Auch in Zukunft werden wir uns insbesondere vor dem Hintergrund rasch wechselnder CAE-Umgebungen mit der Weiterentwicklung dieses Themengebiets und der Umsetzung in die Lehre auseinander setzen.

Wir freuen uns über die positive Akzeptanz, die nun auch der zweiten Auflage entgegengebracht wurde, die innerhalb von 18 Monaten vergriffen war. Mit der jetzt vorliegenden dritten Auflage haben wir weiteren Korrekturhinweisen der Leser Rechnung getragen. Das Kapitel 9 mit der Einführung in die Handhabung des professionellen Simulators ModelSim ist auf eine neuere Version aktualisiert und inhaltlich ergänzt worden.

J. Reichardt, B. Schwarz
reichardt@etech.haw-hamburg.de
schwarz@etech.haw-hamburg.de

Inhaltsverzeichnis

1 Einleitung und Übersicht

1.1 Motivation

Die Entwicklung von mikroelektronischen Schaltungen auf hohem Abstraktionsniveau wird durch die beiden nachfolgenden Trends bestimmt:

– Starker Anstieg der Entwurfskomplexität

– bei drastisch reduzierten Entwicklungszeiten (Time to market).

Zugleich entwickelt sich der Markt für mikroelektronische Produkte von Computeranwendungen immer weiter hin zu Kommunikations- und Consumer-Anwendungen. Exemplarisch sollen hier nur das rasante Wachstum des Mobilfunkmarktes sowie die neuartigen Applikationen, die sich aus dem Zusammenwachsen der Computer und digitalen Fernsehsysteme im Zusammenhang mit der Internet-Entwicklung ergeben, genannt werden.

In der Industrie reichen herkömmliche Wege über grafische Schaltplaneingaben auf Logikelementebene schon seit längerem nicht mehr aus, um in den kurzen Entwicklungszyklen wettbewerbsfähig zu bleiben. Ein neuer Ansatz beim Schaltungsentwurf ist die Hardwarebeschreibung durch Hochsprachen, der durch eine zunehmende Zahl von CAE-Werkzeugen zur Schaltungssimulation und –synthese unterstützt wird. Ein besonderer Vorteil dieses Konzepts ist die gemeinsame Nutzung einer einheitlichen Modellierung für Simulation und Synthese. Dabei dient die Simulation der Verifikation der Entwurfsidee und die Synthesewerkzeuge setzen die Hardwarebeschreibung automatisch in Schaltpläne und Logikgatter-Netzlisten um. Letztere werden für die herstellerspezifische Implementierung der Schaltung auf Hardwareplattformen wie ASICs (Application Specific Integrated Circuits), FPGAs und CPLDs benötigt. Zusammen mit dem Einsatz der CAE-Werkzeuge führt die Hardwareentwicklung auf Basis von Hochsprachen dazu, dass die Vielfalt der implementierungspezifischen Entwurfsdetails stark reduziert wird. Der Entwickler kann sich so mehr dem Systementwurf widmen und wird in die Lage versetzt, komplexere Schaltungen in kürzerer Zeit zu bearbeiten. Die Realisierung digitaler Systeme mit FPGAs, die bis zu einer Million Gatter bieten [55], erfordert eine Beschreibung auf Basis komplexer Komponenten, wie z.B. A-LUs (Arithmetic Logic Units), Steuerwerken und On-Chip RAM/ROM-Speicher.

Durch Nutzung von Top-Down bzw. Bottom-Up Entwurfsstilen sowie durch Einsatz wiederverwendbarer Komponenten lässt sich eine im Vergleich zum Schaltplanentwurf höhere Abstraktionsebene des Systementwurfs erreichen [16], [42].

Als Modellierungssprachen für den beschriebenen Entwurfsstil haben sich weltweit die beiden Sprachen Verilog und VHDL etabliert, die den Markt in der Vergangenheit etwa zu gleichen Teilen dominierten [56]. Verilog war überwiegend im amerikanischen Markt vertreten, hat sich jedoch in Europa gegenüber VHDL weniger durchsetzen können. Seit Mitte der 90'er Jahre ist auch in den USA ein drastischer Anstieg der VHDL-Nutzung zu beobachten [57].

Aus den oben genannten Gründen und aufgrund der IEEE-Standardisierung [3] sowie der daraus resultierenden Portierbarkeit der Entwicklungsergebnisse zwischen unterschiedlichen CAE-Umgebungen bzw. Bausteinen wurde die Sprache VHDL für die Lehre und das vorliegende Buch ausgewählt.

Der synthesefähige Syntaxanteil von VHDL, der nur eine Teilmenge des gesamten Sprachumfangs darstellt, wurde erst kürzlich standardisiert [20]. Die in den Synthesewerkzeugen implementierten Möglichkeiten gehen jedoch teilweise über diesen Standard hinaus. Aus diesem Grund wurde im vorliegenden Buch besonderer Wert darauf gelegt, nur eine sicher synthesefähige Untermenge zur Hardwarebeschreibung einzusetzen. Als Erprobungsgrundlage dienten überwiegend die PC-basierten Werkzeuge Aurora der Fa. Viewlogic [10], FPGA-Express der Fa. Synopsys [5] und PeakVHDL der Fa. Accolade [4].

1.2   Ziele und Organisation dieses Buches

Die besondere Aufgabe, die wir uns mit diesem Buch gestellt haben, besteht darin, die digitaltechnischen Entwurfselemente mit den VHDL-Modellierungselementen zusammenzuführen. Dabei werden folgende immer wiederkehrende Entwurfsschritte bearbeitet:

– Digitaltechnische Problembeschreibung

– Hardwarebeschreibung mit VHDL

– Verifikation des VHDL-Codes durch Simulation

– Analyse des Syntheseergebnisses.

Schrittweise erfolgt eine Steigerung der zu vermittelnden Syntaxkomplexität. Dies geschieht parallel zum wachsenden Funktionsumfang der modellierten Komponenten. So wird die Hardware-Modellierung mit VHDL aus Sicht der Digitaltechnik von einfachen kombinatorischen Logikfunktionen, Flipflops, gesteuerten Zählern und Zustandsautomaten bis hin zu einem Prozessorentwurf dargestellt.

Aufgrund der Vielzahl möglicher VHDL-Beschreibungen für eine Problemstellung haben wir es angestrebt, jeweils wiederverwendbare und erweiterbare VHDL-Module vorzustellen. Dazu gehört auch, dass die Syntheseergebnisse als technologieunabhängige Schaltpläne sorgfältig aufbereitet und erläutert werden. Für den Leser soll sich dadurch als Lernziel ein geschulter Blick ergeben, mit dem er die plausible Übereinstimmung der synthetisierten Flipflops, Latches und Schaltnetze mit seiner Entwurfsvorstellung prüfen kann.

Das vorliegende Buch soll kein vollständiges VHDL-Syntaxlexikon darstellen, stattdessen wird ein synthesefähiger VHDL-Syntaxvorrat aus Sicht der digitaltechnischen Zielvorstellungen erlernt. Nicht synthesefähige Syntax wird als solche ausdrücklich erläutert und nur im Zusammenhang mit rein simulationstechnischen Aspekten genutzt. Dazu gehören zum einen die Formulierung von Stimuligeneratoren in VHDL-Testumgebungen und zum anderen die Modelle für nicht VHDL-basierte Schaltungsmakros. Die FPGA-Hersteller liefern diese Hardwaremakros z. B. für RAM- und ROM-Speicher, die bei der Synthese in die Netzlisten eingebunden werden können, für die jedoch keine simulationsfähigen VHDL-Modelle zur Verfügung stehen.

Die Simulation einer Hardwarebeschreibung ist im Lernprozess sowie in der praktischen Entwicklungstätigkeit ein entscheidender Schritt zur Verifikation eines Entwurfes. Damit die Studierenden die Beispielentwürfe des Buches nachvollziehen können und die eigenen Lösungen zu den Übungsaufgaben überprüfen können, enthält der Anhang eine Einführung in die Bedienung eines VHDL-Simulators.

Die einzelnen Kapitel dieses Lehrbuches lassen sich grob gefasst drei Hardware-Syntheseschwerpunkten zuordnen:

– Logik-Synthese,

– Schaltwerk-Synthese,

– Struktur-Synthese hierarchischer Systeme.

Die in der Literatur dafür benutzten Beschreibungsformen sind mit folgenden Begriffen klassifizierbar [13], [15], [42], [43]:

• Verhaltensbeschreibung: Modellierung des Ein-/Ausgangsverhaltens von digitaltechnischen Komponenten. Prinzipiell ist zu unterscheiden, ob die Modelle synthesefähig sind (Datenflussdarstellung), oder ob sie nur für die Simulation geeignet sind (algorithmische Darstellung).

• Strukturbeschreibung: Mit hierarchischen Strukturmodellen werden die Signalkopplungen zwischen den Komponenten beschrieben.

Im vorliegenden Lehrbuch bilden Hardwarebeschreibungen mit der Datenflussdarstellung den Kern der Ausführungen. Diese Hardware-Verhaltensbeschreibung wird in den IEEE-Standards als Darstellung auf der Registerebene (Register Transfer Level) präzisiert [42] [43]. Darin werden die Schaltungen mit ihren Registern und der dazwischen liegenden kombinatorischen Logik beschrieben. Der VHDL IEEE-Synthesestandard [20] wurde für Beschreibungen auf dieser Registerebene entwickelt.

Das Buch ist neben dieser Einführung in 7 weitere Kapitel und einen Anhang gegliedert, dabei werden die drei oben genannten Themenbereiche wie folgt behandelt: In den Kapiteln 2 bis 4 sollen mit elementaren VHDL-Konstrukten digitale Grundkomponenten realisiert werden. Darauf aufbauend erfolgt in zwei weiteren Kapiteln eine Darstellung des Entwurfs komplexerer Komponenten, wie z.B. von Komparatoren, Zählern und Automaten. In den letzten beiden Kapiteln sollen die Strukturierungsmethoden digitaler Systeme mit VHDL vorgestellt und an einem praktischen Beispiel umgesetzt werden.

Der erste Themenbereich beginnt im Kapitel 2 mit der Vorstellung der wesentlichen syntaktischen Grundstrukturen eines VHDL-Codes zur Beschreibung einfacher Schaltnetze mit Entwurfseinheiten (Entities) und Architekturen. Dazu gehören auch Signale und deren nebenläufige Wertzuweisung. Schon in diesem einführenden Kapitel wird der Leser auf

Möglichkeiten hingewiesen, den eigenen Entwurf mittels geeigneter VHDL-Testumgebungen zu simulieren.

Zur Erweiterung der allein mit nebenläufigen Anweisungen stark eingeschränkten Modellierungsmöglichkeiten wird in Kapitel 3 die Beschreibung von Schaltnetzen und Schaltwerkelementen mit Prozessen und den zugehörigen sequentiellen Anweisungen erläutert. Diese erlauben zunächst Verzweigungen, die entweder Multiplexer oder Prioritätsencoder generieren. Schleifenkonstrukte können entweder der Erzeugung einer endlichen Anzahl regelmäßiger Hardwareelemente oder aber der Abarbeitung getakteter Vorgänge dienen. Dazu werden Paritätsgeneratoren vorgestellt, bei denen auch auf den Unterschied zwischen VHDL-Signalen und -Variablen eingegangen wird. Als Beispiele einfacher Schaltwerke werden D-Flipflops und Register sowie ein Zähler mit Schaltwerktabelle und ein parametrisiertes Schieberegister entworfen. Die speziellen Möglichkeiten, die der Einsatz von Prozessen in Testumgebungen liefert, werden ebenfalls in diesem Kapitel aufgezeigt.

In Kapitel 4 werden mehrwertige Datentypen eingeführt, mit denen sich über die einfache 0-1-Darstellung digitaler Signale hinaus, unter anderem hochohmige Buszustände (Tri-State Treiber) sowie Don't-Care Einträge in Wahrheitstabellen umsetzen lassen.

Der zweite Themenbereich, der die Modellierung komplexerer Komponenten vorstellt, beginnt in Kapitel 5 mit der Einführung arithmetischer Operatoren, die für die mehrwertigen Datentypen definiert sind. Darauf aufbauend wird der Entwurf von Komparatoren, Addierern und Subtrahierern erläutert. Auch einfache Schaltwerke wie gesteuerte Zähler werden hier behandelt. Ergänzend wird in diesem Kapitel der Integer-Datentyp eingeführt, mit dem sich besonders vorteilhaft indizierte Feldzugriffe, wie sie z.B. bei der Speicheradressierung erforderlich sind, beschreiben lassen.

Die Umsetzung der aus der Digitaltechnik bekannten Automatenstrukturen behandelt Kapitel 6. Dabei wird am Beispiel eines Automaten zur seriellen Sequenzerkennung auf geeignete Abbildungsvarianten der Automatenkomponenten auf VHDL-Prozesse und die Darstellung der Zustandscodierung eingegangen. Die Realisierung von Signalsynchronisationen und des Komponentenpipelinings zur Taktfrequenzerhöhung in Systemen mit gekoppelten Automaten wird ebenfalls vorgestellt.

Im dritten Schwerpunkt werden in Kapitel 7 die wesentlichen Schritte zum VHDL-Entwurf digitaler Systeme vorgestellt. Dazu gehört neben der Vorstellung einer Entwurfsmethodik die Abbildung auf Strukturmodelle, die durch gekoppelte Komponenten und Netzlisten repräsentiert werden. Als weitere Strukturierungsmittel werden in diesem Kapitel Blöcke in Architekturen sowie Unterprogramme erläutert. Als Ausblick wird die Einbindung herstellerspezifischer, parametrisierbarer Schaltungsmacros in den VHDL-Code diskutiert.

Im abschließenden Kapitel 8 wird als Beispiel eines übersichtlichen digitalen Systems der schrittweise Entwurf eines einfachen Mikroprozessors vorgestellt. Für die einzelnen Komponenten wie ALU, Akkumulator, Befehlsdecoder und Steuerwerk werden die vollständigen VHDL-Codes erarbeitet. Die Einbindung dieses synthesefähigen Prozessors in eine Simulationsumgebung wird ebenfalls erläutert. Damit kann die Hardwarefunktion der Prozessorelemente für einen beliebigen Assemblercode analysiert werden.

Am Ende der Kapitel 2 bis 7 ist jeweils eine Reihe von Übungsaufgaben zur Entwicklung digitaler Grundkomponenten zusammengestellt. Der Anhang enthält dazu jeweils eine Musterlösung. In diesem Anhang werden neben einer Übersicht der VHDL-Schlüsselworte auch Hinweise zur Verwendung des VHDL-Simulators und Synthesewerkzeug ModelSim XE gegeben, der in seiner Starter-Version kostenlos über das Internet zu beziehen ist [59].

Dateien mit Quellcodes für Beispiellösungen sowie weitere Informationen zu diesem Buch finden Sie unter dem URL: http://users.etech.haw-hamburg.de/users/reichardt/

1.3 Syntaxnotation

Anhand zweier exemplarischer VHDL-Syntaxbeschreibungen soll kurz auf die in diesem Buch verwendete Bezeichnungsweise eingegangen werden:

```
entity <Entityname> is
       [generic(<Deklaration von Parametern>);]
port(<Deklaration der Ein- und Ausgänge>);
       [< Entitydeklarationen >;]
end <Entityname>;

architecture <Architekturname> of <Entityname> is
       [< Architekturdeklarationen >;]
begin
       {<VHDL-Anweisungen>;}
end <Architekturname>;
```

- Grundsätzlich wird VHDL-Code bzw. die VHDL-Syntaxbeschreibung auch im Fließtext als Courier Font dargestellt.

- VHDL-Schlüsselworte bzw. -Trennzeichen sind **fett** gedruckt.

- Elemente in spitzen Klammern stellen Bezeichner oder andere, untergeordnete Elemente der Syntaxbeschreibung dar (z.B. <Entitydeklarationen>).

- Die in eckigen Klammern angegebenen Syntaxelemente sind optional und werden in den einführenden Beispielen weggelassen (z.B. [**generic**( );])

- In geschweiften Klammern { } angegebene Syntaxkonstrukte können beliebig oft wiederholt werden.

- Elemente einer Liste alternativer Möglichkeiten von Syntaxkonstrukten werden durch den Vertikalstrich | getrennt.

Während die ersten fünf Notationselemente im oben angegebenen Beispiel wieder zu finden sind, stellt die nachfolgende Syntaxbeschreibung ein Beispiel für das letzte Element dar:

```
for <Marke>| others | all:<Komponenten-Name>
use entity <Bibliothek>.<Entityname>(<Architekturname>);
```

Eine vollständige Syntaxübersicht findet der Leser im Abschnitt 10, in dem eine Zusammenstellung der Fa. Qualis [58] reproduziert ist. Unter dem URL: http://users.etech.haw-hamburg.de/users/schubert/vorles.html lässt sich eine deutschsprachige VHDL-Syntaxbeschreibung im PDF-Format über das Internet herunter laden.

2 Synthese einfacher Schaltnetze

In diesem Kapitel werden die grundlegenden VHDL-Konzepte erläutert. Ausgehend von vollständigen Beispielen wird der VHDL-Sprachschatz schrittweise, problemorientiert erweitert. Dabei werden zunächst die Begriffe `entity` und `architecture` erklärt, die die Schnittstellen einer Logikeinheit bzw. deren Funktion beschreiben. Es werden Signale definiert, denen ein digitaler Wert mit nebenläufigen Anweisungen zugewiesen wird. Am Ende des Kapitels wird erläutert, wie die VHDL-Entwürfe mittels geeigneter Testumgebungen simuliert werden können.

Nach dem Durcharbeiten soll der Leser in der Lage sein, synthesefähige VHDL-Beschreibungen für einfache kombinatorische Schaltungen auf Gatterebene entwerfen zu können. Dazu gehört zunächst nur die korrekte Verwendung der Datentypen `bit` und `bit_vector` sowie der problemorientierte Umgang mit den `port`-Modi `in`, `out` und `buffer`. Die syntaktischen und semantischen Unterschiede der bedingten und selektiven Signalzuweisungen sollen verstanden sein.

Die Funktion des `inout` `port`-Modus wird später im Kapitel 4 erläutert, da zugehörige praktische Anwendungen den Datentyp `std_logic_vector` erfordern, der erst in diesem Kapitel eingeführt wird.

2.1 Entity, Architektur und Signale

Die in der nachfolgenden Liste aufgeführten VHDL-Elemente sind als grundlegende Strukturelemente jeder VHDL-Beschreibung anzusehen:

- In der mit `entity` bezeichneten Entwurfseinheit werden die Schnittstellen eines VHDL-Funktionsblocks nach außen beschrieben. In einem Vergleich eines Board-Designs mit einem VHDL-Quellcode stellt eine `entity` den zu bestückenden IC-Gehäusetyp dar, der durch die Anzahl und die Bezeichnung der Anschlüsse eindeutig definiert ist. Die Deklaration der Anschlüsse innerhalb der `entity` erfolgt mit Hilfe einer `port`-Anweisung.

- Die `architecture` beschreibt das Innenleben, d.h. die Funktionalität des VHDL-Codes. Jeder `entity` muss (mindestens) eine `architecture` zugeordnet sein. In obiger Vorstellung beschreibt also die Architektur, welche Funktion bzw. welcher Chip sich in dem Gehäuse befindet.

- Ein `port`-Signal beschreibt die Kommunikation einer `entity` nach außen. In unserem Modell werden `port`-Signale verwendet, um verschiedene integrierte Schaltkreise (ICs) auf einem Board (Platine) miteinander zu verknüpfen. Innerhalb einer Architektur werden lokale Signale erforderlich, wenn verschiedene Funktionsblöcke innerhalb eines ICs miteinander verbunden werden sollen. Signale können also auf unterschiedlichen Hierarchieebenen definiert werden.

Jedes Signal ist von einem eindeutig zu definierenden Typ. Zur Einführung soll hier zunächst nur der Datentyp `bit` bzw. `bit_vector` benutzt werden. Der Wertevorrat des Datentyps `bit` besteht aus den logischen Werten '0' und '1'. Ein `bit_vector` stellt einen aus mehreren `bit`-Signalen bestehenden Bus dar. Dieser Bus kann entweder aufsteigend, z.B. als `bit_vector(0 to 7)`, oder aber abfallend als `bit_vector (7 downto 0)` bezeichnet werden.

Alle Signale müssen einen eindeutigen Namen besitzen, der entweder in der `entity` oder in der weiter unten erläuterten Signaldeklarationsanweisung (Abschnitt 2.1.1) festgelegt wird. Die Schnittstellen der `entity` werden als `port` bezeichnet. Dessen Signalrichtung ist bei der Deklaration anzugeben. Die Syntax eines `entity`/`architecture`- Paars besteht aus den beiden Rahmen:

```
entity <Entityname> is
       [generic(<Deklaration von Parametern>);]
       port(<Deklaration der Ein- und Ausgänge>);
[< Entitydeklarationen >;]
end <Entityname>;

architecture <Architekturname> of <Entityname> is
[< Architekturdeklarationen >;]
begin
       {<VHDL-Anweisungen>;}
end   <Architekturname>;
```

Als erstes Beispiel zeigt Code 2-1 die vollständige VHDL-Beschreibung eines Multiplexers mit vier Dateneingängen.

```
-- mux4x1.vhd
-- Selektive Signalzuweisung
--------------------------
entity MUX4X1 is
       port(  S: in bit_vector(1 downto 0);
              E: in bit_vector(3 downto 0);
              Y: out bit);
end MUX4X1;

architecture VERHALTEN of MUX4X1 is
begin
       with S select  -- Auswahlsignal
       Y <=   E(0) when "00",
              E(1) when "01",
              E(2) when "10",
              E(3) when "11";
end VERHALTEN;
```

Code 2-1: Beschreibung eines 4 zu 1 Multiplexers   *Bild 2-1: Symbol des 4 zu 1 Multiplexers*

An diesem Code sollen die ersten typischen Eigenschaften von VHDL-Codes erläutert werden:

- Kommentare beginnen an beliebiger Stelle einer Zeile mit „ -- " und enden am Ende der Zeile.

- Groß-/Kleinschreibung wird prinzipiell ignoriert. Allerdings wird in Anlehnung an [1] folgende Konvention verwendet, die sich insbesondere in der neueren VHDL-Literatur mehr und mehr durchsetzt:
  - VHDL-Schlüsselworte werden klein geschrieben
  - Eigendefinitionen wie z.B. Signale etc. werden groß geschrieben.

- Namen und Bezeichner (identifier) müssen mit einem Buchstaben beginnen. Die nachfolgenden Zeichen können Buchstaben, Ziffern oder aber der Unterstrich „ _ " sein. Die Länge des Namens ist prinzipiell beliebig. Eine eindeutige Identifizierung erfolgt jedoch bei den meisten CAE-Werkzeugen über eine Länge von maximal 32 Zeichen.

- Vollständige VHDL-Anweisungen werden mit einem „ ; " abgeschlossen. Zum Trennen von Teilen einer VHDL-Anweisung dienen entweder spezielle Schlüsselworte (z.B. with select when) oder aber, in einigen Syntaxkonstrukten, auch ein Komma bzw. ein Doppelpunkt. Anweisungen können über mehr als eine Zeile verteilt werden.

- Die Zuweisung eines Signalwerts erfolgt durch den Operator „<=" . In Code 2-1 wird z.B. dem Signal Y abhängig vom Auswahlsignal S eins der einzelnen Bits E(0), E(1), E(2) oder E(3) zugewiesen (selektive Signalzuweisung). Man spricht von einer unbedingten Signalzuweisung (unconditional signal assignment), wenn die Zuweisung unabhängig vom Zustand anderer Signale erfolgt. Ein Beispiel für eine unbedingte Signalzuweisung ist: $Y <= E(0);$

- Die Zuweisung bzw. Abfrage von Signalwerten vom Typ bit erfolgt durch Klammerung in Apostroph. So wird z.B. in nachfolgender Anweisung dem Signal Y ein Low-Pegel ('0') zugewiesen wenn E(3) einen High-Pegel ('1') besitzt:

  `Y <= '0' when E(3)='1' else ....;`

- Hingegen erfolgt die Zuweisung von bit_vector-Konstanten durch Einbettung in Anführungszeichen: Dem Signal E wird durch

  `E <= "1010";`

  die angegebene Bitfolge zugewiesen, die auch als Bit-String (bit string literal) bezeichnet wird. Identisch dazu ist die folgende alternative Form der Signalzuweisung, in der den einzelnen bit_vector Elementen ein bit-Signalwert zugewiesen wird.

  `E <= ('1','0','1','0');`

  Diese Art der bitweisen Zusammenfassung von Signalen oder Konstanten wird als Aggregat bezeichnet.

Die Angabe der Signalflussrichtung in der port-Anweisung der entity ist für die Verwendung von Signalen der architecture entscheidend: Signale, die mit dem port-Modus in gekennzeichnet sind, dürfen in den VHDL-Anweisungen der Architektur grundsätzlich nur abgefragt bzw. mit anderen Signalen verknüpft werden, d.h. in einer Signalzuweisung nur auf der rechten Seite stehen. Hingegen müssen Signale, die mit dem Schlüsselwort `out` gekennzeichnet sind, bei einer Signalzuweisung auf der linken Seite stehen. Derartige Signale dürfen nicht auf Ihren Wert abgefragt werden. Der nachfolgende Code 2-2 enthält entsprechende Fehler:

```
-- Beispiel mit Fehlern
-------------------------
entity MUX4X1 is
       port(   S: in bit;
               E: in bit_vector(1 downto 0);
               Y: out bit);
end MUX4X1;

architecture VERHALTEN of MUX4X1 is
begin
       with Y select         -- Fehler: Abfrage auf out-Signal
       S <=   E(0) when '0', -- Fehler: Zuweisung auf in-Signal
              E(1) when '1';
end VERHALTEN;
```

Code 2-2: Fehlerhafte Verwendung von `port`*-Signalen*

2.1.1   Deklaration und Verwendung lokaler Signale

Innerhalb einer Architektur können Signale auch lokal definiert werden. Diese internen Signale dienen zum Informationsaustausch zwischen Funktionselementen und Blöcken innerhalb einer `architecture`, sie bieten jedoch nicht die Möglichkeit, mit anderen Entities Informationen auszutauschen. Lokale Signale sind innerhalb der `architecture` vor dem `begin` mit Hilfe des Schlüsselworts `signal` zu deklarieren. In einer solchen Deklarationszeile interner Signale lassen sich auch mehrere Signale gleichen Typs deklarieren (z.B. die Signale B und Y in Code 2-3).

Bei Signalzuweisungen ist grundsätzlich zu beachten, dass in der Regel nur eine Quelle einem Signal einen Wert zuweisen darf. Der nachfolgende VHDL-Codeauszug ist somit in dieser Hinsicht fehlerhaft:

```
architecture VERHALTEN of TEST is
signal A: bit_vector(0 to 3);
signal B, Y: bit_vector( 3 downto 0);

begin
       A <= "1010";
       B <= "0101";
       Y <= A after 100 ns;   -- Erste Signalquelle
       Y <= B after 200 ns;   -- Fehler: 2. Signalquelle
end VERHALTEN;
```

Code 2-3: Fehlerhafte VHDL-Beschreibung mit zwei Signalquellen für das Signal y

In Hardware würde eine derartige Zuweisung eine verdrahtete (wired-) Verknüpfung bedeuten, die nur für Open-Collector bzw. Tri-State Signale erlaubt ist. Derartige Signaltypen werden in Kap. 4.1 näher erläutert.

2.1.2 Richtungsmodi von Signalschnittstellen

Einfache Ein- bzw. Ausgangssignale sind zur Beschreibung digitaler Systeme in vielen Fällen nicht ausreichend. Zur Realisierung von Signalrückführungen ist es erforderlich, ein nach außen zu führendes Signal auch intern weiter zu verwenden. So einen Fall stellt z.B. die Kreuzkopplung zweier NOR-Gatter in einem RS-Flipflop dar. Die intern wieder verwendeten Signale müssen mit dem Schlüsselwort buffer bezeichnet werden.

Als weitere Variante kennt die Digitaltechnik bidirektionale Signale, wie z.B. die Datensignale eines RAM-Speichers, die gelesen und geschrieben werden. Für derartige Signale muss das Schlüsselwort inout verwendet werden. Dafür ist ein spezieller Datentyp erforderlich (vgl. Kap. 4.1). In der Tabelle 2-1 sind die Eigenschaften der port-Modi zusammengestellt. Bild 2-2 zeigt die dazugehörige Schaltplandarstellungen.

port-Modus	Verwendung
in	Eingangssignal; darf nur auf der rechten Seite einer Signalzuweisung oder in einer Signalabfrage stehen.
out	Ausgangssignal; darf nur auf der linken Seite einer Signalzuweisung stehen.
buffer	Ausgangssignal; darf auch auf der rechten Seite einer Signalzuweisung stehen oder in einer Signalabfrage verwendet werden.
inout	Bidirektionales Signal in Verbindung mit speziellem Datentyp std_logic (vgl. Kap. 4).

Tabelle 2-1: port-*Modi für Signalschnittstellen*

Von der Verwendung der buffer Schnittstellen raten wir jedoch ab, da deren Verwendung gerade bei VHDL-Anfängern häufig zu Problemen führt. Vielmehr empfehlen wir, die buffer-Funktionalität dadurch zu realisieren, dass ein internes Signal definiert wird, welches gelesen und geschrieben werden darf. Das interne Signal wird mit einer unbedingten Signalzuweisung auf das Ausgangssignal kopiert.

Der Code 2-4 zeigt die entsprechende Realisierung bei einem RS-Flipflop: Die Signale Q_INT und NQ_INT, die der Signalrückkopplung dienen, werden auf der linken und rechten Seite von Signalzuweisungen verwendet. Als port-Signale müssten diese den buffer port-Modus haben. In der in Code 2-4 vorgestellten Architektur sind diese jedoch als lokale Signale definiert und werden den out-Signalen Q bzw. NQ zugewiesen. Das zu erwartende Syntheseergebnis zeigt Bild 2-3.

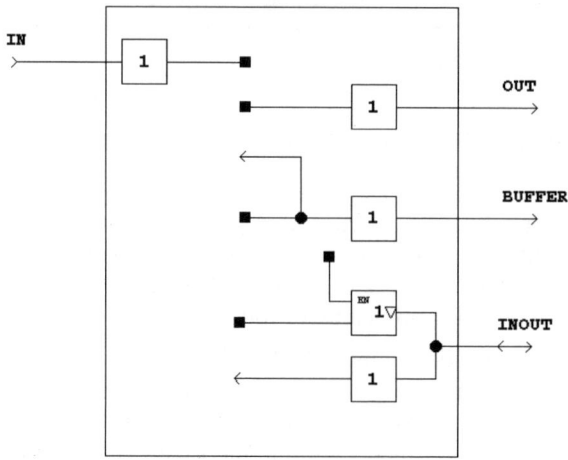

Bild 2-2:   Ersatzschaltbilder der verschiedenen VHDL-Signalschnittstellentypen (`port`-Modi)

```
-- RS-Flipflop mit interner Signalrueckkopplung
-------------------------------------------------
entity RS_FF is
        port(   R, S: in bit;
                Q, NQ: out bit);
end RS_FF;

architecture VERHALTEN of RS_FF is
signal Q_INT, NQ_INT: bit;       -- lokale Signale
begin
        NQ_INT <= S nor Q_INT;
        Q_INT  <= R nor NQ_INT;
        Q  <= Q_INT;             -- Uebergabe des lokalen Signals
        NQ <= NQ_INT;            -- Uebergabe des lokalen Signals
end VERHALTEN;
```

Code 2-4:   Vermeidung von `buffer`-Schnittstellen durch Verwendung lokaler Signale

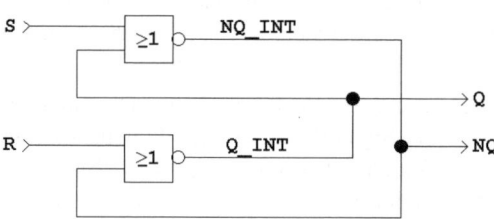

Bild 2-3:   Syntheseergebnis des in Code 2-4 dargestellten RS-Flipflops

Wegen der Verwechslungsgefahr soll der Unterschied zwischen `buffer` und `inout` noch einmal herausgestellt werden: `inout`-Signale sollten überall dort verwendet werden, wo es einen bidirektionalen Datentransfer der `entity` gibt (vgl. Kap. 4.2). Hingegen können `buffer`-Signale überall dort deklariert werden, wo ein Signal nach außen geleitet werden muss, dies Signal aber auch innerhalb der Architektur verwendet wird, d.h. auf der rechten Seite einer Signalzuweisung bzw. in einer Signalabfrage steht.

2.1.3   Deklaration von Bussignalen

VHDL-Busse sind auf zweierlei Weise, nämlich in absteigender und in aufsteigender Wertigkeit darstellbar. Die Zuordnung einzelner Bits zu `bit_vector`-Signalen erfolgt so, dass der zuerst genannte Index der Vereinbarung dem am weitesten links stehenden Vektorelement und der letztgenannte Index dem am meisten rechts stehenden Element zugeordnet wird. Dies soll am Beispiel der Zuweisung

```
S <= "01";
```

erläutert werden. Bei absteigender Deklaration gilt durch die Vereinbarung:

```
S: in bit_vector(1 downto 0)          S(1)='0' und S(0)='1'.
```

Hingegen gilt bei aufsteigender Deklaration:

```
S: in bit_vector(0 to 1)          S(1)='1' und S(0)='0'.
```

Wenn die in der Digitaltechnik übliche duale Gewichtung der einzelnen Bitstellen gewünscht ist, muss also eine absteigende Vereinbarung eines `bit_vector`-Signals gewählt werden.

Ein abschließender Hinweis zur Bussignalzuweisung: Falls allen Bitstellen der gleiche Wert zugewiesen werden soll, so ist es sinnvoll, das `others`-Konstrukt zu verwenden, da dieses unabhängig von der Breite des Bit-Vektors ist und somit das Nachzählen der zugewiesenen Bitstellen entfällt. Im nachfolgenden Codeauszug wird das Signal A mit 0xFFFF und Q mit 0x0000 belegt:

```
...
signal A,Q: bit_vector(15 downto 0);
...
        A <= (others => '1');
        Q <= (others => '0');
...
```

2.2   Simulation von VHDL-Entwürfen

Im vorangegangenen Abschnitt wurden bereits erste vollständige VHDL-Entwürfe vorgestellt. Ziel dieses Abschnitts ist es, dem Leser eine einfache Methode an die Hand zu geben, mit der eigene Entwürfe syntaktisch und funktional überprüft werden können. Da das Erlernen der Sprache VHDL deutlich erleichtert wird, wenn eigene Entwürfe sofort auf Korrektheit überprüft werden, soll nun der Entwurf einfacher VHDL-Simulationsumgebungen erläutert werden. Diese können vom Leser u.a. mit Hilfe der Starter-Version des VHDL-

Simulationsprogramms ModelSim XE [59] oder mit PeakVHDL [4] auf einem PC selbst entworfen und ausgeführt werden. Eine Einführung in die Benutzung von ModelSim ist im Anhang zu finden.

Da PeakVHDL im Gegensatz zu ModelSim keine komfortable Umgebung zur interaktiven Eingabe der Stimuli besitzt, soll hier der prinzipielle Aufbau einer einfachen Testumgebung (Testbench) nur in Form eines Schemas erläutert werden. Dafür soll auf einige Inhalte des Kap. 7 vorgegriffen werden:

Alle Entwurfseinheiten, also auch die Testbench, können zusammen in einer Datei mit der Dateierweiterung *.VHD abgespeichert werden. Einen übersichtlicheren Entwurf erhält man jedoch, wenn die einzelnen `entity/architecture`-Paare jeweils in einer eigenen Datei abgelegt werden. Nach erfolgreicher Compilation der Datei, die das zu analysierende Modell enthält, wird dessen Objektcode in einer VHDL-Bibliothek mit dem vordefinierten Namen WORK abgelegt. Anschließend muss eine Datei angelegt und compiliert werden, die die `entity` und `architecture` der Testbench enthält.

Diese `entity` enthält keinerlei Schnittstellensignale. Die Schnittstellensignale des zu untersuchenden Modells werden vielmehr als lokale Signale der Testbench-`architecture` deklariert. Diese enthält eine Komponente, die der zu untersuchenden `entity` entspricht und an die die lokalen Testbenchsignale übergeben werden. Die Definition des Zeitverlaufs der Stimuli erfolgt durch nebenläufige Anweisungen, in der die Zeitpunkte der Signalübergänge festgelegt sind. Der syntaktische Aufbau einer Testbench sieht wie folgt aus:

```
entity TEST is
end TEST;
architecture TESTBENCH of TEST is
signal <Signalliste>;              -- Alle Schnittstellensignale
                                   -- der zu untersuchen entity
component <Komponentenname>        -- Identisch mit Entityname der
                                   -- zu untersuchen entity
          <Port-Liste>             -- Identisch mit der Port-Liste
                                   -- der zu untersuchen entity
end component;
for all: <Komponentenname> use entity work.<Entityname>(<Architekturname>);
begin
               -- Nebenläufige Signalzuweisungen an die Stimulisignale
               -- mit Angabe des Zeitpunkts der Signalübergänge
[<Bezeichner>]: <Komponentenname>
               port map( < Liste der angeschlossenen aktuellen Signale>);
end TESTBENCH;
```

Als Beispiel ist in Code 2-5 eine Testbench für den in Code 2-1 vorgestellten Multiplexer angegeben. Die darin deklarierten Signale S1, E1 und Y1 werden als aktuelle Signale an die als Komponente C1 platzierte `entity` MUX4X1 übergeben. Zum Zeitpunkt t=0 wird der Eingangsvektor E1 mit "1010" und zum Zeitpunkt t=400ns mit "0101" vorbelegt. Das Auswahlsignal S1 durchläuft mit einer Impulsdauer von 100ns zweimal die Sequenzen "00", "01", "10" und "11", womit sich eine Simulationsdauer von 800ns ergibt. Bild 2-4 zeigt den Zeitverlauf dieser Eingangssignale sowie die Reaktion des Multiplexers, dessen Ausgang auf das Signal Y1 abgebildet wird.

```
-- Testbench fuer 4x1 Multiplexer
-------------------------------
entity TEST is
end TEST;

architecture VERHALTEN of TEST is
signal S1: bit_vector(1 downto 0);
signal E1: bit_vector(3 downto 0);
signal Y1: bit;

component MUX4X1
        port(  S: in bit_vector(1 downto 0);
               E: in bit_vector(3 downto 0);
               Y: out bit);
end component;
for all: MUX4X1 use entity work.MUX4X1(VERHALTEN);

begin
        E1 <= "1010", "0101" after 400 ns;
        S1 <= "00","01" after 100 ns,"10" after 200 ns,"11" after 300 ns,
              "00" after 400 ns,"01" after 500 ns, "10" after 600 ns,
              "11" after 700 ns;
C1:     MUX4X1 port map(S1, E1, Y1);
end VERHALTEN;
```

Code 2-5: Testbench für den in Code 2-1 vorgestellten 4x1-Multiplexer

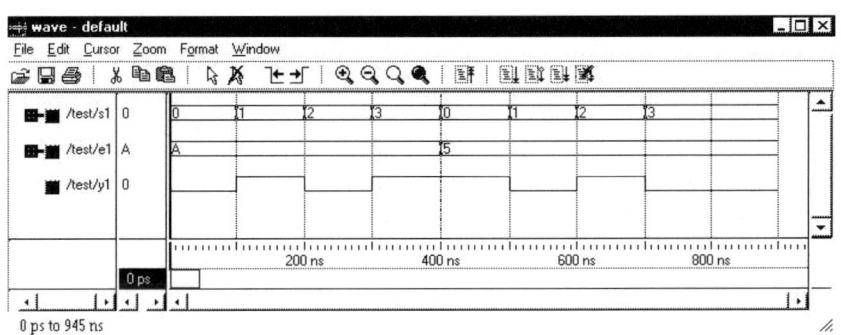

Bild 2-4: Simulation der Testbench zum 4x1-Multiplexer in Code 2-1

Mit den in diesem Abschnitt vermittelten Informationen können nun die meisten Beispiele mit den Programmen ModelSim XE [59] bzw. PeakVHDL [4] praktisch erprobt werden. Sollten dafür andere Zeiteinheiten erforderlich sein, so sind die in VHDL definierten Einheiten zu verwenden:

fs	ps	ns	us	ms	sec	min	hr
10^{-15} s	10^{-12} s	10^{-9} s	10^{-6} s	10^{-3} s	1 s	60 s	3600 s

Tabelle 2-2: In VHDL vordefinierte Zeiteinheiten

Bei deren Verwendung ist unbedingt zu beachten, dass zwischen dem Zahlenwert und der Einheit ein Leerzeichen stehen muss!

Der wesentliche Vorteil einer rein VHDL-basierten Testumgebung liegt in der Unabhängigkeit von der Kommandosprache eines speziellen Simulators und in der einheitlichen Beschreibung von Testobjekt und Stimuliquellen. Eine entscheidende Qualitätssteigerung für den Test komplexer Entwürfe entsteht dadurch, dass die Testumgebung um Funktionen erweitert werden kann, die ergänzend zu den Stimuli einen Soll-Ist-Vergleich der Ausgangssignale durchführen. Da eine eingehende Darstellung dieser Möglichkeiten den Rahmen dieses Buches sprengen würde, soll auf weiterführende Literatur verwiesen werden (z.B. [6], [7], [15], [16], [42]).

2.3   Schaltnetze mit Boole'schen Gleichungen

Die VHDL-Syntax unterstützt verschiedene Boole'sche Operatoren. Diese sind für Signale vom Typ bit sowie für Signale vom Typ boolean definiert. Letzterer Datentyp kann die Werte true oder false annehmen. Er dient in der VHDL-Praxis vorwiegend dazu, architekturspezifische, logische Ausdrücke zu erzeugen, weniger dazu, die elektrischen Pegel von Signalen zu erzeugen. Ein Beispiel für die Verwendung dieses Datentyps ist dem nachfolgenden Codeauszug zu entnehmen:

```
architecture VERHALTEN of CHECK is
signal ERROR_FLG, GLEICH : boolean;
signal A, B : bit;

begin
.....
        ERROR_FLG <= false;
        GLEICH <= ( A = B );
.....
end VERHALTEN;
```

Das Synthesewerkzeug ersetzt Boole'sche Operatoren entsprechend den in der Synthesebibliothek vorhandenen Modulen. Üblicherweise sind dies die Basisfunktionen Inverter sowie AND-, NAND-, OR- und NOR-Gatter mit unterschiedlicher Anzahl von Eingängen. Manchmal sind auch Antivalenz-, seltener Äquivalenzgatter vorhanden. Nicht vorhandene Gatterfunktionen werden durch geeignete Kombinationen von digitalen Basisfunktionen ersetzt [2]. Anhand eines Volladdierers wird die Verwendung Boole'scher Funktionen verdeutlicht: In den logischen Gleichungen bezeichnen A_I und B_I die zu addierenden Eingangsbits, C_{IN} das Übertragsbit der vorhergehenden Stufe, S_I den Summenausgang und C_{OUT} das Übertragsbit [2], [8]:

$$S_I = A_I \leftarrow+\rightarrow B_I \leftarrow+\rightarrow C_{IN}$$

$$C_{OUT} = (A_I \wedge B_I) \vee (C_{IN} \wedge (A_I \leftarrow+\rightarrow B_I))$$

Die VHDL-Realisierung des Volladdierers ist in Code 2-6 dargestellt. Das Bild 2-5 enthält den zugehörigen, von einem Synthesewerkzeug automatisch erstellten Schaltplan.

```
-- Volladdierer
-------------------------
entity VOLLADD is
        port(  AI, BI, CIN: in bit;
               SI, COUT: out bit);
end VOLLADD;

architecture VERHALTEN of VOLLADD is
begin
        SI   <= AI xor BI xor CIN;
        COUT <= (AI and BI) or (CIN and (AI xor BI));
end VERHALTEN;
```

Code 2-6: VHDL-Beschreibung eines Volladdierers

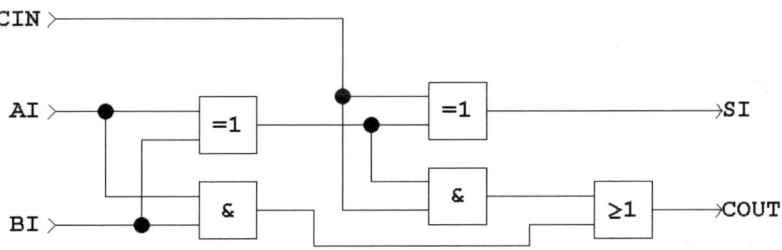

Bild 2-5: Syntheseergebnis des Volladdierers

Der Schaltplan zeigt, dass die beiden Ausgangssignale SI und COUT gleichzeitig generiert werden. Im VHDL-Code entspricht dies den beiden Signalzuweisungen der Architektur. Offensichtlich werden die VHDL Signalzuweisungen also gleichzeitig bearbeitet. Man spricht von nebenläufigen Signalzuweisungen (concurrent signal assignment). Dieses Verhalten steht im Gegensatz zur Abarbeitung von Programmzeilen üblicher Programmiersprachen, wie z.B. C, bei denen die Quellcodezeilen nacheinander ausgewertet werden. Für VHDL-Einsteiger mit Programmiererfahrung führt das nebenläufige Verhalten von Signalzuweisungen häufig zu Verständnisproblemen. Für Hardware-Entwickler ist dieses Verhalten jedoch nicht überraschend, denn die beiden Signalzuweisungen des VHDL-Codes werden bei der Hardwaresynthese durch logische Gatter ersetzt, die zu jedem Zeitpunkt Signalübertragungen durchführen.

In diesem Zusammenhang soll darauf hingewiesen werden, dass die tatsächliche Implementierung der Schaltung technologiespezifisch meist von der Darstellung im Schaltplan abweicht: Bei (C)PLDs findet eine Umwandlung in eine zweistufige UND-ODER-Logik statt, bei vielen FPGAs werden die logischen Gleichungen hingegen in Wahrheitstabellen (Lookup-Tabellen) umgesetzt.

Eine Übersicht zu den in VHDL verfügbaren logischen Operatoren gibt Tabelle 2-3. Mit Ausnahme der Negation verknüpfen diese Operatoren jeweils zwei Operanden. In dieser Liste hat die Negation die höchste Priorität. Die Priorität der übrigen Operatoren in Verknüpfungen mit mehreren Signalen sollte durch Klammerung sichergestellt werden. Die Klammern können bei den assoziativen Operatoren `and`, `or` und `xor` weggelassen werden, wenn die Operation auf mehr als zwei Operanden angewendet werden soll. Insbesondere muss bei den nichtassoziativen Operatoren `nand`, `nor` und `xnor` die Ausführungsreihenfolge durch Klammerung festgelegt werden. Die folgenden Beispiele machen dies deutlich:

```
Y <= not ( A and B and C);  -- entspricht einem NAND3
Y <= (A nand B) nand C;     -- legal, ist aber kein NAND3
Y <= A nand B nand C;       -- VERBOTEN !!!
```

Operator	Bedeutung	Beispiel
not	Negation	`Y <= not A;`
and	UND-Verknüpfung	`Y <= A and B;`
nand	NAND-Verknüpfung	`Y <= A nand B;`
or	ODER-Verknüpfung	`Y <= A or B;`
nor	NOR-Verknüpfung	`Y <= A nor B;`
xor	Antivalenz	`Y <= A xor B;`
xnor	Äquivalenz	`Y <= A xnor B;`

Tabelle 2-3: Boole'sche Operatoren in VHDL

Die in Tabelle 2-3 angegebenen Operatoren lassen sich nicht nur auf `bit`-Signale anwenden, sondern auch auf Signale vom Typ `bit_vector`. Die Verknüpfung wird in diesem Fall für alle Bitstellen ausgeführt. Dazu muss die Bitbreite der zu verknüpfenden Operanden sowie die des Ergebnisvektors gleich sein. Sofern bei Signalverknüpfungen die Breite der Bit-Vektoren unterschiedlich ist, kann diese durch Angabe eines Indexbereichs in Zusammenhang mit den Schlüsselworten `to` bzw. `downto` angepasst werden (vgl. Code 2-7).

```
entity TEST is
      port( R : out bit_vector( 3 downto 0));
end TEST;

architecture VERHALTEN of TEST is
signal A, B, C: bit_vector(7 downto 0);
signal Q: bit_vector(3 downto 0);

begin
      A <= "10101010";
      B <= "01010101";
```

```
       C <= A or B;
       Q <= A(3 downto 0);        -- unteres Nibble
       R <= Q and B(7 downto 4);  -- Verknuepfung zweier Nibbles
end VERHALTEN;
```

Code 2-7: Logische Verknüpfungen von Bit-Vektoren in VHDL

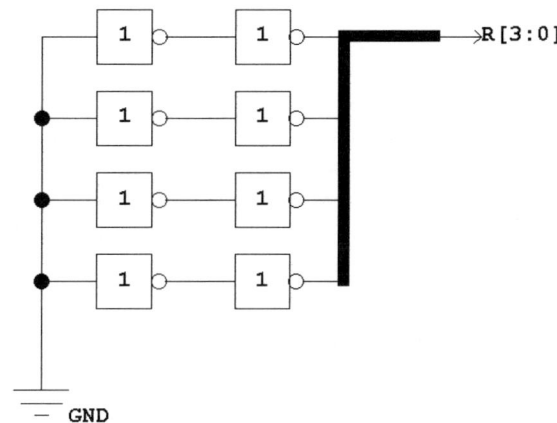

Bild 2-6: Syntheseergebnis der architecture *VERHALTEN der* entity *TEST*

Das Ergebnis der Synthese zeigt weiterhin, dass die Signale A, B, C und Q durch Substitution komplett entfernt wurden. Außerdem wurde erkannt, dass alle Bits des Busses R statisch '0' sind. Die Tatsache, dass trotzdem jeweils zwei Inverter in Reihe verwendet wurden, zeigt die Grenzen der Minimierungsfähigkeit des Synthesewerkzeugs. Dieses ist offensichtlich davon ausgegangen, der Entwickler hätte sich bei dem VHDL-Code etwas sinnvolleres gedacht.

2.4 Synthese selektiver und bedingter Signalzuweisungen

Die selektive Signalzuweisung (selective signal assignment) wurde im einführenden Beispiel eines Multiplexers in Kap. 2.1 bereits verwendet. Funktional gesehen entspricht die selektive Signalzuweisung einer Auswahl aus einer Reihe von gleichberechtigten Möglichkeiten, also einer Multiplexer-Struktur. Sofern geeignete Multiplexer in der Entwurfsbibliothek zur Verfügung stehen, erscheint das Selektionsergebnis am Ausgang der Schaltung somit unabhängig von der Auswahl immer nach genau einer Signallaufzeit.

Die Syntax der selektiven Signalzuweisung lautet wie folgt:

```
[ Bezeichner : ]
with <Signal-Kombination> select
<Signalname> <=        <logischer Ausdruck_1> when <Sig_Wert_1> ,
                       [<logischer Ausdruck_2> when <Sig_Wert_2>],
                       . . . . . . . . . . . . .
                       [<logischer Ausdruck_n> when others ];
```

Darin ist der Bezeichner optional. Er dient in den Simulations- bzw. Synthesewerkzeugen zur Kennzeichnung von hierarchischen Strukturen bzw. Signalen. Insbesondere in komplexen Entwürfen sollten Bezeichner verwendet werden, um eine gute Übersichtlichkeit sicherzustellen. Die „when others" Verzweigung ist immer dann zwingend erforderlich, wenn die Anzahl der zuvor angegebenen Kombinationen der Signalwerte kleiner ist, als die Anzahl der prinzipiell möglichen Kombinationen.

Die bedingte Signalzuweisung (conditional signal assignment*)* kann in einigen Anwendungsfällen eine Alternative zur selektiven Signalzuweisung darstellen. Die Funktion dieser Anweisung ist eine Verschachtelung von `if then else` -Strukturen, wie sie aus den meisten Programmiersprachen bekannt sind. Im Unterschied zur selektiven Signalzuweisung werden die einzelnen Bedingungen jedoch in der spezifizierten Reihenfolge abgefragt, was in der Hardware zu einer Schachtelung von Gatterstufen führt (Prioritätsencoder). Die Signallaufzeit durch diese Struktur hängt somit davon ab, an welcher Stelle eine bestimmte Abfrage steht: Die Priorität der „Bedingung_1" ist höher, als die der nachfolgenden Bedingungen. Entsprechend wird das Ergebnis des ersten logischen Ausdrucks dem Ausgangssignal früher zugewiesen, als das der nachfolgenden logischen Ausdrücke, denn deren Auswertung erfordert Signallaufzeiten durch weitere logische Stufen. Die Syntax der bedingten Signalzuweisung lautet wie folgt:

```
[ Bezeichner : ]
      < Signalname > <= < logischer Ausdruck_1 >
                               when < Bedingung_1> else
                  [< logischer Ausdruck_2 >
                               when < Bedingung_2> else]
                               . . . . . . . . . . . . .
                  < logischer Ausdruck_n >;
```

Im Unterschied zur selektiven Signalzuweisung, bei der letztlich eine einzige Bedingung auf ihre verschiedenen Möglichkeiten abgefragt wird, können bei einer bedingten Signalzuweisung prinzipiell auch völlig unterschiedliche Signale bzw. deren Kombinationen in den einzelnen Bedingungen verwendet werden.

Einige Anwendungen der selektiven und bedingten Signalzuweisung werden in den nachfolgenden Beispielen vorgestellt. In allen Fällen werden in einer VHDL-Quelldatei beide Anweisungstypen in jeweils einer eigenen Architektur vorgestellt. Ebenso wie es möglich ist, eine vorgegebene Schaltungsfunktionalität mit verschiedenen Hardware-Architekturen zu realisieren, so lassen sich auch verschiedene VHDL-Architekturen in einer Datei angeben. Sofern keine besondere Konfigurationsdatei existiert, wird bei der Simulation bzw.

Synthese üblicherweise die an letzter Stelle stehende Architektur verwendet. In den Beispielen wird durch beide Architekturvarianten jeweils die gleiche Schaltung synthetisiert.

Im ersten Beispiel wird ein Antivalenzgatter mit Hilfe der beiden Anweisungsarten entworfen (vgl. Code 2-8). Zum Syntheseergebnis ist zu bemerken, dass in Entwurfsbibliotheken, in denen kein Antivalenzgatter existiert, dieses durch eine UND-ODER Kombination ersetzt wird.

```
-- Antivalenz mit selektiver und bedingter Signalzuweisung
----------------------------------------------------------
entity ANTIVALENZ is
        port( I : in bit_vector( 1 downto 0);       -- 2 Dateneingaenge
              Y : out bit);                          -- Ausgang
        end ANTIVALENZ;

architecture ANTI_1 of ANTIVALENZ is
begin
        with I select
        Y <=     '0' when "00",
                 '0' when "11",
                 '1' when others;
end ANTI_1;

architecture ANTI_2 of ANTIVALENZ is
begin
        Y <=     '0' when I = "00" else
                 '0' when I = "11" else
                 '1';
end ANTI_2;
```

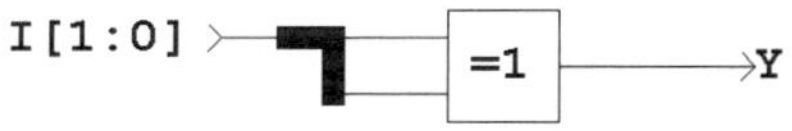

Code 2-8: Synthese eines Antivalenzgatters mit selektiver und bedingter Signalzuweisung

Das zweite Beispiel erläutert den Entwurf eines 1 aus 2 Multiplexers mit Freigabeeingang (vgl. Bild 2-7).

E	S	I1 I0	Y
1	X	X X	0
0	0	X 0	0
0	0	X 1	1
0	1	0 X	0
0	1	1 X	1

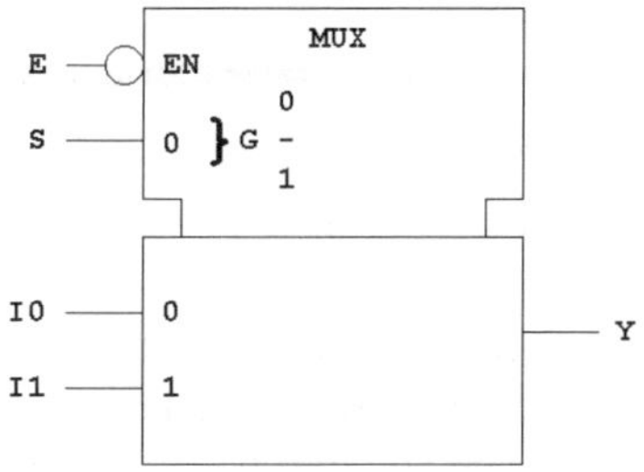

Bild 2-7: Wahrheitstabelle und Schaltsymbol eines 2 zu 1 Multiplexers

Der dazugehörige VHDL-Code 2-9 enthält drei Architekturvarianten: Die Architektur MUX1 bildet die Wahrheitstabelle mit Boole'schen Funktionen ab. In der Architektur MUX2 wird der Multiplexer mit einer selektiven Signalzuweisung und in der Architektur MUX3 mit der bedingten Signalzuweisung realisiert.

```
-- Multiplexer 2 zu 1 mit Freigabeeingang
----------------------------------------
entity MUX2ZU1 is
        port( I: in bit_vector (1 downto 0);
                S, E : in bit; --Select und Enable Eingaenge
                Y: out bit);
        end MUX2ZU1;

architecture MUX1 of MUX2ZU1 is
begin
        Y <= (I(0) and not E and not S)
                or (I(1) and not E and S);
end MUX1;

architecture MUX2 of MUX2ZU1 is
begin
        with S select
        Y <=    (I(0) and not E) when '0',
                (I(1) and not E) when '1';
end MUX2;

architecture MUX3 of MUX2ZU1 is
begin
        Y <=    (I(0) and not E) when S='0' else
                (I(1) and not E);
end MUX3;
```

Code 2-9: Beschreibungsvarianten eines 2 zu 1 Multiplexers

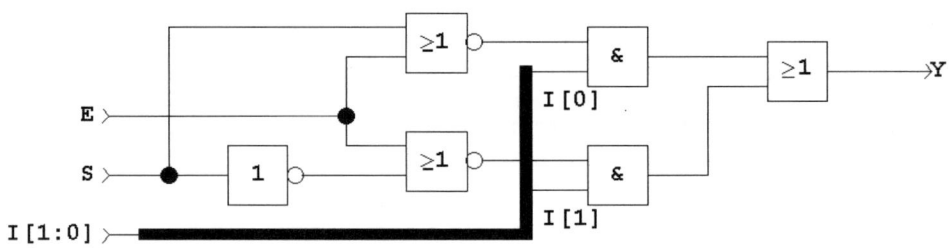

Bild 2-8: Syntheseergebnis des 2 zu 1 Multiplexers

Der synthetisierte Schaltplan in Bild 2-8 zeigt die durch die bedingte Signalzuweisung resultierende Priorität durch unterschiedliche Signalverzögerungen: Der Signalpfad, der den oberen Eingang des letzten ODER-Gatters definiert, entspricht dem Ausgangssignal falls die erste Bedingung (also S='0') gültig ist. Aus $\neg S \wedge \neg E \wedge I(0)$ wird das DeMorgan Äquivalent synthetisiert: $\neg(S \vee E) \wedge I(0)$. Zusammen mit dem letzten ODER-Gatter, welches die beiden Fälle S='0' und S='1' zusammenfasst, also eine dreistufige Logik. Der geringer priorisierte `else`-Zweig erfordert hingegen vier Gatterstufen.

Bei diesem Beispiel erfolgt die Priorisierung über das Steuersignal S. In weiter gefächerten Verzweigungen, bei denen insbesondere auch die Datensignale I abgefragt werden, sollten diese Abfragen an oberster Stelle stehen, um einen möglichst kurzen Datensignalpfad zu garantieren.

In diesem Zusammenhang soll noch einmal betont werden, dass das Syntheseergebnis in starkem Maße von der verwendeten Design-Bibliothek abhängt. Falls andere Entwurfsbibliotheken verwendet werden, die Logikstrukturen mit invertierten Eingängen und mehr als zwei Gattereingänge besitzen, kann aus dem gleichen VHDL-Quellcode ein anderer Schaltplan realisiert werden.

Im konkreten Fall wurde eine (C)PLD-Bibliothek verwendet. Da derartige programmierbare Bausteine eine zweistufige UND-ODER Logikstrukturen besitzen, ist für die Hardware-Implementierung eine der eigentlichen VHDL-Synthese nachfolgende Logikminimierung erforderlich. Diese wiederum kann das aufgrund des Schaltplans zu erwartende Zeitverhalten verändern.

Wie mit Hilfe der selektiven bzw. bedingten Signalzuweisug ein Speicherverhalten der resultierenden Schaltung erzeugt werden kann, soll in einem weiteren Beispiel erläutert werden. Dazu wird in Code 2-10 das Ausgangssignal ausnahmsweise als „buffer" definiert, damit es in einer Rückführung verwendet werden kann. Durch die Verwendung des Ausgangssignals Q als Eingangssignal wird das Speicherverhalten erzeugt: In beiden Architekturen wird das Eingangssignal D an den Ausgang weitergereicht, solange der Takt CLK den Wert '1' hat. Falls das Taktsignal '0' ist, wird der alte Wert Q zugewiesen, also gespeichert. Bei der so beschriebenen Funktionalität handelt es sich also um ein D-Latch (zustandsgesteuertes D-Flipflop). Das neben dem Quellcode angegebene Schaltsymbol wird durch beide Architekturen synthetisiert.

```
-- Latch mit selektiver bzw. bedingter Signalzuweisung
-----------------------------------------------------
entity LATCH is
       port( D, CLK: in bit;
             Q: buffer bit);
end LATCH;

architecture LATCH1 of LATCH is
begin
       Q <= D when CLK = '1' else Q;
end LATCH1;

architecture LATCH2 of LATCH is
begin
       with CLK select
       Q <=    D when '1',
               Q when others;
end LATCH2;
```

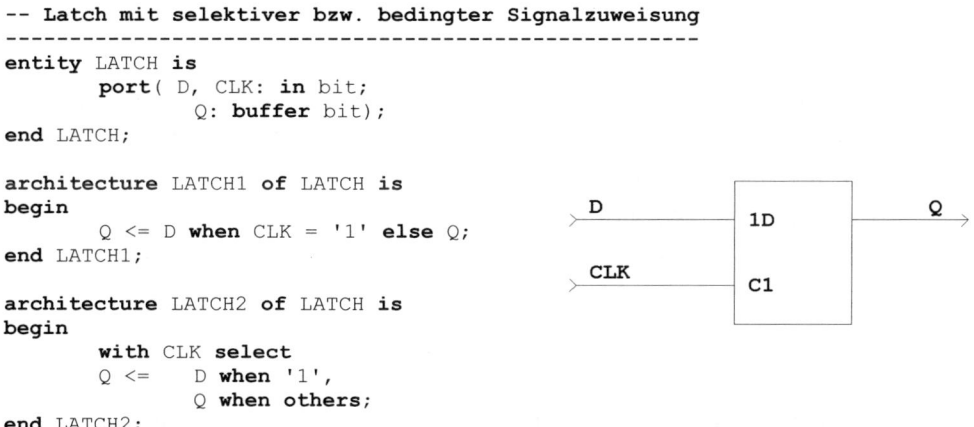

Code 2-10: Synthese eines D-Latches unter Verwendung der bedingten und selektiven Signalzuweisung

Zusammenfassend sollen die Unterschiede zwischen den beiden Anweisungsarten noch einmal herausgestellt werden:

• In der selektiven Signalzuweisung werden Antwortkombinationen einer einzelnen Abfrage, d.h. einer einzelnen logischen Bedingung, getestet. Sie bietet sich also überall dort an, wo ein und dieselbe Kombination von Eingangssignalen zu testen ist (z.B. Multiplexer und Decoder).

- In der bedingten Signalzuweisung werden in den einzelnen Abfragen jeweils unterschiedliche Bedingungen getestet. Sie ist daher besonders in den Fällen geeignet, in denen unterschiedliche Kombinationen von Eingangssignalen relevant sind. Durch die Reihenfolge der Abfragen ist automatisch eine Priorität vorgegeben. Eine geschickt gewählte Reihenfolge kann ggf. zu erheblich reduziertem Hardwareaufwand und einer Laufzeitoptimierung spezieller Signalpfade führen. Dazu ist die am häufigsten auftretende bzw. die zeitkritischste Bedingung in den ersten `if-then` Pfad zu stellen.

2.5   Übungsaufgaben

2.1

Welche der folgenden VHDL-Bezeichner sind korrekt?

> a) Hilfe
>
> b) help
>
> c) 2ter_Versuch
>
> d) Case
>
> e) Zweiter_Versuch
>
> f) Dieser_Bezeichner_ist_lang_aber_ist_er_auch_gueltig

2.2

Die Sprache VHDL verlangt, dass alle Bezeichner innerhalb einer Entwurfseinheit unterschiedlich sind. Für welche der folgenden Bezeichnerpaare trifft dies nicht zu?

> a) Mein_Name   , MeinName
>
> b) nummer   , NUMMER,
>
> c) Nummer   , Nummern
>
> d) two   , too

2.3

Entwerfen Sie den VHDL-Code eines Schaltnetzes, welches die beiden logischen Funktionen $Y1 = (E1 \wedge E2) \vee E3$ und $Y2 = (E1 \vee E2) \wedge E3$ darstellt. Überprüfen Sie dessen syntaktische Korrektheit mit einem VHDL-Simulator.

2.4

Entwerfen Sie den VHDL-Code eines Drei-Bit Decoders (Demultiplexers). Verwenden Sie in jeweils einer `architecture` eine bedingte und eine selektive Signalzuweisung. Von den acht Bit des Decoder-Ausgangs soll jeweils nur das adressierte Bit '1' sein. Alle anderen Bits sind '0'. Überprüfen Sie dessen syntaktische Korrektheit mit einem VHDL-Simulator.

2.5

Entwerfen Sie ein VHDL-Schaltnetz mit dem Eingang E, welches durch den Steuereingang S programmierbar ist: Für S=0 soll der Ausgang Y=E sein, für S=1 soll Y=¬E sein. Überprüfen Sie die syntaktische Korrektheit und simulieren Sie das Verhalten nachdem Sie eine geeignete Testbench entworfen haben. Wie lautet die logische Gleichung, die PeakVHDL bei der PLD-Synthese generiert?

Hinweis: Stellen Sie in PeakVHDL die Syntheseoption: „Device Family: Generic PLD (CUPL)" ein.

2.6

Entwerfen Sie eine „look-up table" zur Steuerung logischer Funktionen: Abhängig von einem zwei Bit breiten Steuersignal soll das Ausgangssignal Y vier unterschiedliche logische Kombinationen zweier Eingangssignale A und B darstellen können:

Überprüfen Sie die syntaktische Korrektheit und simulieren Sie das Verhalten nachdem Sie eine geeignete Testbench entworfen haben. Wie lautet die logische Gleichung, die PeakVHDL bei der PLD-Synthese generiert?

S(1)	S(0)	Y
0	0	$A \land B$
0	1	$A \lor B$
1	0	$\neg (A \land B)$
1	1	$\neg (A \lor B)$

2.7

Entwerfen Sie einen 1 zu 4 Demultiplexer [36]: Das Eingangsbit E soll abhängig vom Selektionssignal SEL auf einen von vier Ausgängen geschaltet werden. Die anderen Ausgänge sollen '0' sein. Verwenden Sie in jeweils einer architecture eine bedingte und eine selektive Signalzuweisung. Simulieren Sie jeweils das Verhalten der beiden Architekturen und vergleichen Sie die Syntheseergebnisse, die sich bei einer PLD-Implementierung ergeben.

3 Entwurf digitaler Funktionselemente mit Prozessen

Die im letzten Kapitel vorgestellten nebenläufigen Anweisungen erlauben nur eine stark eingeschränkte Möglichkeit der Modellierung. Aus diesem Grund soll in diesem Kapitel als neues Strukturierungselement zur Beschreibung von Schaltnetzen und Schaltwerkelementen das Syntaxkonstrukt `process` eingeführt werden. Mit den zugehörigen sequentiellen Anweisungen, die Verzweigungen und Schleifen erlauben, und den deklarierbaren Variablen wird eine neue Klasse von synthesefähigen Modellierungsmöglichkeiten eröffnet. Als Beispiele werden wieder einfache Schaltnetze wie Multiplexer, Volladdierer Paritätsgeneratoren sowie D-Flipflops und Zähler auf Basis von Schaltwerktabellen vorgestellt.

Mit den in diesem Kapitel vorgestellten VHDL-Syntaxelementen soll der Entwickler in die Lage versetzt werden, mit Prozessen komplexere Digitalentwürfe zu realisieren. Dazu gehört neben der korrekten Aktivierung der Prozesse auch die richtige Verwendung von Signalen und Variablen. Der Unterschied zwischen nebenläufigen und sequentiellen Anweisungen soll ebenso verstanden werden, wie die aus den sequentiellen Anweisungen resultierenden Hardwarestrukturen.

Da mit Prozessen neben kombinatorischer und sequentieller (taktgesteuerter) Logik eine Vielzahl nur simulationsfähiger Zusammenhänge realisierbar ist, besteht das Ziel, dem Leser die Einschränkungen der Prozess-Syntax zu erläutern, die bei der VHDL-Synthese zu den gewünschten Digitaltechnikelementen führen.

3.1 Prozesse

Prozesse stellen ergänzend zu den nebenläufigen Anweisungen ein mächtiges Gestaltungsmittel dar, digitale Hardwarefunktionalität zu realisieren. Dabei werden Eingangssignalvektoren auf Ausgangssignalvektoren abgebildet. Alle Prozesse einer `architecture` werden nebenläufig ausgeführt.

Da synthetisierbare Prozesse auf Hardwarekomponenten zurückgeführt werden, ist zur Unterscheidung kombinatorischer und getakteter (sequentieller) Hardware die Einhaltung einiger Regeln erforderlich. In der VHDL-Praxis bedeutet dies, dass im Quellcode nur jeweils eine Teilmenge der VHDL-Syntax verwendet werden kann.

Die Kommunikation zwischen verschiedenen Prozessen und eventuell vorhandenen nebenläufigen Anweisungen, also den digitalen Funktionsblöcken, erfolgt mit lokalen Signalen
einer `architecture`.

Für die Verwendung innerhalb von Prozessen wurde eine eigene Klasse von Anweisungen
definiert (sequential statements). Eine besondere Eigenschaft der sequentiellen Anweisungen ist die Tatsache, dass diese im Simulator, wie in einer Programmiersprache, nacheinander abgearbeitet werden. Im Synthesewerkzeug erfolgt hingegen eine Abbildung der einzelnen sequentiellen Anweisungen auf die bekannten Hardwarefunktionselemente. Aus
diesem Grund ist in der synthetisierten Hardware die Ausführungszeit natürlich endlich
langsam, obwohl der Simulator den Prozess in infinitesimal kurzer Zeit abarbeitet. Insbesondere lassen sich mit speziellen sequentiellen Konstrukten auch getaktete Funktionselemente beschreiben, die zeitliche Signalabfolgen definieren.

Neben den sequentiellen Anweisungen sind innerhalb von Prozessen unbedingte Signalzuweisungen erlaubt, hingegen sind die selektiven und bedingten Signalzuweisungen (vgl.
Kap. 2.4) verboten. Bei der Verwendung der unbedingten Signalzuweisung muss jedoch
berücksichtigt werden, dass die tatsächliche Aktualisierung aller Signale immer am Prozessende erfolgt. Während der Prozessausführung ist es also **nicht** möglich auf die aktuellen
Werte bereits ausgeführter Signalzuweisungen zuzugreifen. Einem Signal können in einem
Prozess mehrere unterschiedliche Werte zugewiesen werden. Der tatsächlich übernommene
Signalwert entspricht dem der zuletzt ausgeführten Signalzuweisung im Prozess. Insbesondere der Zeitpunkt der Signalaktualisierung am Prozessende bereitet VHDL-Anfängern, die
ausschließlich Erfahrungen mit imperativen Programmiersprachen wie C oder PASCAL
haben, häufig Schwierigkeiten, da in diesen Sprachen die Wertzuweisung in genau der
Reihenfolge ausgeführt werden, wie sie im Programmtext erscheinen [28].

Wenn innerhalb eines Prozesses auf einen gerade aktualisierten Wert zugegriffen werden
soll, so sind Variablen zu verwenden. Eine `variable` wird innerhalb des Prozesses mit
Angabe des Datentyps deklariert und besitzt nur für diesen Prozess Gültigkeit. Mit Variablen werden Zwischenergebnisse innerhalb eines Prozesses bis zum nächsten Prozessdurchlauf gespeichert, sie können abgefragt und ggf. modifiziert werden. Wenn der Wert von
Variablen in anderen Prozessen verwendet werden soll, so ist die Variable in ein Signal zu
kopieren.

Am Ende dieser Einführung in Prozesse soll auf ein mögliches Verständnisproblem hingewiesen werden, welches bei der Doppelverwendung des Begriffs „sequentiell" auftauchen
könnte: Mit Hilfe sequentieller Anweisungen in einem `process` kann einerseits rein kombinatorische Logik, wie auch andererseits sequentielle Logik aufgebaut werden. Letztere
enthält im Unterschied zur kombinatorischen Logik speichernde Bauelemente, wie z.B.
Latches oder Flipflops.

3.1.1   Deklaration und Ausführung von Prozessen

VHDL-Prozesse stellen als Ergänzung zu den nebenläufigen Anweisungen ein zusätzliches
Strukturierungselement dar. Die Deklaration von Prozessen erfolgt innerhalb einer `ar-
chitecture` entsprechend der nachfolgenden Syntax:

```
[<Prozessname>:] process [( <Empfindlichkeitsliste> )]
        <Deklarationsteil>
begin
        {<sequentielle Anweisungen>}
end process [<Prozessname>]
```

Darin bedeuten:

- `<Prozessname>` einen Bezeichner, der den VHDL Prozess eindeutig kennzeichnet. Prinzipiell kann der Bezeichner auch weggelassen werden. Es empfiehlt sich jedoch, alle Prozesse mit Namen zu versehen, womit bei der Simulation das Debuggen des VHDL-Quellcodes erleichtert wird und bei der Synthese die Netzlisten bzw. Schaltpläne lesbarer werden.

- `<Empfindlichkeitsliste>` (sensitivity list) eine geklammerte Liste von Signalen, die durch Kommata getrennt werden. Die Signale in der Empfindlichkeitsliste starten die Bearbeitung des Prozesses durch den Simulator bzw. sie aktivieren die durch den Prozess abgebildete Hardware. Die Empfindlichkeitsliste kann in einigen Fällen weggelassen werden (s. unten).

- `<Deklarationsteil>` eine Liste von Deklarationen. In Prozessen können insbesondere auch Variable deklariert werden (neben Konstanten und selbstdefinierten Datentypen). Variable sind nur innerhalb des Prozesses gültig, in dem sie deklariert wurden. Als Datentypen für Variable kommen alle Typen in Frage, die auch für Signale erlaubt sind. Der Wert einer Variablen wird sofort nach einer Zuweisung innerhalb des Prozesses verändert. Ähnlich wie die Variablen von Programmiersprachen. Wenn der Prozess verlassen wird, bleibt der Variablenwert bis zum nächsten Durchlauf erhalten. Signale können in Prozessen nicht deklariert werden, allerdings sind alle lokalen Signale der zugehörigen `architecture` sowie die der `port`-Schnittstelle verwendbar.

- Innerhalb eines Prozesses sind nur sequentielle Anweisungen sowie Signalzuweisungen erlaubt. Die Liste der Anweisungen, die die eigentliche Funktionalität des Prozesses beschreiben, wird durch die Schlüsselworte `begin` und `end process` geklammert. Falls der Prozess mit Namen bezeichnet wurde, muss dieser Name hinter `end process` wiederholt werden.

Zwei Prozessvarianten werden nach der Art ihrer Aktivierung und Ausführung durch den Simulator unterschieden:

- Prozesse **mit Empfindlichkeitsliste** werden immer dann aktiviert, wenn eins der in der Empfindlichkeitsliste aufgeführten Signale ein Ereignis, also die Änderung des Signalwertes aufweist. Derartige Prozesse werden immer bis zur `end process`-Anweisung ausgeführt: Alle Signaländerungen, die bei der Ausführung der sequentiellen Anweisungen durchzuführen sind, werden erst am Prozessende aktualisiert. Anschließend sind diese Prozesse bis zur nächsten Aktivierung inaktiv.

- Prozesse **ohne Empfindlichkeitsliste** müssen, wenn sie synthesefähig sein sollen, (mindestens) eine `wait until` Anweisung enthalten, in der eine Taktflankenabfrage erfolgt. Diese dient zur Synchronisation. Derartige Prozesse werden automatisch bis zur (nächsten) `wait`-Anweisung ausgeführt. Die dabei auszuführenden Signaländerungen erfolgen erst zu diesem Zeitpunkt. Sollte sich die wait-Anweisung in der Mitte eines Prozesses befinden, so fängt diese Art von Prozessen automatisch erneut mit der Ausführung an, bis die wait-Anweisung erreicht ist. Prozesse, die nicht synthetisiert werden sollen, können auch durch eine wait for-Anweisung synchronisiert werden.

Eine Mischung beider Varianten ist nicht erlaubt.

Prozesse mit Empfindlichkeitsliste sind in ihrer Funktionalität meist überschaubarer und können von Synthesewerkzeugen leichter in Hardware umgesetzt werden. Prozesse, die in mehreren wait-Anweisungen unterschiedliche Signale bzw. Flanken überprüfen, sind von den zur Zeit auf dem Markt befindlichen Synthesewerkzeugen nicht synthetisierbar [6]. Die kürzlich vom IEEE beschlossenen Syntheserichtlinien [20] gehen sogar noch weiter: Demnach darf ein Prozess höchstens eine wait-Anweisung erhalten, die außerdem zu Beginn des Prozesses stehen muss. Aus diesem Grunde wird dem VHDL-Anfänger empfohlen, Prozesse so zu formulieren, dass eine Empfindlichkeitsliste verwendet werden kann.

Mit den weiter unten vorgestellten sequentiellen Anweisungen kann jede nebenläufige Signalzuweisung in einen äquivalenten Prozess umgewandelt werden, wobei die auf der rechten Seite und in den Signalabfragen stehenden Signale in die Empfindlichkeitsliste aufzunehmen sind.

Als einführendes Beispiel soll die Schaltung der in Bild 3-1 dargestellten Ausgangsmakrozelle (Output Logic Macro Cell OLMC) entworfen werden, die in ähnlicher Form in vielen (C)PLDs verwendet wird [30], [52].

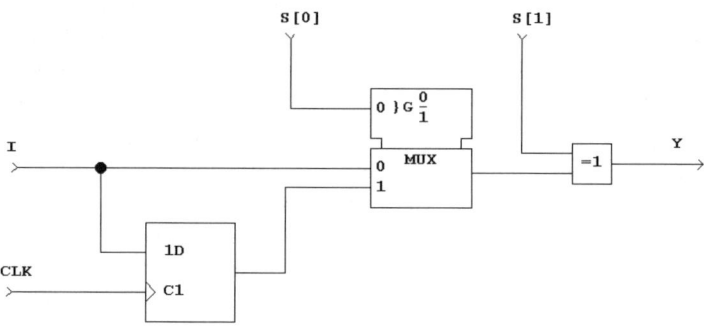

Bild 3-1: Schaltplan einer einfachen (C)PLD-Ausgangsmakrozelle

Abhängig vom Steuersignal S(0) wird das Signal I entweder direkt oder aber taktflankengesteuert auf das Antivalenzgatter gegeben. Falls das Steuersignal S(1)='0' ist, wird der Multiplexerausgang an den Ausgang Y weitergeleitet. Für S(1)='1' erscheint das Signal invertiert am Ausgang.

In der Architektur ARCH1 in Code 3-1 werden die in Bild 3-1 dargestellten drei Funktionselemente Multiplexer, D-Flipflop und Antivalenzgatter durch einen taktunabhängigen Prozess MUX, einen taktflankenabhängigen Prozess FF sowie eine nebenläufige Anweisung dargestellt.

```
-- Einfache OLMC mit 2 Prozessen und nebenl. Anweisung
---------------------------------------------------------
entity OLMC is
        port(   CLK, I: in bit;               -- Dateneingang
                S: in bit_vector(1 downto 0); -- Selektionseingang
                Y: out bit);                  -- Ausgang
end OLMC;

architecture ARCH1 of OLMC is
signal TEMP1, TEMP2: bit;
begin
MUX: process(I, TEMP1, S(0))
        begin
                TEMP2 <= (I and not S(0)) or (TEMP1 and S(0));
        end process MUX;
FF:  process
        begin
                wait until CLK='1' and CLK'event;
                TEMP1 <= I;
        end process FF;
    Y <= TEMP2 xor S(1);
end ARCH1;
```

Code 3-1:   VHDL-Beschreibung einer einfachen Ausgangsmakrozelle eines (C)PLDs

An diesem Quellcode sollen die folgenden Dinge herausgestellt werden:

- Die Kommunikation zwischen den Prozessen bzw. der nebenläufigen Anweisung erfolgt mit den Signalen TEMP1 und TEMP2

- Im kombinatorischen Prozess MUX stehen alle Signale, die in der Signalzuweisung verwendet werden, in der Empfindlichkeitsliste.

- Die ansteigende Taktflanke des in Bild 3-1 dargestellten D-Flipflops wird im Prozess FF durch die Formulierung CLK='1' and CLK'event beschrieben. Entsprechend ließe sich eine abfallende Flanke durch CLK='0' and CLK'event beschreiben. Das in diesen Formulierungen verwendete Signalattribut 'event ist Bestandteil des VHDL-Sprachschatzes und bezeichnet einen beliebigen Signalwechsel.

Dieses Beispiel zeigt, wie einfach sich Schaltplanvorgaben auf VHDL-Prozesse bzw. nebenläufige Anweisungen abbilden lassen. Natürlich hätte man auch auf den Prozess MUX verzichten können und diesen gegen eine nebenläufige Anweisung austauschen können. Allgemein gilt, dass jede nebenläufige Anweisung durch einen äquivalenten Prozess ersetzt werden kann. In umgekehrter Richtung gilt dies jedoch nicht.

3.2   Schaltnetze mit sequentiellen Anweisungen

Zur Modellierung des Zeitverhaltens sowie für Verzweigungen und Schleifen existiert eine Gruppe von sequentiellen Anweisungen, die nur innerhalb von Prozessen verwendet werden können. Dazu gehören:

-    die case-Anweisung

- die `if`-Anweisung
- Schleifenkonstrukte (loops):
  - die `for loop`
  - die `while loop`
- die `wait`-Anweisung
- die `null`-Anweisung

Diese Anweisungen bieten eine enorme Vielfalt von Modellierungsmöglichkeiten, die während der Synthese auf eine relativ geringe Zahl digitaler Grundstrukturen abgebildet werden muss. Aus diesem Grund sollen hier zunächst nur die sequentiellen Syntaxkonstrukte erläutert werden, die zu synthesefähigen Schaltnetzen führen.

3.2.1   Die case-Anweisung

Ähnlich wie die switch/case-Anweisung in C existiert in VHDL eine Anweisung, die eine gleichberechtigte Mehrfachverzweigung zuläßt. Die `case`-Anweisung ist wie folgt zu verwenden:

```
case <Kontrollausdruck> is
        when <Testausdruck_1> => {<Sequentielle Anweisungen>;}
        [when <Testausdruck_2> => {<Sequentielle Anweisungen>;}]
        ...
        [when others => {<Sequentielle Anweisungen>;}]
end case;
```

Darin bedeutet `<Kontrollausdruck>` ein Signal oder eine Variable. Die Testausdrücke müssen einen erlaubten Wert des Kontrollausdrucks darstellen. Alle Testausdrücke müssen sich gegenseitig ausschließen, d.h. kein Testausdruck darf mehr als einmal in einer `when`-Verzweigung berücksichtigt werden. Weiterhin müssen alle möglichen Werte des Kontrollausdrucks in den `when`-Zweigen berücksichtigt sein. Falls dies in den expliziten Testausdrücken sichergestellt ist, so kann auf die `when others` Verzweigung am Ende der `case`-Anweisung verzichtet werden. Am Beispiel des in Kap 2.1 vorgestellten 4 zu 1 Multiplexers soll die Verwendung demonstriert werden:

```
-- MUX4x1 mit case-Anweisung
---------------------------
entity MUX4X1_2 is
        port(   S: in bit_vector(1 downto 0);
                E: in bit_vector(3 downto 0);
                Y: out bit);
end MUX4X1_2;

architecture VERHALTEN of MUX4X1_2 is
begin
MUXPROC: process(S, E)
        begin
                case S is
                        when "00" => Y <= E(0);
                        when "01" => Y <= E(1);
                        when "10" => Y <= E(2);
                        when "11" => Y <= E(3);
                end case;
        end process MUXPROC;
end VERHALTEN;
```

Code 3-2: Realisierung eines Multiplexers mit Hilfe einer case-*Anweisung*

Im nachfolgenden Beispiel soll die Verwendung der case-Anweisung beim Aufbau einer Wahrheitstabelle vorgestellt werden. Als praktisches Beispiel wird die in Tabelle 3-1 angegebene Wahrheitstabelle eines 1-Bit Volladdierers mit Carry-Eingang CIN und den Summanden AI und BI gewählt.

CIN	BI	AI	COUT	SI
0	0	0	0	0
0	0	1	0	1
0	1	0	0	1
0	1	1	1	0
1	0	0	0	1
1	0	1	1	0
1	1	0	1	0
1	1	1	1	1

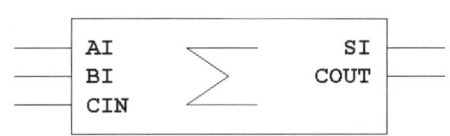

Bild 3-2: Schaltsymbol eines Volladdierers

Tabelle 3-1: Wahrheitstabelle eines Volladdierers

```
-- Volladdierer mit Wahrheitstabelle als case-Anweisung
-------------------------------------------------------
entity VOLLADD_TAB is
        port(   CIN, AI, BI: in bit;
                SI, COUT: out bit);
end VOLLADD_TAB;

architecture ARCH1 of VOLLADD_TAB is
begin

P1: process(CIN, BI, AI)
        variable TEMP_IN: bit_vector(2 downto 0);     -- temporaerer Vektor
```

```
        variable TEMP_OUT: bit_vector(1 downto 0);    -- temporaerer Vektor
        begin
                TEMP_IN := CIN & BI & AI;
                case TEMP_IN is
                        when "000" =>  TEMP_OUT := "00";
                        when "011" =>  TEMP_OUT := "10";
                        when "101" =>  TEMP_OUT := "10";
                        when "110" =>  TEMP_OUT := "10";
                        when "111" =>  TEMP_OUT := "11";
                        when others => TEMP_OUT := "01";
                end case;
                SI <= TEMP_OUT(0);                     -- Kopie ins Summenbit
                COUT    <= TEMP_OUT(1);                -- Kopie ins Carry-Bit
        end process P1;
end ARCH1;
```

Code 3-3: Beschreibung eines Volladdierers durch eine VHDL-Wahrheitstabelle

Besonders praktisch ist die Darstellung der Wahrheitstabelle, wenn, wie im Quellcode
dargestellt, die drei Eingangssignalbits zu einem `bit_vector` zusammengefasst werden.
Dafür wird die im Prozess deklarierte Variable TEMP_IN verwendet. Der Verkettungs-
(concatenation-) operator „&" dient dazu, einzelne Bits bzw. Bitvektoren zu einem Bit-
String bzw. `bit_vector` zu verknüpfen. Dabei wird das am weitesten links stehende
Signal CIN als höchstwertiges und das am weitesten rechts stehende Signal AI als nieder-
wertigstes Bit in der Variablen TEMP_IN abgelegt. Zu beachten ist außerdem, dass die
Zuweisung von Werten bzw. Ausdrücken an Variable mit Hilfe des Variablenzuweisungso-
perators „:=" erfolgt. Die Wahl einer Variablen ist in dieser Anwendung zwingend, da
sofort nach der Wertzuweisung in der case-Anweisung auf den Variablenwert zugegriffen
werden soll. Bei Verwendung eines Signals würde in der case-Anweisung fehlerhafterweise immer auf den im letzten Prozessdurchlauf zugewiesenen Signalwert zugegriffen.

Prinzipiell wäre es denkbar, die Verkettung CIN&B&A direkt als Kontrollausdruck der
case-Anweisung zu verwenden, mit dem Ziel die Variable TEMP_IN einzusparen. Dies
ist jedoch nicht zulässig, da als Kontrollausdruck sowie als Testausdruck lokal statische
Werte verlangt werden, diese also nicht erst während der Ausführung der case-
Anweisung berechnet werden dürfen [39], [42].

Die beiden Ausgangssignale der Wahrheitstabelle werden in der case-Anweisung ebenfalls zunächst als temporäre `bit_vector`-Variable generiert, bevor die eigentlichen Ausgangsbits SI und COUT aus den beiden Komponenten der Variablen TEMP_OUT gebildet
werden.

Beim Vergleich der acht Einträge umfassenden Wahrheitstabelle mit der VHDL-
Beschreibung fällt auf, dass die drei Varianten, in denen jeweils gerade ein Eingangsbit
gesetzt ist, zur Vereinfachung der Schreibweise in einem when others-Zweig zusammengefasst sind.

Durch Verwendung des Alternativoperators „|" können in einer case-Anweisung sowie in
einer selektiven nebenläufigen Signalzuweisung mehrere Testausdrücke zusammengefasst
werden. Die nachfolgende Variante der case-Anweisung in Code 3-3 zeigt, wie dadurch
Codezeilen eingespart werden können.

```
        ...
    case TEMP_IN is
        when "000" =>  TEMP_OUT := "00";
        when "011" | "101" | "110" => TEMP_OUT := "10";
        when "111" =>  TEMP_OUT := "11";
        when others => TEMP_OUT := "01";
    end case;
        ...
```

In einem zweiten Beispiel sollen einige Varianten der Zuweisung bzw. Abfrage von bit_vector-Konstanten in einer Wahrheitstabelle vorgestellt werden. Als Anwendungsbeispiel wird dazu ein Impulsmustergenerator mit vier Ausgangskanälen A gewählt, der acht mögliche Signalmuster erzeugen kann, die durch einen drei Bit breiten, hexadezimal dargestellten Eingangssignalvektor E ausgewählt werden. Diese Muster sind in der Tabelle 3-2 dargestellt. Die Beschreibung der Bit-Strings dieser Tabelle im VHDL-Code kann dadurch vereinfacht werden, dass diese nicht dual sondern oktal bzw. hexadezimal dargestellt werden. Code 3-4 zeigt, dass in diesem Fall dem Bit-String die Basis des Zahlensystems voranzustellen ist.

```
-- Vierkanal Impulsgenerator mit Wahrheitstabelle
-------------------------------------------------
entity IMPULSGEN is
      port(  E: in bit_vector(2 downto 0);
             A: out bit_vector(3 downto 0));
end IMPULSGEN;
-------------------------------------------------
architecture TABELLE of IMPULSGEN is
begin
P1: process(E)
      begin
          case E is
              when o"0" => A <=x"7";
              when o"1" => A <=x"A";
              when o"2" => A <=x"3";
              when o"3" => A <=x"F";
              when o"4" => A <=x"6";
              when o"5" => A <=x"C";
              when o"6" => A <=x"0";
              when o"7" => A <=x"E";
          end case;
      end process P1;
end TABELLE;
```

E	A
0x0	0x7
0x1	0xA
0x2	0x3
0x3	0xF
0x4	0x6
0x5	0xC
0x6	0x0
0x7	0xE

Code 3-4: Wahrheitstabelle mit oktaler und hexadezimaler Darstellung von Bit-Strings

Tabelle 3-2: Zu synthetisierende Wahrheitstabelle eines Vierkanal Impulsmustergenerators

Die erlaubten Kennbuchstaben zur Kennzeichnung der Zahlenbasis sind in der Tabelle 3-3 angegeben. Wie für alle VHDL-Größen üblich, können diese groß oder klein geschrieben werden. Der Defaultkennbuchstabe b bzw. B kann, wie bereits zuvor verwendet, auch weggelassen werden.

Basis	Kennbuchstabe	Beispiel
Dual	b oder B	b"1010_1010"
Oktal	o oder O	o"1_4_7"
Hexadezimal	x oder X	x"AF_fe"

Tabelle 3-3: Bit-String-Größen

Zur besseren Lesbarkeit innerhalb eines Bit-Strings sind Unterstriche (underscore) erlaubt, sodass dadurch Zifferngruppen gebildet werden können. Bei der Verwendung von oktalen bzw. hexadezimalen Bit-Strings ist zu beachten, dass bei der Deklaration der Bit-Vektoren geeignete Bit-Breiten gewählt werden müssen. So müssen für oktale Strings ganzzahlige Vielfache von drei und für hexadezimale Strings ganzzahlige Vielfache von vier vorgesehen werden.

3.2.2   Die if-Anweisung

Alternativ zur case-Anweisung kann auch die if-then-elsif/else-Anweisung zur Strukturierung von Prozessen verwendet werden. Diese Anweisung erlaubt, ähnlich wie die bedingte nebenläufige Signalzuweisung, eine Abfrage mehrerer Bedingungen in den elsif-Zweigen und erzeugt damit eine Rangfolge der Bedingungen (Prioritätsencoder).

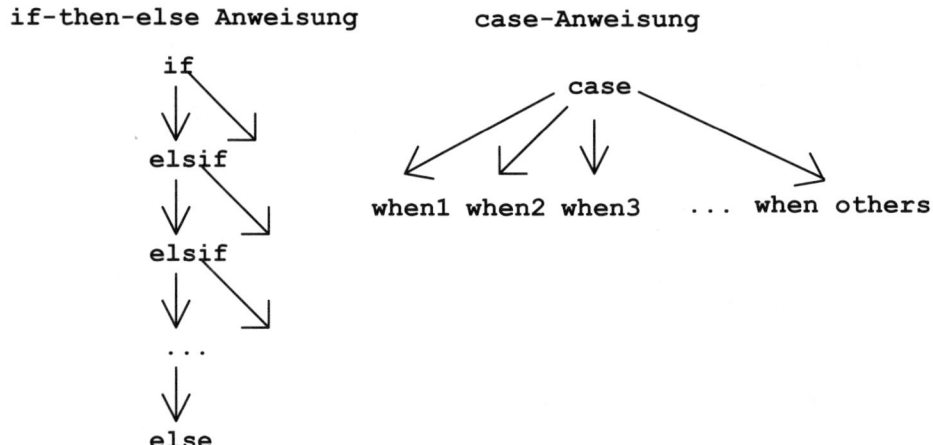

Bild 3-3:   Vergleich der Prioritätsstrukturen bei if-then-elsif/else- *und* case-*Anweisungen*

Im Gegensatz zur case-Anweisung kann man bei der if-Anweisung also nicht davon ausgehen, dass die Signalverzögerungen in der Hardware für alle Verzweigungen gleich lang sind. Vielmehr ist dem Bild 3-3 zu entnehmen, dass die Verzögerungszeit des Ausgangssignals umso kürzer ist, desto weiter oben eine Bedingung wahr wird.

Die Syntax der `if-then-else` Anweisung ist:

```
if  <Bedingung_1>  then
        {<Sequentielle Anweisungen>;}
[elsif  <Bedingung_2>  then
        {<Sequentielle Anweisungen>;}
elsif  ....
...]
[else
        {<Sequentielle Anweisungen>;}]
end if;
```

Die Anzahl der `elsif`-Zweige ist beliebig. `elsif`-Zweige können ebenso wie der `else`-Zweig auch entfallen. VHDL-Anfänger sollten sich die Schreibweise von „`elsif`" (ohne zweites e) sowie die Trennung innerhalb von „`end if`" einprägen. Ein häufiger Anfängerfehler, dessen Suche langwierig sein kann.

Als Abfragebedingung innerhalb der `if-then-else` Anweisung sind Boole'sche Ausdrücke erlaubt. Dies bedeutet, dass dort entweder Signale vom Typ `boolean` stehen dürfen, oder aber auch logische Verknüpfungen von Vergleichsaussagen. Das nachfolgende Codefragment zeigt eine fehlerhafte sowie eine korrekte Verwendung der Syntax:

```
architecture TEST of TEST_ENT is
signal S1, S2 : bit;
signal B1, B2 : boolean;
begin
PROC: process(S1, S2)
        begin
            if S1 then             -- Fehler da kein Boole'sches Signal
                ....
            elsif  S1 = '0' then   -- Korrekt da Boole'scher Ausdruck
                ....
            elsif  B1 then         -- Korrekt da Boole'sches Signal
                ....
            elsif  B2 and (S1 = '0') then-- Korrekt, Boole'scher Ausdruck
                ....
            end if;
        end process PROC;
end TEST;
```

Innerhalb jeder Verzweigung können weitere unbedingte Signalzuweisungen und sequentielle Anweisungen, also insbesondere auch weitere `if-then-else` Anweisungen in beliebiger Verschachtelungstiefe verwendet werden.

Eine zum Code 3-2 äquivalente Funktionalität wird mit der `if`-Anweisung realisiert, die im Code 3-5 dargestellt ist.

```
P1: process(S, E)
        begin
                if S="00" then
                    Y <= E(0);
```

```
        elsif S="01" then
                Y <= E(1);
        elsif S="10" then
                Y <= E(2);
        else
                Y <= E(3);
        end if;
end process P1;
```

Code 3-5: Realisierung einer 4 zu 1 Multiplexerfunktionalität mit einer if*-Anweisung*

Am Beispiel des Code 3-6 soll erläutert werden, welche Konsequenzen die bereits erläuterte Aktualisierung der Signale am Prozessende haben kann: Insbesondere VHDL-Anfänger versuchen häufig, zuerst einem Signal einen Wert zuzuweisen und während des gleichen Prozessdurchlaufs auf diesen Signalwert zuzugreifen. Dies ist jedoch wegen der geschilderten verzögerten Signalaktualisierung erst bei der nächsten Prozessaktivierung möglich. Angenommen zu Beginn einer Simulation ist das Signal SIG='0', dann wird bei der ersten Prozessausführung zwar die Zuweisung SIG<='1' ausgeführt. Die if-Bedingung ist jedoch (noch) nicht wahr. Für manchen unerfahrenen VHDL-Anwender völlig unerwartet verzweigt der Simulator erst bei der zweiten Ausführung durch Wechsel des Signals A in den then-Zweig der if-Abfrage, da am Ende des ersten Prozessdurchlaufs SIG='1' gesetzt worden war. In der Konsequenz toggelt SIG mit jedem Prozessaufruf zwischen '0' und '1'. In der Simulation fallen diese verzögerten Aktualisierungen als Speichereffekte auf, die von Schaltnetzen nicht zu erwarten sind.

```
architecture ARCH1 of TEST is
signal SIG : bit;
        process ( A )
        begin
        SIG <= '1';
        ...;
                if SIG = '1' then -- Wird erst im 2. Durchlauf ausgefuehrt
                SIG <= '0';
                ..;
        else
                ..;
        end if;
        end process;
end ARCH1;
```

Code 3-6: Signalwertzuweisung und -abfrage in einem Prozess

Dieses Beispiel macht deutlich, dass die unbedingte Wertzuweisung an ein Signal - wenn sie nur einmal erfolgt und sie nicht selbst Teil einer sequentiellen Anweisung ist - letztlich an beliebiger Stelle des Prozesses stehen kann, ohne dass sich die Funktionalität des Prozesses ändert.

Wenn innerhalb eines Prozessdurchlaufs Größen verändert werden sollen und der Prozess sofort auf diese Veränderung reagieren soll, so zeigt Code 3-7, dass dafür eine Variable (SIG_VAR) verwendet werden muss. Variablen dienen somit als Rechenzwischengrößen innerhalb von Prozessen. Wenn der Wert der Variablen auch außerhalb des Prozesses benötigt wird, so ist die Variable am Prozessende an das Signal (SIG) zu übergeben. Im Unterschied zu Code 3-6 führt die Verwendung der Variablen in Code 3-7 dazu, dass das Ausgangssignal SIG unverändert '0' bleibt, da in jedem Fall der `then`-Zweig der `if`-Abfrage durchlaufen wird.

```
architecture ARCH2 of TEST is
signal SIG : bit;
      process ( CLK )
      variable SIG_VAR : bit;
      begin
      SIG_VAR := '1';          -- Zuweisung an Variable
      ...;
              if SIG_VAR = '1' then
              SIG_VAR := '0';
              ..;
      else
              ..;
      end if;
      SIG <= SIG_VAR; -- Uebernahme des Variablenwerts in ein Signal
      end process;
end ARCH2;
```

Code 3-7: Variablenzuweisung und -abfrage in einem Prozess

3.2.3   Schleifenkonstrukte

In VHDL lassen sich, ähnlich wie in anderen Programmiersprachen, auch Schleifen programmieren. Prinzipiell stehen zwei Grundkonstrukte zur Verfügung: In der `for`-Schleife ist die Anzahl der Schleifendurchläufe durch einen Laufindex vorgegeben, der zwischen zwei Zahlenwerten variiert. Die meisten Synthesewerkzeuge fordern, dass diese Grenzwerte statisch sein müssen, womit die Anzahl der Schleifendurchläufe zum Compilationszeitpunkt feststeht. In der `while`-Schleife wird die Schleifenausführung hingegen durch das Eintreten einer Abbruchbedingung beendet, die erst während der Laufzeit eintritt. Die Anzahl der Schleifendurchläufe ist somit nicht statisch, sondern wird während der Ausführung auf der Zielhardware bestimmt.

Die Synthese- bzw. Simulationsvarianten, die sich durch die beiden Schleifentypen ergeben, werden durch zwei weitere Konstrukte erweitert, mit Hilfe derer vorzeitige Schleifenabbrüche erzwungen werden, bzw. einzelne Schleifeniterationen vorzeitig beendet werden können, sofern ein beliebig zu spezifizierender logischer Ausdruck wahr wird.

```
exit when <Bedingung>        -- Dient zum vorzeitigen Verlassen einer
                             -- Schleife
next when <Bedingung>        -- Dient zur vorzeitigen Beendigung
                             -- einer Schleifeniteration
```

Bezüglich dieser Syntaxvarianten siehe z.B. [37], [39].

3.2.3.1   for loop

Die VHDL Syntax der `for`-Schleife ist:

```
[Bezeichner:]
for <Schleifenspezifikation> loop
        {<Sequentielle Anweisungen>;}
end loop [Bezeichner];
```

Der Bezeichner in der `for`-Schleife ist optional und dient dem einfacheren Debuggen des Quellcodes. Als `<Schleifenspezifikation>` sind die beiden folgenden Varianten erlaubt:

```
<Schleifenindex> in <Untere_Grenze> to <Obere_Grenze>
<Schleifenindex> in <Obere_Grenze> downto <Untere_Grenze>
```

Der Schleifenindex muss nicht deklariert werden, er wird vielmehr durch Verwendung des `for`-Konstrukts implizit deklariert und kann daher auch außerhalb der Schleife nicht verwendet werden. Die Schleifengrenzen müssen statisch sein, d.h. zur Laufzeit feststehen.

Als Beispiel für das `for`-Konstrukt wird in Code 3-8 ein Paritätsgenerator für gerade Parität vorgestellt. Dieser ist mit Hilfe des `generic`-Parameters BITS parametrisiert. Durch die `generic`-Deklaration steht BITS der `entity` und `architecture` quasi als Konstante zur Verfügung. Im Gegensatz zu einer echten Konstanten kann der Wert des `generic`-Parameters jedoch von einer höheren Hierarchieebene überschrieben werden (vgl. Kap. 7.2.1.4). Im konkreten Fall ist die `entity` für eine Datenwortbreite von 4 Bit definiert.

Innerhalb der über alle Bits des Datenworts D laufenden `for`-Schleife wird festgestellt, ob das aktuelle Datenbit den Wert '1' oder '0' besitzt. Bei jeder '1' toggelt die Boole'sche Variable PAR. Nach Abschluss der Schleife wird der Endwert dieser Variable überprüft und das Ergebnis als Wert des Signals GERADE ausgegeben. Das Syntheseergebnis, die aus der Digitaltechnik bekannte Schaltung von Antivalenzgattern [2], ist in Bild 3-4 angegeben.

```
-- Paritaetsgenerator
--------------------
entity PARITAET is
        generic( BITS : integer :=4);
        port(   D: in bit_vector(BITS-1 downto 0);
                GERADE: out bit);
end PARITAET;

architecture VERHALTEN of PARITAET is
begin
PARGEN: process( D )
        variable PAR: boolean;
        begin
                PAR:= false;
                for I in BITS-1 downto 0 loop
```

```
              if D(I) = '1' then
                         PAR := not PAR;
              end if;
          end loop;
          if PAR then GERADE <= '1';
                  else GERADE <= '0';
          end if;
      end process PARGEN;
end VERHALTEN;
```

Code 3-8: Beschreibung eines 4-Bit Paritätsgenerators mit Hilfe einer `for`*-Schleife*

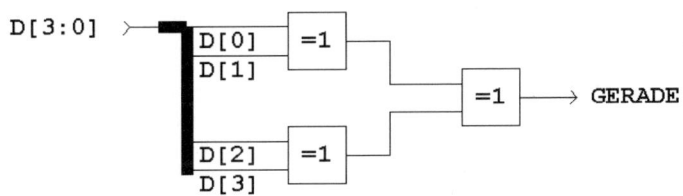

Bild 3-4: Schaltung eines 4-Bit Paritätsgenerators

Die sehr einfache Hardwarelösung verdeutlicht den Stand der Technik bei der Logiksynthese: Auch Prozesse, die eher in Form eines C-Programms geschrieben wurden, können in ihrer Struktur erkannt und bezüglich der Anzahl benötigter Signale optimiert werden. In der Praxis zeigt sich jedoch, dass Prozesse überschaubar gehalten werden sollten, weil die Abbildung komplexer VHDL-Prozesse auf die zur Verfügung stehenden digitalen Grundelemente für heutige Synthesewerkzeuge zu schwierig werden kann und damit kein optimales bzw. ein fehlerhaftes Ergebnis erzielt wird. Generelle Entwurfsrichtlinien finden sich in Kap. 3.6 und Kap. 7.1.

3.2.3.2 while loop

Die VHDL Syntax der `while`-Schleife lautet:

```
while <Schleifenbedingung> loop
      {<Sequentielle Anweisungen>;}
end loop;
```

Die Synthese von Prozessen mit dem `while` Konstrukt ist noch nicht einheitlich in allen Synthesewerkzeugen implementiert. Dies liegt in der Tatsache begründet, dass diese Anweisung die Erkennung der während der Ausführung eintretenden Schleifenabbruchbedingung erfordert. In der Praxis der Digitaltechnik ist damit ein endlicher Zustandsautomat verknüpft, der aus einer zyklischen Abfolge von impliziten Zuständen besteht. Beispiele zu dieser speziellen Form der VHDL Codeformulierung sind in [15] und [17] formuliert. Rein kombinatorische Logik lässt sich mit der `while`-Schleife nicht realisieren.

Als Anwendungsbeispiel soll die Generierung eines geraden Paritätsbits in einem taktsynchronen seriellen Datenstrom dienen: Die Länge der seriellen Datenpakete ist nicht festgelegt. Vielmehr sollen die Grenzen der Datenpakete durch zwei Boole'sche Eingangssignale STARTBIT und STOPPBIT gekennzeichnet sein. Die dazwischen einlaufenden Datenbits werden taktsynchron, seriell ausgegeben. Nach Erkennen des Signals STOPPBIT wird das Paritätsbit PAR solange auf den seriellen Ausgang gegeben bis das nächste STARTBIT erkannt wird (vgl. Code 3-9).

```vhdl
-- Paritaetsgenerator fuer seriellen Datenstrom
-----------------------------------------------
entity PARITAET1 is
        port(   D_IN, CLK: in bit;
                STARTBIT, STOPPBIT: in boolean;
                D_OUT: out bit);
end PARITAET1;

architecture VERHALTEN of PARITAET1 is
begin
P1: process
        variable PAR: boolean;
        begin
                wait until (CLK'event and CLK='1');
                if STARTBIT then
                        PAR:= false;
                        while not STOPPBIT loop
                                D_OUT <= D_IN;
                                if D_IN = '1' then
                                        PAR := not PAR;
                                end if;
                                wait until (CLK'event and CLK='1');
                        end loop;
                end if;
                if PAR then
                        D_OUT <= '1';
                else
                        D_OUT <= '0';
                end if;
        end process P1;
end VERHALTEN;
```

Code 3-9: VHDL-Code eines seriellen Paritätsgenerators für Datenpakete unterschiedlicher Länge

Der Prozess P1 enthält die while-Schleife, innerhalb derer die ansteigende Flanke des Taktsignals CLK abgefragt werden muss und die, nachdem einmal das STARTBIT erkannt wurde, solange durchlaufen wird, bis das STOPPBIT gesetzt wird. Innerhalb der Schleife wird das Eingangsdatenbit taktsynchron über DOUT ausgegeben und der Wert der Paritäts-variablen PAR wechselt bei jeder erkannten '1' am Eingang. Wegen der innerhalb der Schleife zu verwendenden wait until-Anweisung darf der Prozess keine Empfind-lichkeitsliste enthalten. Am Ende des Prozesses wird die Paritätsvariable ausgewertet und das auf insgesamt gerade Parität ergänzende Paritätsbit auf dem seriellen Datenstrom aus-gegeben. Das Verhalten der daraus synthetisierten Schaltung zeigt die funktionale Simula-tion in Bild 3-5.

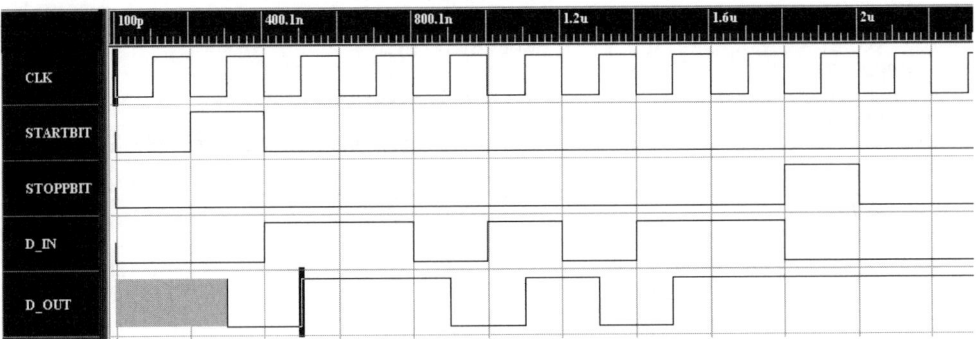

Bild 3-5:   Funktionale Simulation des seriellen Paritätsbitsgenerators

Das Ausgangsbit wird erstmalig gültig, nachdem bei t=200ns das STARTBIT gesetzt wurde und 100ns später die steigende Taktflanke erkannt wird. Von diesem Zeitpunkt an wird der serielle Eingangsstrom D_IN jeweils bei ansteigenden Taktflanke an den Ausgang D_OUT weitergeleitet. Zum Zeitpunkt t=1.8µs wird das STOPPBIT gesetzt und bei der 100ns später nachfolgenden Taktflanke wird anstatt des Eingangsdatenstroms das gerade Paritätsbit auf den Ausgang gegeben. Weil im Beispiel zwischen START- und STOPPBIT insgesamt fünf taktsynchrone '1' weitergeleitet wurden, muss das Paritätsbit gesetzt werden, da es den Datenstrom auf gerade Parität **ergänzt**. Dieses Verhalten ist ab t=1.9µs zu beobachten.

Mit diesem Beispiel in sehr hochsprachennaher VHDL-Codierung sind die Grenzen der Freiheitsgrade für synthesegerechten Code nach den IEEE-Empfehlungen [32] erreicht.

3.2.4   Simulationsspezifische Prozesse für Testumgebungen

Mit den bisher dargestellten Syntaxelementen sollen nun Prozesse vorgestellt werden, mit denen der Entwurf von Testumgebungen vereinfacht werden kann. Diese nichtsynthesefähigen Prozesse ergänzen die zu synthetisierende architecture um spezielle Stimuli-Prozesse zu einer einfachen Testbench. Dabei werden unterschieden:

– Prozesse, die diskrete Stimuli beschreiben

– Prozesse, die periodische Stimuli beschreiben

Im Unterschied zu der aufwendigeren in Kap. 2.2 vorgestellten Methode müssen jedoch die Eingangssignale der zu synthetisierenden entity während der Testphase aus der port-Anweisung entfernt werden und als lokale Signale deklariert sein. Die Vereinfachung wird also mit Erweiterungen erkauft, die nach Abschluss des Testens wieder entfernt werden müssen.

Am Beispiel des in Code 3-4 angegebenen Impulsmustergenerators soll die Ergänzung um Testbench-Prozesse verdeutlicht werden:

```
-- Vierkanal Impulsgenerator mit Testbench
-----------------------------------------------------
entity IMPULSGEN is
      port( A: out bit_vector(3 downto 0));
end IMPULSGEN;
-----------------------------------------------------
architecture TABELLE of IMPULSGEN is
signal E: bit_vector(2 downto 0);     -- lokales Signal fuer Testbench
begin
---------------- zu synthetisierender Prozess: -----------
P1: process(E)
      begin
            case E is
                  when o"0" => A <=x"7";
                  when o"1" => A <=x"A";
                  when o"2" => A <=x"3";
                  when o"3" => A <=x"F";
                  when o"4" => A <=x"6";
                  when o"5" => A <=x"C";
                  when o"6" => A <=x"0";
                  when o"7" => A <=x"E";
            end case;
      end process P1;
--------nichtsynthetisierbare Testbench Prozesse: ------------
STIMULI: process                -- nichtperiodische Stimuli
      begin
            E(1)<='0','1' after 100 ns,'0' after 200 ns,'1' after 300 ns;
            E(2)<='0','1' after 200 ns;
            wait;               -- keine weiteren Signaländerungen
      end process STIMULI;
TAKTGEN: process                -- periodischer Stimulus
      begin
            E(0) <= '0';
            wait for 50 ns;
            E(0) <= '1';
            wait for 50 ns;
      end process TAKTGEN;
-------------Ende der Testbench -----------------
end TABELLE;
```

Code 3-10: Erweiterung des Impulsmustergenerators um Testbench-Prozesse

Aufgabe der Testumgebung ist es, alle Varianten des Eingangsvektors E zu generieren. Dafür wird das Eingangssignal E aus der ursprünglichen `entity` (vgl. Code 3-4) entfernt und lokal deklariert. Dem niederwertigsten Bit E(0) wird in dem periodischen Stimulus TAKTGEN alle 50ns ein neuer Wert zugewiesen. Da der ohne Empfindlichkeitsliste formulierte Prozess nach Ablauf der zweiten Wartephase erneut mit der Ausführung beginnt, wird ein Signal mit einer Periodendauer von 100ns und einem Tastgrad von 50% erzeugt.

Die Signalwechsel der beiden anderen Bits E(1) und E(2) werden durch verzögerte, unbedingte Signalzuweisungen innerhalb des Prozesses STIMULI realisiert. Wie das Beispiel zeigt, ist es möglich, mehrere Signalübergänge in einer einzigen unbedingten Signalzuweisung durch Verwendung des Schlüsselworts `after` zu definieren. Wichtig ist jedoch, dass alle Signalübergänge eines Signals in **einer** Anweisung stehen, da eine zweite Anweisung zu einem Signaltreiberkonflikt führen würde. Dieser Prozess endet mit einer unbedingten `wait`-Anweisung. (Hinweis: Die Signale E(1) und E(2) hätten bei den gewählten Signalmustern auch durch je einen weiteren Taktgeneratorprozess mit einer Perioden von 100ns bzw. 200ns definiert werden können). Das Simulationsergebnis dieser Testbench zeigt Bild 3-6.

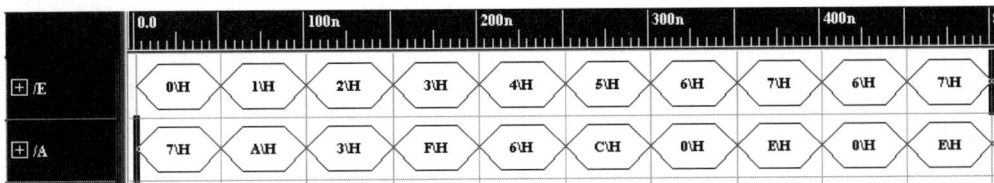

Bild 3-6: Simulationsergebnis der Testbench zum Impulsgenerator

3.3   Einfache Schaltwerke

Schaltwerke, also digitale Funktionsgruppen, deren Ausgangssignale außer von den aktuellen Eingangssignalen auch von den in der Vergangenheit durchlaufenen Zuständen abhängen, sind wesentlicher Bestandteil digitaler Systeme. In diesem Abschnitt soll zunächst die Modellierung des zeitabhängigen Verhaltens von Schaltwerken durch Prozesse eingeführt werden. Eine ausführliche Diskussion der Schaltwerksrealisierung in VHDL findet sich in Kap. 6.

3.3.1   D-Flipflops und Register

Taktflankengesteuerte D-Flipflops und Register stellen die Grundlage der überwiegenden Anzahl heute entworfener Schaltwerke dar. Ein Grundverständnis des VHDL-Entwurfs von D-Flipflops ist daher unerläßlich. Dies gilt insbesondere vor dem Hintergrund, dass sich die schon beim Flipflop auftauchenden Fragestellungen der Implementierung asynchroner und synchroner Setz- und Rücksetzeingänge sowie der Verwendung von Freigabeeingängen beim D-Flipflop recht überschaubar diskutieren lassen und ohne weiteres auf Zähler, Schieberegister und komplexere Schaltwerke übertragen lassen.

3.3.1.1   VHDL-Beschreibung mit Signalen

In diesem Abschnitt soll exemplarisch der Entwurf eines positiv taktflankengesteuerten D-Flipflops mit asynchronem Rücksetzeingang sowie Taktfreigabeeingang erläutert werden. Der Flipflopausgang wird somit entweder asynchron oder synchron angesteuert. In VHDL lässt sich ein synchrones Umfeld einer Schaltung innerhalb eines Prozesses mit Empfindlichkeitsliste durch eine `if`-Anweisung beschrieben, die als Bedingung die Flankenabfrage eines Signals (signal'`event`) enthält. Diese Prozesse werden als „clock edge process" bezeichnet.

Grundsätzlich gilt, dass alle innerhalb der if-Anweisung durchgeführten taktsynchronen Signalzuweisungen zu Flipflops synthetisiert werden, sodass sich die Signalnamen an den Flipflopausgängen wiederfinden lassen.

Die Abfrage einer ansteigenden Flanke des Taktsignals CLK erfolgt üblicherweise durch:

```
if CLK ='1' and CLK'event then
...
...       -- sequentielle Anw. mit unbedingten Signalzuweisungen
...
end if;
```

In Prozessen ohne Empfindlichkeitsliste kann die Taktflankenabfrage durch

```
...
wait until CLK ='1' and CLK'event
...
```

formuliert werden. In beiden Formulierungen ist eine logische Verknüpfung mit weiteren Signalen, z.B. einem Freigabesignal bei Synthesewerkzeugen nicht zulässig. Der folgende Ausdruck ist zwar in einer Simulation verwendbar, jedoch **nicht** synthesefähig:

```
if CLK ='1' and CLK'event and ENABLE='1'then
```

Wenn das Flipflop vorrangig asynchron gesetzt oder gelöscht werden soll, so ist dies in einer if-Abfrage **vor** der Taktflankenabfrage zu berücksichtigen. In diesem Fall erfolgt die Taktflankenabfrage im elsif-Zweig.

Da derartige Flipflops nur durch den asynchronen Setz- oder Rücksetzeingang sowie den Takt aktiviert werden, reicht es aus, diese Signale in die Empfindlichkeitsliste aufzunehmen. Der Zustand etwaiger Vorbereitungseingänge wie z.B. die Taktfreigabe oder aber eines synchronen Rücksetzeingangs wird in if-Anweisungen innerhalb des taktsynchronen Umfelds abgefragt. Diese Signale müssen nicht in der Empfindlichkeitsliste enthalten sein.

Wegen der zu synthetisierenden Flipflop-Hardwarestruktur darf Signalen, denen ein taktsynchroner Wert zugewiesen wurde, mit Ausnahme des asynchronen Setz- bzw. Rücksetzsignals außerhalb des taktsynchronen Umfeldes kein Wert zugewiesen werden. Das nach diesen Regeln entworfene D-Flipflop mit asynchronem Rücksetzeingang sowie einem Taktfreigabeeingang zeigt Code 3-11.

```
-- D-Flipflop mit asynchronem Reset und Freigabeeingang
---------------------------------------------------------
entity DFF_R_EN is
        port( CLK, RESET, ENABLE, D: in bit;
                Q: out bit);
end DFF_R_EN;

architecture VERHALTEN of DFF_R_EN is
begin
FF: process(CLK, RESET)
        begin
                if RESET = '1' then
                        Q <= '0';
                elsif CLK ='1' and CLK'event then
```

```
                    if ENABLE='1' then
                         Q <= D;
                    end if;
               end if;
          end process FF;
end VERHALTEN;
```

Code 3-11: VHDL-Beschreibung eines D-Flipflops mit asynchronem Rücksetz- und Freigabeeingang

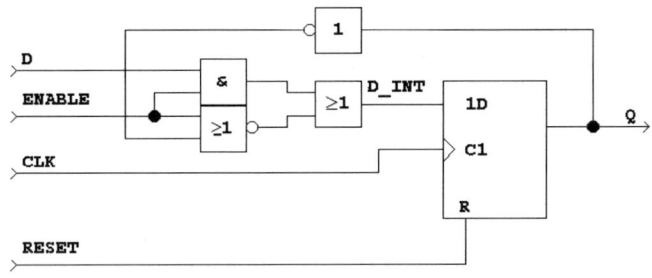

Bild 3-7: Synthese eines D-Flipflops mit asynchronem Reset und Freigabeeingang

In dem in Bild 3-7 dargestellten Syntheseergebnis von Code 3-11 ist das Freigabesignal im Datenpfad berücksichtigt worden, da in der Synthesebibliothek kein D-Flipflop mit Taktfreigabeeingang zur Verfügung stand. Der interne Dateneingang D_INT ist aus einer logischen Verknüpfung der Signale D, ENABLE und Q zusammengesetzt:

```
D_INT = ( ENABLE ∧ D) ∨ ( ¬ ENABLE ∧ Q)
```

Allerdings hat das Synthesewerkzeug im zweiten Term der Oder-Verknüpfung eine Umformung nach dem Theorem von DeMorgan vorgenommen, wie Bild 3-7 zu entnehmen ist.

Das in Bild 3-8 dargestellte Ergebnis wurde von einem anderen Synthesewerkzeug [4] ebenfalls aus Code 3-11 generiert. Die Schaltung erfordert zwar einen geringeren Hardwareaufwand, da das Freigabesignal im Taktpfad berücksichtigt wurde. Sie birgt jedoch in größeren getakteten Systemen die Gefahr von Laufzeitfehlern, weil das Taktsignal durch das UND-Gatter verzögert ist, somit also nicht alle Flipflops gemeinsam getaktet werden können (Clock Skew) [8].

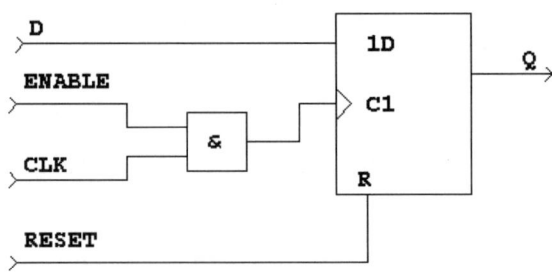

Bild 3-8:   Fehlerträchtiges Syntheseergebnis eines D-Flipflops mit Freigabeeingang

3.3.1.2   Testbench zum D-Flipflop

Das Verhalten des soeben entworfenen D-Flipflops soll nun mittels einer Testbench simuliert werden. Dazu werden in Code 3-12 die asynchronen Eingangssignale im Prozess STIMULI und ein 10MHz Takt im Prozess TAKTGEN definiert. Wie bereits oben erläutert, müssen die Eingangssignale zum Testen aus der `entity` entfernt werden und in der `architecture` lokal deklariert werden.

```
-- Testbench fuer flankengesteuertes D-Flipflop
------------------------------------------------
entity TEST_DFF is
       port(Q: out bit);
end TEST_DFF;

architecture TESTBENCH of TEST_DFF is
signal CLK, RESET, ENABLE, D : bit;

begin
----------------- Testbench Prozesse ----------------------
STIMULI: process      -- Initialisierung: der  nichtperiodischen Stimuli
        begin
              ENABLE<= '1' after 50 ns, '0' after 500 ns;
              RESET <= '1' after 10 ns, '0' after 30 ns,
                       '1' after 120 ns, '0' after 140 ns;
              D     <= '1' after 75 ns, '0' after 275 ns,
                       '1' after 375 ns, '0' after 475 ns,
                       '1' after 575 ns;
              wait;  -- Beendigung der Simulation
        end process STIMULI;

TAKTGEN: process      -- 10 MHz Takt
        begin
              CLK <= '1';
              wait for 50 ns;
              CLK <= '0';
              wait for 50 ns;
        end process TAKTGEN;
```

```
----------------- Synthetisierbarer Prozess -----------------------
FF: process(CLK, RESET, ENABLE)
        begin
                if RESET = '1' then
                        Q <= '0';
                elsif CLK ='1' and CLK'event then
                        if ENABLE='1' then
                                Q <= D;
                        end if;
                end if;
        end process FF;
end TESTBENCH;
```

Code 3-12: VHDL-Testumgebung für das D-Flipflop mit Freigabeeingang

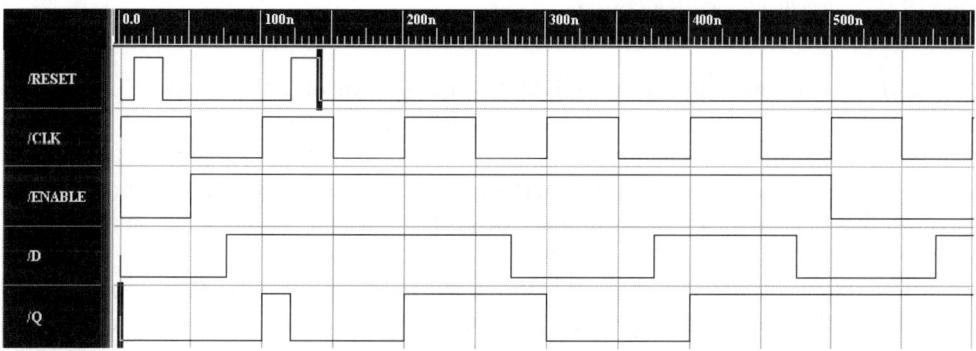

Bild 3-9: Simulation der Testbench zum D-Flipflop

Dem Bild 3-9 sind die im VHDL-Code 3-12 definierten Steuersignalübergänge des Flip-flops zu entnehmen. Deutlich erkennbar ist, dass bei der gewählten Typvereinbarung des Ausgangssignals Q als `bit` der erste RESET-Impuls keine Auswirkung hat, da `bit`-Signale vom Simulator automatisch mit '0' initialisiert werden. Sollte diese Initialisierung nicht gewünscht sein, so ist einer der in Kap. 4 erläuterten Datentypen `std_ulogic` bzw. `std_logic` zu wählen. Diese Datentypen werden mit dem Signalwert 'U' (undefiniert) initialisiert und erfordern daher zunächst einen RESET-Impuls.

3.3.1.3 Entwurf von Registern

Taktflankengesteuerte Register lassen sich nach denselben Grundregeln entwerfen wie Flipflops. Im Unterschied zum D-Flipflop werden jedoch als Datenein- und -ausgänge Signale vom Datentyp `bit_vector` verwendet. Die VHDL-Implementierung eines N-Bit Registers, welches den Dateneingang bei fallender Flanke übernimmt, zeigt Code 3-13.

```
-- N-Bit Register mit fallender Flanke
-------------------------------------
entity REG_GEN is
        generic(N: integer:=16);
        port( CLK, RESET: in bit;
```

```
                    D: in bit_vector(N-1 downto 0);
                    Q: out bit_vector(N-1 downto 0));
end REG_GEN;

architecture VERHALTEN of REG_GEN is
begin
REG: process(CLK, RESET)
        begin
                if RESET = '1' then
                        Q <= (others =>'0');
                elsif CLK ='0' and CLK'event then
                        Q <= D;
                end if;
        end process REG;
end VERHALTEN;
```

Code 3-13:   Entwurf eines N-Bit Registers

3.3.1.4   Verwendung von Variablen in taktsynchronen Prozessen

Bei der Verwendung von Variablen in taktsynchronen, synthetisierbaren Prozessen sind
zwei Besonderheiten zu beachten. Zum einen ist zu analysieren, ob Variable zu kombinatorischer Logik oder zu Flipflops synthetisiert werden. Zum anderen ist die Einschränkung zu
beachten, dass Variable, die in einem taktsynchronen Umfeld beschrieben werden, außerhalb des taktsynchronen Umfelds nicht gelesen werden dürfen.

Wenn Variable in einer taktgesteuerten Umgebung in jedem Fall eine Wertzuweisung erfahren, bevor sie gelesen oder abgefragt werden, so werden sie zu kombinatorischer Logik
synthetisiert bzw. herausoptimiert. Wenn die Variablen hingegen zuerst gelesen oder abgefragt werden, bevor ihnen ein Wert zugewiesen wird, so werden daraus Flipflops generiert.

Das Beispiel in Code 3-14 zeigt in der Architektur ARCH1 den ersten Fall: Der Variablen
TEMP wird zuerst ein Wert zugewiesen, bevor sie in der zweiten UND-Verknüpfung verwendet wird. Das Ergebnis ist ein Flipflop mit A∧B∧C als Dateneingang.

Bei der zweiten Architekturvariante ARCH2 in Code 3-15 wird die Variable TEMP in der
konjunktiven Verknüpfung mit dem Signal A zuerst verwendet, bevor ihr deren Ergebnis
zugewiesen wird. Somit wird die Variable TEMP zu einem Flipflop synthetisiert und dessen Ausgang mit A verknüpft auf den Eingang zurückgekoppelt.

```
-- Beispiel fuer die Synthese von Signalen und Variablen
--------------------------------------------------------
entity VAR_TEST is
        port( A, B, C, CLK: in bit;
                Q1: out bit);
end VAR_TEST;
architecture ARCH1 of VAR_TEST is
begin
P1: process(CLK)
variable TEMP: bit;
        begin
                if CLK='1' and CLK'event then
                        TEMP := A and B;
```

```
                      Q1 <=TEMP and C;
              end if;
        end process;
end ARCH1;
```

Code 3-14:   Beispiel eines taktsynchronen Prozesses, in dem die Variable herausoptimiert wird

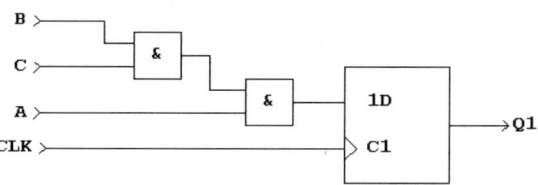

Bild 3-10:   Syntheseergebnis zu Code 3-14

```
architecture ARCH2 of VAR_TEST is
begin
P2: process(CLK)
variable TEMP: bit;
      begin
            if CLK='1' and CLK'event then
                  TEMP := TEMP and A;
                  Q1 <=TEMP and C;
            end if;
      end process P2;
end ARCH2;
```

Code 3-15:   Synthese eines Flipflops durch Variablenzuweisung in einem taktsynchronen Prozess

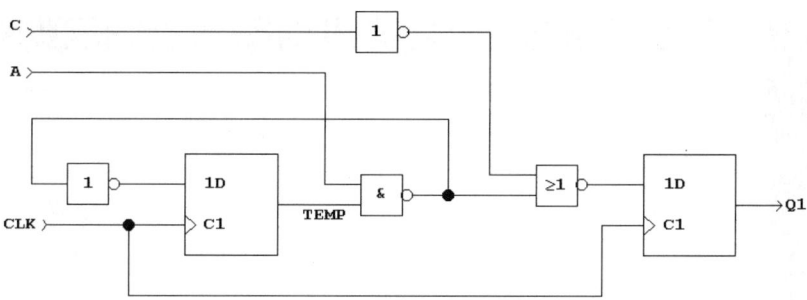

Bild 3-11:   Syntheseergebnis zu Code 3-15

Man beachte in Bild 3-11 die aus der Hintereinanderschaltung von Flipflops resultierende zusätzliche Taktverzögerung sowie die Umformung der logischen Gleichung durch Anwendung des DeMorgan'schen Gesetzes.

Ein Beispiel für die verbotene Verwendung durch asynchrones Lesen einer Variablen, die eine synchrone Wertzuweisung erfahren hat, zeigt Code 3-16.

```
architecture ARCH3 of VAR_TEST is
begin
P3: process(CLK)
variable TEMP: bit;
      begin
            if CLK='1' and CLK'event then
                  TEMP := A and B;
            end if;
            Q1 <= TEMP;    -- verbotenes Lesen der Variablen
      end process P3;
end ARCH3;
```

Code 3-16: Asynchrones Lesen einer synchron beschriebenen Variablen

Die Reaktion der Synthesewerkzeuge auf diesen verbotenen Fall ist unterschiedlich: Einige brechen die Synthese mit einer Fehlermeldung ab [5], während andere die Variable herausoptimieren [10], wodurch fehlerhafterweise eine rein kombinatorische Schaltung generiert wird.

3.3.2   Johnson-Zähler mit Taktteiler

Als einfache Anwendung von D-Flipflops soll ein Frequenzteiler entworfen werden, der an den Ausgängen die Teilerverhältnisse 1:2 und 1:6 erzeugt. Der dafür benötigte Zähler mit sechs Zuständen soll als Johnson-Zähler entworfen werden. Dies stellt sicher, dass beim Übergang von einem Zählerzustand zum nächsten immer nur jeweils ein Bit seinen Wert ändert, wodurch Strukturhasards in nachfolgenden Auswerteschaltungen vermieden werden [36]. Das gewünschte Verhalten zeigt Bild 3-12. Die beiden Teilerausgänge sind als bit_vector FTEIL mit zwei Elementen realisiert. Das MSB stellt den 2:1-Teiler dar und das LSB teilt den Eingangstakt durch sechs.

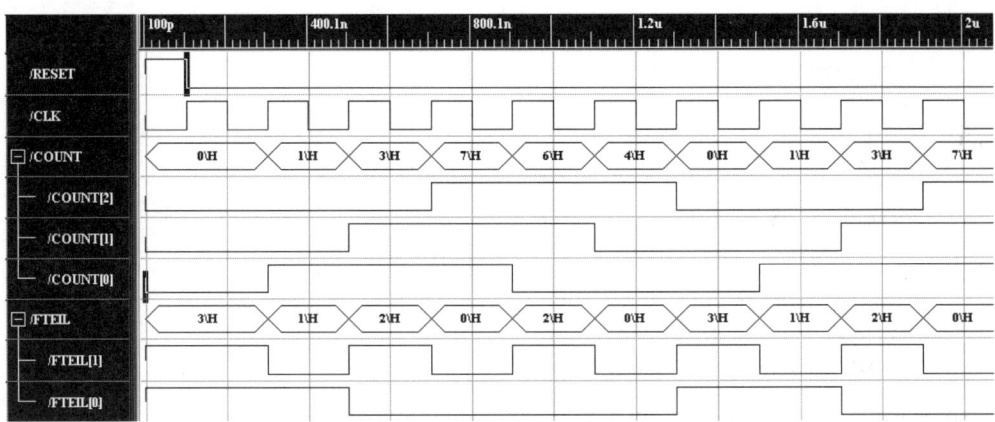

Bild 3-12:   Verhalten des 1:2 und 1:6 Taktteilers mit Johnson-Zähler

Nach dem High-aktiven Reset wird im Zeitbereich von 100ns bis 1.3µs ein aus sechs Takten bestehender Zyklus durchlaufen. Die drei Zählerbits des `bit_vectors` COUNT zeigen das gewünschte Verhalten des Johnson-Zählers.

Zur VHDL-Realisierung bietet sich ein taktflankengesteuerter Prozess mit asynchronem Reset an, in dem abhängig vom aktuellen Zählerzustand der gewünschte nachfolgende Zählerzustand sowie die passenden Pegel der Teilerausgänge in einer `case`-Anweisung gesetzt werden. Die asynchrone Initialisierung der Teilerausgänge erfolgt mit High-Pegel. Um einen `buffer`-Ausgang der `entity` zu vermeiden, wird der Zählerzustand im lokal deklarierten Signal TEMP gespeichert und in einer nebenläufigen Anweisung an den Zählerausgang COUNT übertragen. Die zwei Pseudozustände [2] des 3-Bit Zählers müssen in der vollständig zu spezifizierenden `case`-Anweisung durch einen `when others` Zweig berücksichtigt werden. In dieser Form stellt der VHDL-Code bereits eine Darstellungsart eines Zustandsautomaten dar (vgl. Kap. 6).

```
-- 3-Bit Johnson-Zähler mit 1:2 u. 1:6 Frequenzteiler als Schaltwerktabelle
entity FREQ_TEIL is
  port ( CLK, RESET: in BIT;
          COUNT: out bit_vector (2 downto 0);       -- Johnson Zaehlbits
          FTEIL: out bit_vector (1 downto 0) );     -- MSB: 2:1, LSB: 6:1
end FREQ_TEIL;

architecture ARCH1 of FREQ_TEIL is
signal TEMP: bit_vector (2 downto 0);
begin
P1: process (CLK, RESET)
begin
   if RESET='1' then
       TEMP <= "000";
       FTEIL <= "11";
   elsif CLK='1' and CLK'event then
       case TEMP is
              when "000"  => TEMP <= "001";
                             FTEIL <= "01";
              when "001"  => TEMP <= "011";
                             FTEIL <= "10";
              when "011"  => TEMP <= "111";
                             FTEIL <= "00";
              when "111"  => TEMP <= "110";
                             FTEIL <= "10";
              when "110"  => TEMP <= "100";
                             FTEIL <= "00";
              when "100"  => TEMP <= "000";
                             FTEIL <= "11";
              when others => TEMP <= "111";
                             FTEIL <= "11";
       end case;
   end if;
end process P1;
COUNT <= TEMP;
end ARCH1;
```

Code 3-17:   1:2 und 1:6 Taktteiler mit Johnson-Zähler

Nach den Erläuterungen im einführenden Kap. 3.3.1 würde man erwarten, dass die Signale FTEIL und TEMP zu D-Flipflops synthetisiert würden. Tatsächlich wird das Signal TEMP jedoch herausoptimiert und stattdessen das Ausgangssignal COUNT durch ein Register dargestellt. Grund dafür ist die letzte unbedingte Signalzuweisung in der `architecture`, durch die in COUNT eine Kopie von TEMP angelegt wird, sodass auf das Register TEMP verzichtet werden kann.

3.3.3   Parametrisiertes Schieberegister

Als zweite Anwendung von D-Flipflops soll ein ladbares Schieberegister mit einstellbarer Bitbreite WIDTH vorgestellt werden. Die Schiebeweite soll durch den `generic`-Parameter SHW gesteuert werden können. Die Initialisierung dieser Parameter erfolgt mit Hilfe des Datentyps `natural`, der Bestandteil des VHDL-Sprachschatzes ist und die positiven natürlichen Zahlen inklusive der Null umfaßt (vgl. Kap. 5.5). In der `generic`-Schnittstelle ist die Registerbreite auf vier und die Schiebeweite auf zwei voreingestellt.

Durch einen High-Pegel am LOAD-Signal wird das Datenwort DIN taktsynchron geladen. Beim Schieben für LOAD='0' soll die Schieberichtung programmierbar sein: Für R_L='0' soll links, also zum MSB, geschoben werden. Dieser Vorgang entspricht bei der voreingestellten Schiebeweite um zwei Bitpositionen einer binären Multiplikation mit dem Faktor vier. Für R_L='1' soll rechts, also zum LSB, geschoben werden, was einer Division durch vier entspricht. Die hinausgeschobenen Bits gehen verloren und die frei werdenden Bits werden zu '0' gesetzt.

```
-- Parametrisiertes N-Bit Schieberegister
-- Variable Multiplikation oder Division mit Potenzen von 2
entity  SRG_PAR is
generic( WIDTH : natural := 4;          -- Registerbreite
         SHW   : natural := 2);         -- Schiebeweite
port ( CLK, LOAD,R_L : in BIT;
       DIN     : in bit_vector(WIDTH -1 downto 0);
       YOUT    : out bit_vector(WIDTH -1 downto 0));
end SRG_PAR ;

architecture SHIFT_R_L of SRG_PAR  is
signal YINT : bit_vector(WIDTH -1 downto 0);
signal TEMP : bit_vector(SHW -1 downto 0);
begin
SHIFT_FULL: process
begin
        for I in SHW downto 1 loop
                TEMP(I-1) <= '0';
        end loop;
        wait;
end process SHIFT_FULL;
SYN_SHIFT: process (CLK)
begin
        if CLK='1' and CLK'event then
                if LOAD = '1' then YINT <= DIN;
                elsif R_L = '0' then             -- Links schieben
                        YINT <= YINT(WIDTH-1-SHW downto 0) &  TEMP;
                else                             -- Rechts schieben
```

```
                    YINT <= TEMP & YINT(WIDTH-1 downto SHW);
          end if;
       end if;
end process SYN_SHIFT;
YOUT <= YINT;
end SHIFT_R_L;
```

Code 3-18: Parametrisiertes Schieberegister

Die VHDL-architecture in Code 3-18 enthält zwei Prozesse und eine nebenläufige Anweisung. Der Prozess SHIFT_FULL erzeugt ein temporäres Signal TEMP, welches nur Nullen enthält und die Bitbreite umfaßt, um die geschoben wird. Dieses interne Signal wird während der Synthese heraus optimiert, da die Schiebeweite ein statischer Wert ist und die Anzahl der hineinzuschiebenden Nullen somit feststeht. In diesem Sinne ist die Empfindlichkeitsliste völlig ohne Bedeutung, sodass diese weggelassen wurde.

Der vollständig taktsynchrone Prozess SYN_SHIFT enthält nur das Taktsignal in der Empfindlichkeitsliste. Die Steuersignale LOAD und R_L dienen den Flipflops als Vorbereitungssignale, sie sind daher in der Empfindlichkeitsliste nicht erforderlich.

Das eigentliche Schieben erfolgt mit Hilfe des Verkettungsoperators „&". Abhängig von der Schieberichtung wird das interne Register YINT dadurch gebildet, dass für R_L='0' die niederwertigen Bits (Anzahl: Vektorbreite - Schiebeweite) um die Schiebeweite nach links verschoben werden und an Stelle der niederwertigen Bits der Vektor TEMP eingefügt wird. Für R_L='1' werden die höherwertigen Bitstellen um die Schiebeweite nach rechts verschoben und stattdessen der Vektor TEMP an die höherwertigen Bitstellen geschrieben.

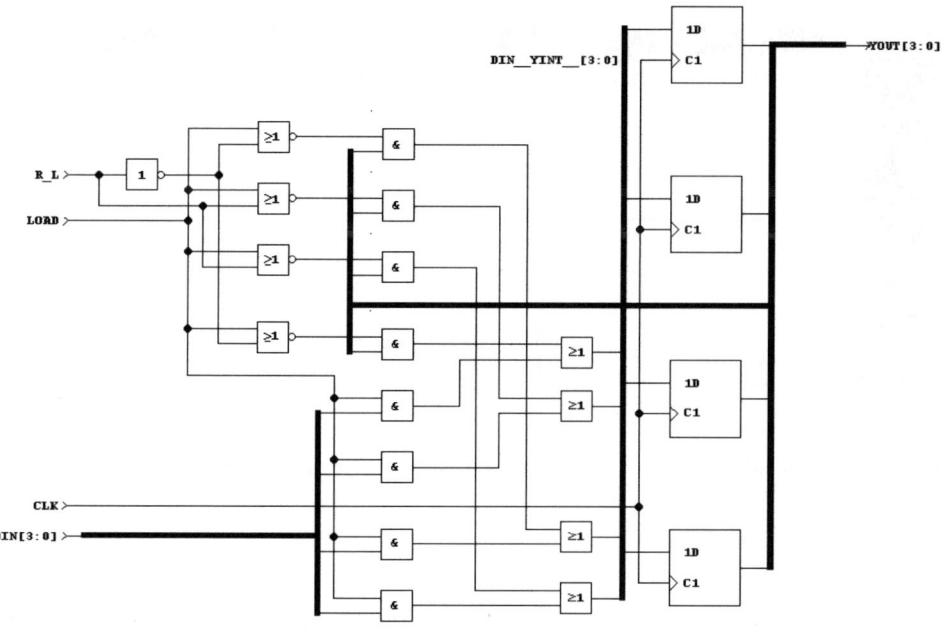

Bild 3-13: Syntheseergebnis für das parametrisierte Schieberegister in Code 3-18

Das Syntheseergebnis in Bild 3-13 zeigt, dass der Quellcode wie erwartet mit einem Übergangsschaltnetz und vier Flipflops repräsentiert wird, die dem Ausgangssignal YOUT entsprechen. Da dieses eine Kopie des Signals YINT ist, wurde YINT, wie im vorangegangenen Beispiel herausoptimiert. Der interne Signalvektor DIN__YINT liegt an den Flipflopeingängen, er wird also durch die kombinatorische Logik gebildet, in die auch YOUT zurückgeführt wird.

Die funktionale Simulation der Schaltung zeigt Bild 3-14. Bei der Zuweisung der Stimuluswerte der Vorbereitungssignale durch den Simulator wurde insbesondere darauf geachtet, dass diese zum Zeitpunkt der passiven, also fallenden Taktflanke verändert werden. In der Hardwarepraxis der Digitaltechnik würde eine Pegeländerung der Dateneingangssignale zum Zeitpunkt der ansteigenden Flanke eine Verletzung der Flipflop-Setup-Zeit bedeuten, was zu einem undefinierten Flipflopausgang führen könnte (vgl. Kap. 6) [8], [19]. Die Simulation zeigt das Einlesen zweier Datenworte zum Zeitpunkt 300ns (DIN="1010") und 900ns (DIN="1111"). Nach Deaktivierung des LOAD-Signals werden diese Eingangssignale zum Zeitpunkt der ansteigenden Taktflanke in jeweils zwei Stufen um zwei Bitstellen nach links (500ns und 700ns) bzw. nach rechts (1.1μs und 1.3μs) verschoben. Die Simulation macht deutlich, dass sich das kombinatorische Signal DIN_YINT synchron und auch asynchron zur ansteigenden Flanke des Takts verändert. Grund dafür ist das in Bild 3-13 dargestellte Schaltnetz, welches die zurückgeführten Flipflopausgänge sowie die Schaltungseingänge zusammenfasst.

Das Ausgangssignal YOUT wird hingegen aus den Flipflopausgängen gebildet und erscheint daher immer taktsynchron zur ansteigenden Taktflanke (vgl. Kap. 6).

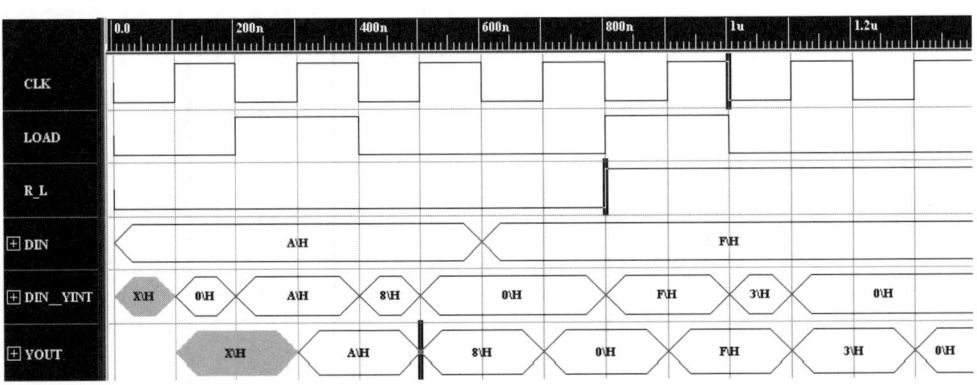

Bild 3-14: Funktionale Simulation der in Bild 3-13 dargestellten Schaltung des Schieberegisters

3.4 Erzeugung von Latches

Latches, also taktzustandsgesteuerte Flipflops, dienten in älteren digitalen Schaltungen zur Speicherung von Signalzuständen: Während des aktiven Taktpegels, also bei geöffnetem Takttor, ist das Latch transparent, der Wert des Dateneingangs erscheint am Ausgang. Während des passiven Taktpegels wird der zuletzt am Dateneingang liegende Signalwert gespeichert. In modernen, synchronen Digitalentwürfen ist das transparente Verhalten eines Latches jedoch häufig störend, da die durch die kombinatorische Logik verursachten Hasards [8], [19], also kurzzeitige Signalwechsel als Folge von Signalverzögerungen, bei geöffnetem Takttor auch am Latchausgang erscheinen. In den meisten Anwendungen werden daher taktflankengesteuerte Flipflops den Latches vorgezogen. In diesem Sinne wird in diesem Abschnitt neben der gewünschten Synthese von Latches auch das unerwünschte Auftreten von Latches zu diskutieren sein.

Das Speicherverhalten von Signalen und Variablen in Prozessen, die keine Taktflankenabfrage besitzen, wird in VHDL auf zweierlei Weise realisiert:

- Wenn in einer `if`- oder `case`-Anweisung einem Signal oder einer Variablen in mindestens einer Verzweigung kein Wert zugewiesen wird (unvollständige Signalverzweigung). Dieser Fall führt übrigens auch bei der bedingten nebenläufigen Signalzuweisung zu einem Latch (vgl. Code 2-10).

- Wenn ein Signal oder eine Variable auf mindestens einem Weg durch einen Prozess bzw. eine nebenläufige Anweisung zuerst gelesen wird, bevor eine Wertzuweisung erfolgt.

Für den Simulator bedeutet dies, dass er auf diesem Pfad auf den zuletzt gespeicherten Signal- bzw. Variablenwert zugreifen muss. Das Synthesewerkzeug generiert daraus ein Latch oder eine kombinatorische Schleife.

Den ersten dieser beiden Fälle zeigt Code 3-19: In der Architektur TEST1 fehlt der `else` Zweig der `if`-Anweisung. Dies ist für das Synthesewerkzeug gleichwertig mit dem im Quellcode kommentierten `else`-Pfad, in dem das Signal Q nicht geändert wird.

```
-- Synthese von Latches

--------------------------
entity LATCH is
        port(   D, CLK: in bit;
                Q: out bit);
end LATCH;


-- unvollständige Sigalzuweisung in if-Anweisung
architecture TEST1 of LATCH is
begin
L1:     process( CLK, D)
        begin
                if CLK='1' then
                        Q <= D;
--              else
--                      Q <= Q; -- hierfuer Q als buffer deklarieren
                end if;
        end process L1;
```

```
end TEST1;

-- unvollständige Signalzuweisung in case-Anweisung
architecture TEST2 of LATCH is
begin
L2:     process( CLK, D)
        begin
                case CLK is
                        when '1' => Q <= D;
                        when '0' => null; -- zwingend erforderlich
                end case;
        end process L2;
end TEST2;
```

Code 3-19: Synthese von Latches durch unvollständige Signalzuweisungen

In der Architektur TEST2 wird in der `case`-Verzweigung für CLK='0' die `null`-Anweisung verwendet, in der keine Aktion ausgeführt wird. Diese Anweisung ist hier zwingend erforderlich, da in einer `case`-Anweisung alle Verzweigungsmöglichkeiten aufgeführt werden müssen.

Ein weiteres, für den VHDL-Anfänger vielleicht überraschendes Beispiel zur Erzeugung von Latches zeigt Code 3-20. Obwohl die `if`-Anweisung einen `else`-Zweig besitzt, sind die Zuweisungen auf die einzelnen Signale unvollständig: Dem lokalen Signal TEMP wird nur für CLK='0' ein Wert zugewiesen während das Ausgangssignal Q eine Wertzuweisung nur für CLK='1' erfährt. Beide Signale werden als Latches synthetisiert. Wie Bild 3-15 zu entnehmen ist, entsteht ein Zweispeicher-Flipflop.

```
-- Zweispeicher FF
architecture TEST3 of LATCH is
signal TEMP: bit;
begin
L3:     process( CLK, D)
        begin
                if CLK='1' then
                        Q <= TEMP;
                else
                        TEMP <= D;
                end if;
        end process L3;
end TEST3;
```

Code 3-20: Zweispeicher-Flipflop aus D-Latches

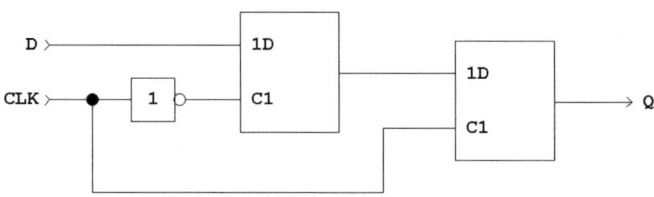

Bild 3-15: Synthese eines Zweispeicher-Flipflops aus Code 3-20

Eine unvollständige Signal- und Variablenzuweisung führt bei der Synthese von `if`-Anweisungen leider häufig auch zu unerwünschten Latches. Um sicherzustellen, dass die `if`-Anweisung zu kombinatorischer Logik synthetisiert wird, sollten alle Variable, denen in einer `if`-Anweisung ein Wert zugewiesen wird, vor der `if`-Anweisung mit einem Defaultwert initialisiert werden. Mit der Initialisierung TEMP:='0' wird aus dem Code 3-21 eine kombinatorische Logik synthetisiert, da nun für alle Verzweigungen ein Variablenwert existiert (vgl. Bild 3-16). Ohne diese Anweisung wird durch den Code 3-21 hingegen ein Latch generiert, da der Variablenwert für CLK='0' nicht definiert ist.

```
-- Vermeidung von Latches bei Variablen durch Initialisierung
architecture TEST4 of LATCH is
begin
L4:     process( CLK, D)
        variable TEMP: bit;
        begin
              TEMP:='0';
              if CLK='1' then
                    TEMP:= D;
              end if;
              Q <= TEMP;
        end process L4;
end TEST4;
```

Code 3-21: Variablenzuweisung in einer `if`-Anweisung

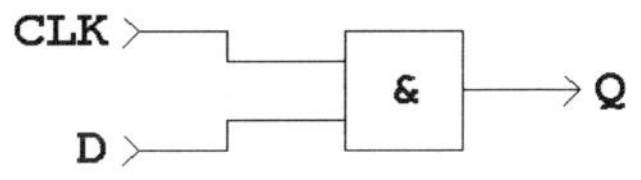

Bild 3-16: Kombinatorische Logik bei Variableninitialisierung

3.5 Vermeidbare Synthesefehler

Neben der ungewollten Generierung von Latches gibt es weitere Fehlerquellen, die zwar syntaktisch korrekt sind und daher vom Simulator nicht bemängelt werden, die jedoch zu einem unerwarteten Verhalten der synthetisierten Hardware führen.

3.5.1 Kombinatorische Schleifen

Im Code 3-22 soll gezeigt werden, dass die Verwendung von Variablen in Prozessen weitere unerwünschte Nebeneffekte haben kann: Die Variable TEMP ist zwar für alle Werte des Signals CLK definiert, allerdings wird TEMP für CLK='0' zuerst gelesen bevor ihr ein Wert zugeordnet wird. In der VHDL-Simulation wird also bei jeder Aktivierung des Prozesses, d.h. also z.B. auch bei allen Pegelwechseln am Signal D, die Variable TEMP und damit das Ausgangssignal Q invertiert, sofern CLK='0' bleibt. Bei der VHDL-Synthese wird hingegen eine kombinatorische Rückkopplungsschleife erzeugt, wie Bild 3-17 zeigt.

```
-- kombinatorische Schleife
architecture TEST5 of LATCH is
begin
L5:     process( CLK, D)
        variable TEMP: bit;
        begin
                if CLK='1' then
                        TEMP:= D;
                else
                        TEMP:= not TEMP;
                end if;
                Q <= TEMP;
        end process L5;
end TEST5;
```

Code 3-22: VHDL-Code, der zu einer kombinatorischen Rückkopplungsschleife synthetisiert wird

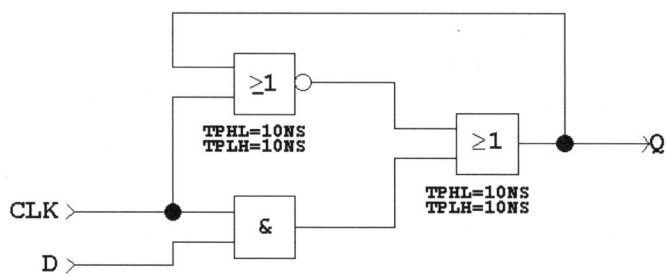

Bild 3-17:   Kombinatorische Rückkopplungsschleife, Gatter mit Signallaufzeiten

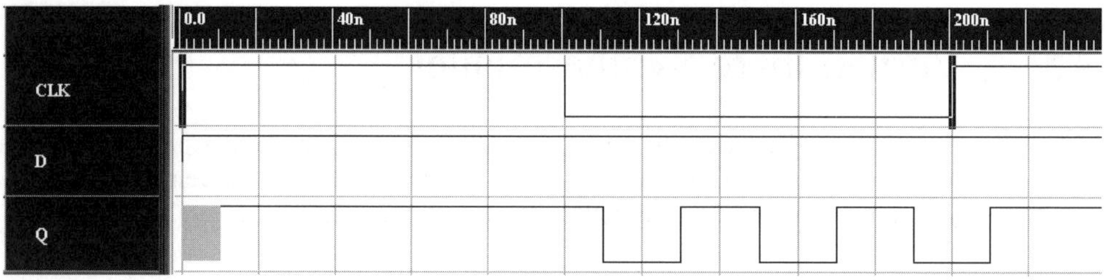

Bild 3-18:   Die in Bild 3-17 dargestellte Schaltung mit kombinatorischer Rückkopplung schwingt während CLK='0' und D='1'

Unabhängig von der Tatsache, dass das Verhalten dieser Schaltung nicht der VHDL-Simulation entspricht, ist eine derartige kombinatorische Schleife in der Schaltungspraxis sehr gefährlich und sollte unbedingt vermieden werden, denn für CLK='0' und D='1' schwingt die synthetisierte Schaltung mit einer Frequenz, die durch die Summe der Signalverzögerungszeiten durch das OR- und das NOR-Gatter gegeben ist (vgl. Bild 3-18).

3.5.2 Fehlverhalten durch unvollständige Empfindlichkeitslisten

In diesem Zusammenhang soll auf eine weitere Situation hingewiesen werden, in der die Simulation ein Speicherverhalten vortäuscht, welches in der synthetisierten Hardware jedoch nicht vorhanden ist. Der Code 3-23 enthält zwei Prozesse, die den Ausgängen Y1 und Y2 jeweils den Wert einer einfachen kombinatorischen Logik mit drei Eingangssignalen zuordnen. Während der Prozess P_KORREKT alle drei Eingangssignale in der Empfindlichkeitsliste enthält, wurde in P_FEHLER vergessen, das Eingangssignal C in die Empfindlichkeitsliste aufzunehmen. Die in beiden Prozessen verwendete logische Gleichung ist identisch.

```
-- Prozess mit unvollständiger Empfindlichkeitsliste
entity EMPF_TEST is
port ( A, B, C: in BIT;
       Y1, Y2 :out bit);
end EMPF_TEST;

architecture TEST of EMPF_TEST is
begin
P_FEHLER: process(A, B)
      begin
            Y1 <= (A and B) or C;
      end process P_FEHLER;
P_KORREKT: process(A, B, C)
      begin
            Y2 <= (A and B) or C;
      end process P_KORREKT;
end TEST;
```

Code 3-23: Prozess mit unvollständiger Empfindlichkeitsliste täuscht ein Speicherverhalten vor

Das in Bild 3-19 dargestellte Simulationsverhalten dieses Quellcodes zeigt den Fehler bei t=200ns: Der zu diesem Zeitpunkt fallende Pegel des Signals C lässt das korrekte Ausgangssignal Y2 ebenfalls auf '0' gehen. Da C jedoch in der Empfindlichkeitsliste für das Ausgangssignal Y1 vergessen wurde, wird hier in der Simulation Speicherverhalten vorgetäuscht.

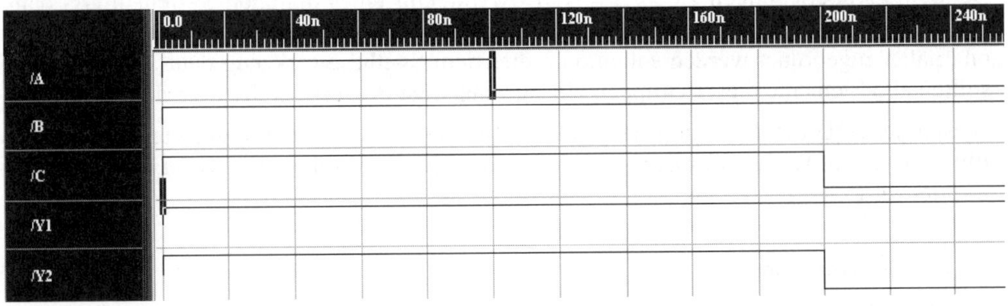

Bild 3-19: Das fehlende Signal C in der Empfindlichkeitsliste täuscht ein Speicherverhalten des Ausgangssignals Y1 vor

Das Synthesewerkzeug hingegen erkennt diesen Fehler und fügt das Signal C automatisch der Empfindlichkeitsliste hinzu [10]. In der Konsequenz wird der in Bild 3-20 dargestellte Schaltplan erstellt, der keinerlei Speicherbauelemente enthält und beide Ausgangssignale auf identische Weise generiert.

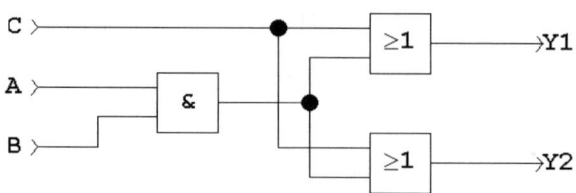

Bild 3-20: Beide Ausgangssignale Y1 und Y2 von Code 3-23 werden zu einem Schaltnetz ohne Speicherelemente synthetisiert

3.6   Syntheserichtlinien für sequentielle und kombinatorische Logik

Die nachfolgenden Hinweise dieses Kapitels sollen dazu dienen, die synthesespezifischen Entwurfsvorgaben zusammenzufassen, mit denen die gewünschten digitalen Hardware-strukturen gezielt synthetisiert werden. Diese lassen sich auf einfachster Ebene in drei Gruppen klassifizieren:

− Kombinatorische Logik (inkl. Multiplexer etc.)

− Latches (d.h. taktzustandsgesteuerte Speicher)

− Taktflankengesteuerte Flipflops

Bei den Vorüberlegungen zu einer VHDL-Architektur eines digitalen Systems muss daher zunächst entschieden werden, welcher dieser drei Gruppen die einzelnen Schaltungsfunkti-onalitäten zugeordnet werden sollen. Um dies dem Synthesewerkzeug deutlich zu machen, sollten alle Elemente dieser Gruppen als eigenständige Prozesse codiert werden.

Wesentliches Unterscheidungsmerkmal ist die Formulierung eines getakteten Prozesses. Ein taktsynchrones Umfeld liegt vor, wenn eine der nachfolgenden Syntaxvarianten ver-wendet wird:

− **if** CLK**'event and** CLK='1'

− **wait until** CLK**'event and** CLK='1'

− **if** rising_edge(CLK) -- nur falls CLK vom Typ std_logic ist (s. Kap. 4)

Diese Syntaxkonstrukte entsprechen ansteigenden Flanken des Signals CLK. Abfallende Flanken werden beschrieben durch

`... CLK'event` **and** `CLK='0'` bzw. `falling_edge(CLK)`

Da die Hardware entweder positiv oder negativ taktflankengesteuert ist, darf in einem Prozess auch nur ein Taktflankentyp abgefragt werden. Ergänzend dazu existiert die Empfehlung des Synthesestandards IEEE1076.6, dass in einem Prozess nur **eine** Taktflankenabfrage verwendet werden darf [20].

3.6.1 D-Flipflops und Register in getakteten Prozessen

In getakteten Prozessen gelten die folgenden Syntheseregeln:

1. Signalzuweisungen innerhalb eines taktsynchronen Umfelds werden zu D-Flipflops bzw. Registern synthetisiert (vgl. z.B. Code 3-11 oder Code 3-13).

2. Wenn eine Variable innerhalb eines taktsynchronen Umfelds auf irgend einem Pfad durch den Prozess **zuerst gelesen** wird, bevor ihr ein Wert zugewiesen wird, so erfordert dies eine Speicherung des alten Variablenwerts. Derartige Variable werden ebenfalls als D-Flipflop synthetisiert (vgl. Code 3-15).

3. Wenn einer Variablen auf allen Pfaden durch den getakteten Prozess **zuerst** ein Wert **zugewiesen** wird, bevor die Variable gelesen wird, bzw. in einer `if-` oder `case`-Abfrage verwendet wird, so wird die Variable als kombinatorische Logik synthetisiert bzw. bei der Synthese herausoptimiert (vgl. Code 3-14).

4. Signalen oder Variablen, denen innerhalb einer getakteten `if`-Anweisung ein Wert so zugewiesen wird, dass sie zu D-Flipflops bzw. Registern synthetisiert werden , darf außerhalb dieser getakteten Anweisung kein Wert **zugewiesen** werden. Einzige Ausnahme ist die Zuweisung eines asynchronen RESET- oder PRESET-Signals, welches vor der getakteten `if`-Anweisung zugewiesen werden muss.

5. Wenn einer Variablen innerhalb eines getakteten Prozesses ein Wert zugewiesen wird, so darf diese Variable außerhalb des getakteten Umfeldes nicht **gelesen** werden (vgl. Code 3-16).

6. `If`-Anweisungen müssen nicht alle möglichen Verzweigungen enthalten, um Latches zu vermeiden. Der getaktete Prozessrahmen allein inferiert schon ein Speicherelement.

3.6.2 D-Latches und kombinatorische Logik

Außerhalb von getakteten Prozessen gelten die folgenden Syntheseregeln:

1. Alle Signale, die gelesen werden bzw. in einer `if/case` Abfrage stehen, müssen in der Empfindlichkeitsliste stehen. Einige Synthesewerkzeuge ergänzen diese Liste um eventuell fehlende Signale automatisch, was zu einem Unterschied beim Simulations- und Hardwareverhalten führen kann (vgl. Code 3-23).

2. Ein Signal oder eine Variable wird zu einem Latch synthetisiert, wenn dem Signal bzw. der Variablen innerhalb einer `if-` oder `case-`Anweisung nicht in allen möglichen Verzweigungen ein Wert zugewiesen wird (vgl. Code 3-19). Hinweis: Um sicher zu sein, dass kein Latch verwendet wird, sollte dem Signal bzw. der Variablen vor der Verzweigung ein Defaultwert zugewiesen werden (vgl. Code 3-21).

3. Ein Signal oder eine Variable **kann** zu einem Latch synthetisiert werden, wenn das Signal bzw. die Variable in irgendeinem Verzweigungspfad zuerst gelesen wird, bevor ihm / ihr ein Wert zugewiesen wird. Abhängig vom Synthesewerkzeug wird daraus alternativ auch eine kombinatorische Rückkopplungsschleife synthetisiert (vgl. Code 3-22).

In den beiden letzten Fällen ist das Signal bzw. die Variable zwischenzuspeichern. Dies geschieht in einem taktzustandsgesteuerten Latch, wobei das in der Abfrage verwendete Signal als Freigabesignal verwendet wird.

4. Wenn die oben genannten Bedingungen 2. und 3. nicht zutreffen, so werden Signale bzw. Variable zu kombinatorischer Logik synthetisiert bzw. herausoptimiert.

3.7   Übungsaufgaben

3.1

Welche der folgenden Bit-String Größen sind korrekt? Bestimmen Sie für jeden gültigen Bit-String dessen Länge und Wert.

      a) B"1010_0101_1001"

      b) B"1001-0011"

      c) b"1111_000

      d) "11110000"

      e) x"B5_CD"

      f) X"3HA4"

      g) o"123"

      h) O"123_678"

3.2

Der nachfolgend abgebildete, konfigurierbare Logikblock einer einfachen FPGA-Technologie (vgl. Bild 3-21) ist aus Prozessen und nebenläufigen Anweisungen zu entwerfen. Diese Zelle besteht aus der in Aufgabe 2.6 modellierten Lookup-Tabelle, die über die Konfigurationsbits S(1) und S(0) konfiguriert wird. Der Ausgang dieser Zelle kann, gesteuert durch das Konfigurationsbit S(2), entweder direkt oder über ein asynchron rücksetzbares Flipflop auf den Ausgang Y geführt werden.

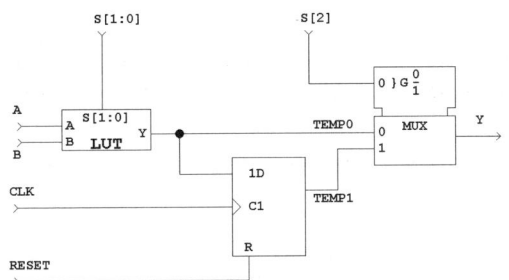

S(1)	S(0)	TEMP0
0	0	$A \wedge B$
0	1	$A \vee B$
1	0	$\neg (A \wedge B)$
1	1	$\neg (A \vee B)$

Bild 3-21: Logikblock einer einfachen FPGA-Technologie und Inhalt der Lookup-Tabelle

3.3

Entwerfen Sie einen Halbsubtrahierer Y = A - B . Stellen Sie zunächst die Wahrheitstabelle auf und setzen Sie diese in VHDL-Code um. Überprüfen Sie die syntaktische Korrektheit und simulieren Sie das Verhalten nachdem Sie eine geeignete Testbench entworfen haben. Wie lautet die logische Gleichung, die PeakVHDL bei der PLD-Synthese generiert?

3.4

Entwerfen Sie einen Code-Umsetzer, der einen 4-Bit Gray-Code in den Binärcode umsetzt. Verwenden Sie eine `case`-Anweisung zur Umsetzung der nachfolgenden Codetabelle, die hexadezimale Zahlen enthält.

Binärcode	0	1	2	3	4	5	6	7	8	9	A	B	C	D	E	F
Gray-Code	0	1	3	2	6	7	5	4	C	D	F	E	A	B	9	8

3.5

Ein (N+1)-Bit Datenwort D ist auf gerade Parität zu überprüfen. Darin sind D(N-1) ... D(0) die Datenbits und das höchstwertigste Bit D(N) das (gerade) Paritätsbit. Das Ausgangssignal OK bestätigt das korrekt empfangene Paritätsbit. N soll in diesem Modell als `generic`-Parameter modelliert werden. Entwerfen Sie einen geeigneten VHDL-Code unter Verwendung des `for`-Schleifenkonstrukts und einer Variablen.

3.6

Entwerfen Sie geeignete Testbench-Prozesse zur Überprüfung des in Code 3-17 angegebenen Johnson Zählers. Simulieren Sie den Zähler und vergleichen Sie Ihre Ergebnisse mit Bild 3-12.

3.7

Entwerfen Sie in **einer** `architecture` den VHDL-Code verschiedener Flipflop-Varianten, simulieren Sie deren korrektes Verhalten und analysieren Sie das Syntheseergebnis.

a) Ein Flipflop mit asynchronen RESET- und PRESET-Eingängen. Die synchrone Datenübernahme erfolgt bei fallender Taktflanke.

b) Flipflop wie a) aber mit synchronem PRESET.

c) Flipflop wie b) aber mit zusätzlichem Low-aktiven Freigabeeingang.

Verwenden Sie die folgende `entity`:

```
entity FF_TEST is
  port ( CLK, RESET, PRESET, ENABLE, DATEN: in bit;
         Q_A, Q_B, Q_C: out bit);
end FF_TEST;
```

3.8

Entwerfen Sie die `architecture` eines getakteten 4-Bit Schieberegisters, welches sich mit einem High-aktiven RESET-Signal asynchron komplett löschen lässt. Bei jeder ansteigenden Flanke soll zum jeweils höherwertigen Bit geschoben werden. Die niederwertigste Bitstelle soll mit dem Eingangsbit DIN belegt werden. Simulieren Sie das Verhalten Ihres Codes. Verwenden Sie die nachfolgend angegebene `entity`:

```
entity SREG4BIT is
      port( DIN, CLK, RESET: in bit;
            DOUT: out bit_vector(3 downto 0));
end SREG4BIT;
```

3.9

Entwerfen Sie einen taktsynchronen Primzahlgenerator: Die Primzahlen {1, 2, 3, 5, 7, 11, 13} sollen bei jeder ansteigenden Flanke des Taktsignals CLK am dual codierten Ausgang in der angegebenen Reihenfolge zyklisch generiert werden. Ein asynchroner Low-aktiver Reset setzt den Ausgang Q auf die Zahl 1 zurück. Verwenden Sie die nachfolgende `entity`:

```
entity PRIM_GEN is
  port ( CLK, RESET: in bit;
         Q: out bit_vector(3 downto 0));
end PRIM_GEN;
```

3.10

Die Architekturen FEHLER_A und FEHLER_B enthalten jeweils mehrere Fehler. Beschreiben Sie, welche Fehler bei der Verwendung von Signalen und Variablen bzw. Prozessen gemacht wurden:

```
-- Fehlerhafte Architekturen
entity TEST is
        port(   CLK, RESET: in bit;
                A, B, SEL: in bit;
                ERG1, ERG2: out bit);
end TEST;
-------------------------------------------
architecture FEHLER_A of TEST is
variable TEMP: bit;
begin
P1:     process(CLK, RESET)
        begin
                if RESET='1' then
                        TEMP :='0';
                elsif CLK'event and CLK='0' then
                        TEMP:= A;
                end if;
                ERG1 <= '0' when SEL='0' else TEMP;
        end process P1;


P2:     process(TEMP, A, B)
        begin
                if SEL ='0' then
                        ERG2 <= TEMP;
                else
                        ERG2 <= A and B;
                end if;
        end process;
end FEHLER_A;
------------------------------------------------------------------
architecture FEHLER_B of TEST is
begin
P1:     process(CLK, RESET)
        variable TEMP: bit;
        begin
                if RESET='1' then
                        TEMP :='0';
                elsif CLK'event and CLK='0' then
                        TEMP:= A;
                end if;
        end process P1;


P2:     process(TEMP, A, B)
        begin
                if SEL ='0' then
                        ERG2 <= TEMP;
                else
                        ERG2 <= A and B;
                end if;
        end process;
        if SEL ='0' then
                ERG1 <= '0';
        else
                ERG1 <= TEMP;
        end if;
end FEHLER_B;
```

3.11

Beschreiben Sie das Zeitverhalten des im nachfolgenden Code definierten Ausgangssignals SIGOUT. Kontrollieren Sie es mittels einer Simulation.

```vhdl
entity TEST1 is
        port( CLK: in bit;
                SIGOUT: out bit);
end TEST1;

architecture VERHALTEN of TEST1 is
signal SIG: bit:='0';
begin
process ( CLK )
begin
        if CLK='1' then
                SIG <= '1';
                if SIG = '1' then
                        SIG <= CLK and SIG;
                else
                        SIG <= not (CLK xor SIG);
                end if;
        end if;
end process;
SIGOUT <= SIG;
end VERHALTEN;
```

3.12

Der nachfolgende Code enthält vier Prozesse, in denen jeweils eine Variable und ein Signal definiert werden. Beschreiben Sie jeweils, ob diese zu D-Flipflops, Latches oder kombinatorischer Logik synthetisiert werden. Geben Sie eine kurze Begründung an.

```vhdl
entity TEST is
port( CLK, A1, A2, A3: in bit;
        S: buffer bit_vector(3 downto 0));
end TEST;

architecture UEBUNG of TEST is
begin
P0:     process (A1, A2, A3)
        variable VAR: bit;
        begin
                if A1 ='1' then
                        VAR := A2 and A3;
                        S(0) <= VAR;
                end if;
        end process P0;
P1:     process (A1)
        variable VAR: bit;
        begin
                VAR:='0';
                S(1)<='0';
                if A1 ='1' then
                        VAR := VAR or A2;
```

```
                              S(1) <= VAR and A3;
                    end if;
           end process P1;
P2:        process (CLK)
           variable VAR: bit;
           begin
                    if CLK'event and CLK='1' then
                              VAR := VAR and A1;
                              S(2) <= VAR and A3;
                    end if;
           end process P2;
P3:        process (CLK)
           variable VAR: bit;
           begin
                    if CLK'event and CLK='1' then
                              VAR := S(3) and A1;
                              S(3) <= VAR;
           end if;
           end process P3;
end UEBUNG;
```

4 Tri-State- und Don't-Care-Modellierung

In diesem Kapitel soll zunächst die Modellierung von Tri-State Treibern vorgestellt werden, die z.B. für eine bidirektionale Buskommunikation erforderlich ist. Dazu werden die Datentypen `std_ulogic` und `std_logic` eingeführt, mit denen Signale hochohmig ('Z') gelegt werden können. Zugleich kann mit diesen Datentypen Signalen und Variablen der Don't-Care Wert ('-') zugewiesen werden, mit denen in vielen Entwurfssystemen eine Logikminimierung durchgeführt werden kann. Außerdem erfordern viele ASIC-Entwurfsbibliotheken Signalwerte, die entweder starke oder schwache Ausgangspegel besitzen. Die in den neuen Datentypen definierten starken Signalwerte korrespondieren in CMOS-Entwürfen zu Ausgangstransistoren mit großer Kanalweite und die schwachen Signalwerte zu MOS-Transistoren mit kleiner Kanalweite oder Pull-down bzw. Pull-up Widerständen. Da diese Datentypen ursprünglich nicht VHDL-Bestandteil waren, müssen sie mit Hilfe zusätzlicher Bibliotheken eingebunden werden.

Am Ende dieses Kapitels soll der Leser den Unterschied zwischen `std_logic`- und `std_ulogic`-Signalen verstanden haben und diese Signaltypen zur Logikminimierung sowie zum Aufbau einer Buskommunikation einsetzen können. Außerdem sollen Wahrheitstabellen mit Don't-Care Eintragungen auf beiden Seiten modelliert werden können.

4.1 Die Datentypen std_ulogic und std_logic

Im IEEE-Standard 1164-1993 wird eine neunwertige Logik eingeführt, die die in Tabelle 4-1 angegebenen Werte umfasst [3]. In der VHDL-Bibliothek `ieee.std_logic_1164` werden diese Werte durch die Deklarationen

```
type std_ulogic is ('U' , 'X', '0' , '1' , 'Z' , 'W' , 'L' , 'H' , '-');
type std_logic  is ('U' , 'X', '0' , '1' , 'Z' , 'W' , 'L' , 'H' , '-');
```

zu den Datentypen `std_ulogic` und `std_logic` zusammengefasst [3].

Wert	Bedeutung	Verwendung
'U'	Nicht initialisiert	Nicht initialisiertes Signal im Simulator
'X'	Undefiniert	Simulator erkennt mehr als einen aktiven Signaltreiber (Buskonflikt)
'0'	Starke logische '0'	entspricht '0' eines bit-Signals
'1'	Starke logische '1'	entspricht '1' eines bit-Signals
'Z'	Hochohmig 'Z'	Tri-state Ausgang
'W'	Schwach unbekannt	Simulator erkennt Buskonflikt zwischen 'L' und 'H'
'L'	Schwache logische '0'	Ausgang mit Pull-Down Widerstand (Open Source)
'H'	Schwache logische '1'	Ausgang mit Pull-Up Widerstand (Open Drain)
'-'	Don't-Care	Logikzustand bedeutungslos; kann für Minimierung verwendet werden

Tabelle 4-1:   Wertevorrat der Standard-Logik-Datentypen

Nur erwähnt werden soll die Tatsache, dass von diesem Datentyp auch ein Datentyp X01 mit dreiwertiger Logik sowie ein Datentyp X01Z mit dem im Namen angegebenen Wertevorrat abgeleitet wurden, die jeweils Untermengen des std_(u)logic Datentyps darstellen. Näheres dazu z.B. in [6], [37]. Worin besteht nun der Unterschied zwischen den Datentypen `std_logic` und `std_ulogic`?

Wie bei den bisher bekannten Datentypen darf für Signale des Typs `std_ulogic` jeweils nur ein Treiber existieren, d.h. diese Signale dürfen nur in einem Prozess bzw. einer nebenläufigen Anweisung eine Wertzuweisung erfahren, auch wenn die Signalzuweisung im VHDL-Code zu unterschiedlichen Zeitpunkten erfolgt. Zu berücksichtigen ist nämlich, dass alle Treiber zu jedem Zeitpunkt einen Signalwert liefern. Signalkonflikte, die in der Hardware zu Schaltungsfehlern führen würden, werden bei diesem Datentyp also nicht aufgelöst (**u**nresolved data type, daher das „u" in der Typbezeichnung). Allerdings erkennt der Compiler diese Situation und bricht mit einer Fehlermeldung ab.

Anders ist dies beim Datentyp `std_logic`. Hier dürfen durchaus mehrere Treiber für ein Signal existieren. Anwendung findet dieser Datentyp insbesondere bei bidirektionalen Bussen, auf denen die Daten von mehreren Sendern stammen können. Die Entscheidung, welcher Treiber sich durchsetzt, trifft der Simulator mit der im 1164 IEEE-Standard [3] definierte Auflösungsfunktion (Resolution Function).

Für den Anwender ist nun wichtig, zu wissen, wie die Auflösungsfunktion des Datentyps `std_logic` wirkt. Diese ist in Form einer Matrix im IEEE 1164-Paket gespeichert. Der resultierende Signalwert, der sich beim gleichzeitigen Zugriff zweier Signaltreiber ergibt, ist der Tabelle 4-2 zu entnehmen. Darin sind die aktuellen Signalwerte der beiden Treiber als Zeilen- bzw. als Spaltenelement einzusetzen.

	'U'	'X'	'0'	'1'	'Z'	'W'	'L'	'H'	'-'
'U'	'U'	'U'	'U'	'U'	'U'	'U'	'U'	'U'	'U'
'X'	'U'	'X'	'X'	'X'	'X'	'X'	'X'	'X'	'X'
'0'	'U'	'X'	'0'	'X'	'0'	'0'	'0'	'0'	'X'
'1'	'U'	'X'	'X'	'1'	'1'	'1'	'1'	'1'	'X'
'Z'	'U'	'X'	'0'	'1'	'Z'	'W'	'L'	'H'	'X'
'W'	'U'	'X'	'0'	'1'	'W'	'W'	'W'	'W'	'X'
'L'	'U'	'X'	'0'	'1'	'L'	'W'	'L'	'W'	'X'
'H'	'U'	'X'	'0'	'1'	'H'	'W'	'W'	'H'	'X'
'-'	'U'	'X'	'X'	'X'	'X'	'X'	'X'	'X'	'X'

Tabelle 4-2: Auflösungsfunktion für den Datentyp `std_logic`

Diese Auflösungsfunktion wird im Simulator automatisch aktiviert, sofern ein Signal durch mehr als einen Prozess definiert wird. Andersherum bedeutet dies, dass versehentliche Mehrfachzuweisungen an ein Signal bei diesem Datentyp vom Compiler während der Entwurfsphase nicht erkannt werden.

Der Tabelle 4-2 ist zu entnehmen, dass ein Signal, welches nicht initialisiert ('U') oder undefiniert ('X') ist, beim Zusammenschalten durch kein anderes Signal verändert werden kann. Da außerdem jede Boole'sche Verknüpfung von 'U' bzw. 'X' mit anderen Signalwerten wie z.B. '1' oder '0' am Ausgang ebenfalls einen 'U'- bzw. 'X'- Zustand generiert, muss zunächst der undefinierte Zustand aufgehoben werden, bevor weitere Gatterstufen einen erlaubten '1' oder '0' Pegel erzeugen können. Ein Beispiel für diese Situation sind Flipflops mit rückgekoppeltem Dateneingang. Da alle Signale vom Typ `std_(u)logic` im Simulator mit 'U' initialisiert werden, sind die Flipflop-Ausgänge solange undefiniert, bis ein expliziter Reset erfolgt.

Der undefinierte Zustand 'X' entsteht durch einen Buskonflikt, wenn gleichzeitig ein Sender eine '0' und ein anderer eine '1' auf den Bus legt. Der hochohmige Zustand muss dagegen durch einen Tri-State Treiber explizit definiert werden. Dieser Zustand wird durch jeden anderen Signalwert überschrieben.

Im Quellcode können die Datentypen `std_ulogic` und `std_logic` verwendet werden, wenn vor der `entity`-Deklaration die IEEE-Bibliothek mit Hilfe einer `library`-Anweisung deklariert wird. Zusätzlich muss durch eine `use`-Anweisung angeben werden, dass alle Komponenten des `std_logic_1164` Pakets verwendet werden sollen. Die beiden folgenden Zeilen müssen sich also vor jeder `entity` befinden, die einen `std_(u)logic` Datentyp referenziert:

```
library ieee;
use ieee.std_logic_1164.all;
```

Während sich die `library`-Anweisung auf alle Entwurfseinheiten einer VHDL-Datei bezieht, ist bei der `use`-Anweisung zu beachten, dass diese vor jeder einzelnen `entity` wiederholt werden muss, die diese Datentypen verwendet. Falls in einer Datei eine Architektur angegeben wird, zu der die zugehörige `entity` in einer anderen Datei abgelegt ist, so muss auch vor dieser Architektur die `use`-Anweisung platziert werden [6]. Ein Beispiel zeigen die beiden Dateien in Code 4-1.

1. Datei

2. Datei

```
library ieee;
use ieee.std_logic_1164.all;
entity EINS is
...
end EINS;

architecture VERHALTEN of EINS is
....
end VERHALTEN;

use ieee.std_logic_1164.all;
entity ZWEI is
...
end ZWEI;
```

```
library ieee;
use ieee.std_logic_1164.all;

architecture VERHALTEN of ZWEI is
....
end VERHALTEN;
```

Code 4-1: Verwendung der library- *und* use-*Anweisungen in einem Design mit mehreren Entwurfseinheiten*

4.2   Realisierung von Tri-State Ausgangsstufen

Tri-State Treiberstufen sind in den digitalen Systemen vorzusehen, in denen mehrere Signalquellen parallel an einem Bus angeschlossen sind. Der Zugriff der einzelnen Busteilnehmer muss dann gesteuert mit einer 1 aus n Auswahl erfolgen. Jeweils (n-1) Quellen sind dazu in den hochohmigen Zustand zu schalten, um Signalkollisionen zu vermeiden. Die gleiche Situation liegt bei bidirektionalen Busankopplungen vor, wobei zusätzlich alle Busteilnehmer die Buspegel als Empfänger lesen.

Basierend auf dem Datentyp std_logic kann die Zuweisung des hochohmigen Zustands entweder in einer bedingten nebenläufigen Signalzuweisung oder innerhalb eines Prozesses erfolgen. Der hochohmige Zustand wird immer dann eingenommen, wenn die Freigabebedingung nicht wahr ist. Code 4-2 zeigt die nebenläufige VHDL-Beschreibung eines einfachen 4-Bit Tri-State Treibers. Der Datenbus Y wird hochohmig, wenn das Freigabesignal EN='0' ist.

```
-- Tri-State Treiber
--------------------
library ieee;
use ieee.std_logic_1164.all;

entity TSBUF is
        port(  EN: in bit;
               E: in std_logic_vector(3 downto 0);
               Y: out std_logic_vector(3 downto 0));
end TSBUF;

architecture VERHALTEN of TSBUF is
```

```
begin
        Y <=    E when EN='1' else "ZZZZ";
end VERHALTEN;
```

Code 4-2:   VHDL-Beschreibung eines 4-Bit Tri-State Treibers

Alternativ zur Zuweisung von `else "ZZZZ"` wird es insbesondere bei größeren Busbreiten sinnvoll sein, die Formulierung `else (others => 'Z')` zu verwenden, bei der auf ein Abzählen der Bits verzichtet werden kann. Das Syntheseergebnis von Code 4-2 mit vier Tri-State Treibern zeigt Bild 4-1.

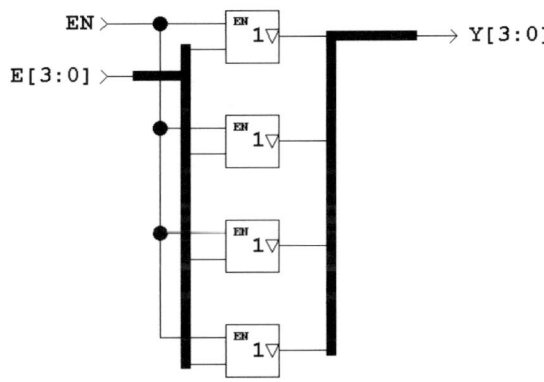

Bild 4-1:   Synthese eines 4-Bit Tri-State Treibers

Bei der Berücksichtigung von Tri-State Ausgängen in taktsynchronen Prozessen ist besondere Vorsicht geboten: Code 4-3 zeigt zwei verschiedene Architekturvarianten für ein taktflankengesteuertes D-Flipflop mit Tri-State Ausgang. In der Architektur ARCH1 erfolgt die Zuweisung von 'Z' innerhalb des taktsynchronen Umfelds, falls das ENABLE-Signal den Wert '0' hat. Das Syntheseergebnis in Bild 4-2 zeigt, dass für diesen Zweck das ENABLE-Signal durch ein zusätzliches Flipflop synchronisiert wird.

```
-- D-Flipflop mit Tri-State Ausgang
library ieee;
use ieee.std_logic_1164.all;
entity DFF_EN is
        port( CLK, RESET, ENABLE: in bit;
                D: in std_ulogic;
                Q: out std_ulogic);
end DFF_EN;
architecture ARCH1 of DFF_EN is
begin
FLIPFLOP: process(CLK, RESET)
        begin
                if RESET = '1' then
                        Q <= '0';
                elsif CLK ='1' and CLK'event then
                        if ENABLE='1' then
                                Q <= D;
```

```
                    else
                       Q <='Z';
                    end if;
                end if;
        end process FLIPFLOP;
end ARCH1;


architecture ARCH2 of DFF_EN is
signal TEMP: std_ulogic;
begin
FLIPFLOP: process(CLK, RESET)
        begin
                if RESET = '1' then
                       TEMP <= '0';
                elsif CLK ='1' and CLK'event then
                       TEMP <= D;
                end if;
        end process FLIPFLOP;
TSBUF: process(TEMP,ENABLE)
        begin
                if ENABLE='1' then
                       Q <= TEMP;
                else
                       Q <= 'Z';
                end if;
        end process TSBUF;
end ARCH2;
```

Code 4-3: Generierung von Tri-State Treibern in Prozessen

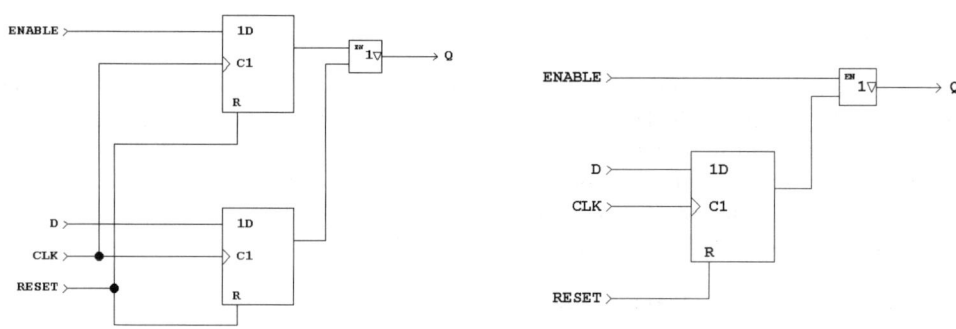

Bild 4-2: Ansteuerung des Tri-State Treibers bei   *Bild 4-3: Ansteuerung des Tri-State Treibers*
taktsynchroner Abfrage des Freigabesignals   *bei Freigabe durch gesonderten Prozess bzw.*
                                                          durch eine nebenläufige Anweisung

In den meisten Fällen wird das Verhalten nach Bild 4-2 jedoch nicht erwünscht sein. Vielmehr wird es ausreichend sein, den Tri-State Treiber direkt durch das Freigabesignal zu aktivieren. Diese vom Flipflop unabhängige Funktionalität muss durch einen zusätzlichen Prozess (vgl. Architektur ARCH2 in Code 4-3), oder aber durch eine nebenläufige Anweisung beschrieben werden (vgl. Code 4-2).

In der Praxis müssen häufig Signale, die ursprünglich vom Typ `bit` sind, hochohmig gelegt werden. In diesem Fall sind Konversionsfunktionen zu verwenden, auf die weiter unten eingegangen wird.

Bisher wurden Anschlüsse mit Tri-State Treibern nur für eine Signalrichtung betrachtet. Bidirektionale Anschlüsse von Funktionsblöcken sind in allen digitalen Systemen erforderlich, in denen mehrere Komponenten über einen gemeinsamen Bus kommunizieren. Jeder der Busteilnehmer stellt als Quelle Informationen zur Verfügung und wird je nach Betriebssituation zum Empfänger. Die Schnittstellen der Busteilnehmer müssen also Signale in zwei Richtungen übertragen. Als Beispiel kann man sich einen FPGA Bildverarbeitungsprozessor vorstellen, der zusammen mit einer digitalen Kamera über einen gemeinsamen Datenbus auf einen RAM-Bildspeicher zugreift. In Bild 4-4 ist einer der Busteilnehmer symbolisch dargestellt. Die Logikfunktionen der Schaltnetze und Schaltwerke werden über

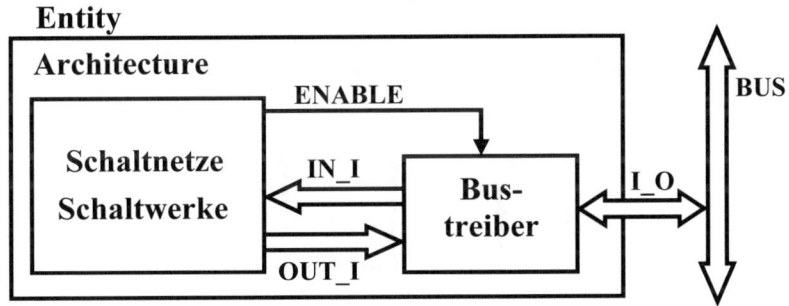

Bild 4-4: Bidirektionale Busankopplung eines Busteilnehmers

interne Signale IN_I und OUT_I mit einem Bustreiber gekoppelt, der in Abhängigkeit vom Steuersignal ENABLE entweder das Ausgangssignal OUT_I auf den Bus I_O weiterleitet oder den Ausgangstreiber hochohmig schaltet. In jedem Fall soll der auf dem Bus I_O anliegende Signalwert an das Eingangssignal IN_I übergeben werden.

Die Lösung in Code 4-4 enthält einen Prozess `WRITE` mit der Tri-State Steuerung des Signals I_O, dem der `port`-Modus `inout` zugeordnet ist. Dieser `port`-Modus wird hier erforderlich, da die Buspegel parallel zum Ausgangstreiber über I_O vom internen Signal IN_I eingelesen werden. Geht also der Ausgangstreiber mit ENABLE = Low in den hochohmigen Zustand über, so sorgt die nebenläufige Anweisung mit dem Label `READ` für die Aufnahme der von anderen Komponenten erzeugten Bussignale. Wenn der Bustreiber selbst den Buspegel bestimmt, liegt eine Rückführung der Ausgangsleitungen auf die Eingangsleitungen vor, die aufgrund der Entkopplung der Signalpfade zu keiner Signalkollision führt. Als Datentyp für den bidirektionalen Datenbus I_O muss std_logic_vector genutzt werden, damit mehrere Treiber an den Bus angeschlossen werden können. Es empfiehlt sich für die Signale OUT_I und IN_I, die jeweils nur einen Treiber besitzen, den Datentyp std_ulogic_vector zu verwenden. Zusammen mit den Typkonversionsfunktionen stellt dies sicher, dass die Signalwerte wechselseitig eindeutig abgebildet werden (vgl. Kap. 4.5).

Die Funktion des ständigen Busabhörens wird mit dem Syntheseergebnis in Bild 4-5 verdeutlicht, in dem Impedanzwandler (1-Verstärker) den Signalweg vom Busanschluss I_O zum Eingangssignal IN_I erzeugen.

```
--Bidirektionaler Bustreiber mit Tri-State Ausgaengen.
library IEEE;
use IEEE.STD_LOGIC_1164.ALL;
entity BUSTREIBER is
port(  ENABLE : in bit;
       I_O    : inout std_logic_vector(1 downto 0);-- Bidirekt. Anschluss
       OUT_I  : in    std_ulogic_vector(1 downto 0);
       IN_I   : out   std_ulogic_vector(1 downto 0));
end BUSTREIBER;
architecture TRI_STATE_OUT of BUSTREIBER  is
begin
WRITE:process(ENABLE, OUT_I)                      -- Gesteuerter Schreibvorgang
      begin
      if ENABLE = '1' then   I_O <= To_StdLogicVector(OUT_I);
      else                   I_O <= (others => 'Z');
      end if;
end process WRITE;
READ: IN_I <= To_StdULogicVector(I_O);            -- Paralleler Lesevorgang
end TRI_STATE_OUT;
```

Code 4-4: Bidirektionaler Bustreiber mit Tri-State Ausgängen

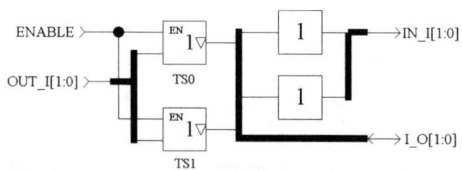

Bild 4-5: Bidirektionale Busankopplung mit Tri-State Treibern und parallelem Eingangspfad

Der Simulator stellt das Verhalten der bidirektionalen Schnittstelle I_O in Bild 4-6 mit zwei Signalen dar: Den Zustand des Tri-State Treibers gibt I_O__out an und die Buspegel zeigt das Signal I_O, für das die Stimuli des Simulators als externe Treiber wirken. Die in der Simulation dargestellten Betriebszustände der Busschnittstelle fasst Tabelle 4-3 zusammen. Im Zustand 1 sind alle Treiber vom Bus abgekoppelt. Der Tri-State Treiber ist im Zustand 2 die Signalquelle, und im Zustand 3 bilden Simulatorstimuli den Sender.

Betriebs zustand	Zeitintervalle	Tri-State Treiber IO__out	Buszustand I_O	Eingangssignal IN_I
1	0 – 100 ns 300 – 400 ns 600 – 800 ns	Hochohmiger Zustand; OUT_I wird blockiert	Hochohmig; kein Sender am Bus aktiv	"ZZ" wird empfangen
2	100 – 300 ns 800 – 1000 ns	OUT_I Pegel werden übertragen	Kein externer Sender; Signalübernahme: I_O = OUT_I	Signalrückführung: IN_I = OUT_I
3	400 – 600 ns	Hochohmiger Zustand; OUT_I wird blockiert	Simulatorstimuli als externe Sender an I_O	Signalübernahme: IN_I = I_O

Tabelle 4-3: Übersicht zu den Betriebszuständen der Busschnittstelle in Bild 4-6

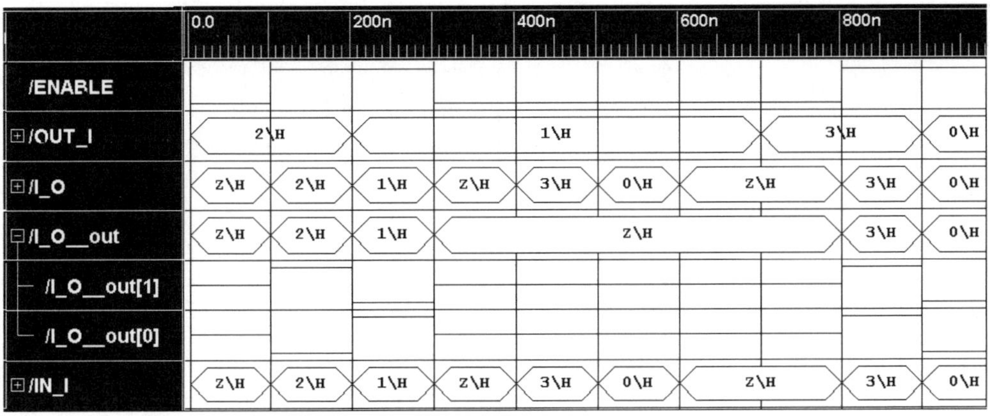

Signal	0.0		200n		400n		600n		800n	
/ENABLE										
/OUT_I	2\H				1\H			3\H		0\H
/I_O	Z\H	2\H	1\H	Z\H	3\H	0\H	Z\H		3\H	0\H
/I_O__out	Z\H	2\H	1\H		Z\H				3\H	0\H
/I_O__out[1]										
/I_O__out[0]										
/IN_I	Z\H	2\H	1\H	Z\H	3\H	0\H	Z\H		3\H	0\H

Bild 4-6: Simulation der bidirektionalen Busankopplung nach Code 4-4

4.3 Don't-Care Werte als Ausgangssignal

In diesem Abschnitt soll die Verwendung des Don't-Care Werts '-' der Datentypen std_ulogic und std_logic erläutert werden. Als erstes Beispiel dient ein einstelliger Binär-BCD Code-Umsetzer mit E als 4-Bit Binäreingang und A als 4-Bit BCD-Ausgang. Dessen Verhalten zeigt die Tabelle 4-4. Zu den Hexadezimalziffern 0xA ... 0xF auf der Eingangsseite existiert kein dezimales Äquivalent auf der Ausgangsseite. Wenn diese Pseudotetraden [2] durch eine externe Logik abgefangen werden können, so darf deren zugehöriger Ausgangswert beliebig '0' oder '1' sein. Sinnvoll ist es daher, den zugehörigen Ausgangssignalen den Don't-Care Wert '-' zuzuweisen. Damit bleibt es dem Synthesewerkzeug überlassen, die Werte so mit '1' oder '0' zu belegen, dass der Hardwareaufwand minimiert wird.

Im zugehörigen VHDL-Code 4-5 wird die Wahrheitstabelle mit einer case-Anweisung aufgebaut. Dabei wird die Eingangsseite der Wahrheitstabelle hinter dem Schlüsselwort when mit dem Hexadezimalwert abgefragt. Die Ausgangsseite der Wahrheitstabelle wird als Zuweisung eines Binärstrings an das Ausgangssignal A gebildet. In diesem Zusammenhang soll darauf hingewiesen werden, dass der Versuch, dem Ausgangssignal A z.B. durch x"0" eine Hexadezimalzahl zuzuweisen, vom Compiler mit einem Fehler quittiert wird. Grund dafür ist der für A gewählte Datentyp std_ulogic_vector, für den die in Tabelle 3-3 angegebene Hexadezimalkennung nicht definiert ist.

E(3)	E(2)	E(1)	E(0)	A(3)	A(2)	A(1)	A(0)
0	0	0	0	0	0	0	0
0	0	0	1	0	0	0	1
0	0	1	0	0	0	1	0
0	0	1	1	0	0	1	1
0	1	0	0	0	1	0	0
0	1	0	1	0	1	0	1
0	1	1	0	0	1	1	0
0	1	1	1	0	1	1	1
1	0	0	0	1	0	0	0
1	0	0	1	1	0	0	1
1	0	1	0	-	-	-	-
1	0	1	1	-	-	-	-
1	1	0	0	-	-	-	-
1	1	0	1	-	-	-	-
1	1	1	0	-	-	-	-
1	1	1	1	-	-	-	-

Tabelle 4-4:   Wahrheitstabelle eines Binär-BCD-Umsetzers mit Don't-Care Werten

```
-- Binaer->BCD Umsetzer mit Wahrheitstabelle
-------------------------------------------
library ieee;
use ieee.std_logic_1164.all;
entity BIN_BCD is
        port(   E: in bit_vector(3 downto 0);
                A: out std_ulogic_vector(3 downto 0));
end BIN_BCD;
--------------------------------------------------
architecture TABELLE of BIN_BCD is
begin
P1: process(E)
        begin
                case E is
                        when    x"0" => A <= "0000";
                        when    x"1" => A <= "0001";
                        when    x"2" => A <= "0010";
                        when    x"3" => A <= "0011";
                        when    x"4" => A <= "0100";
                        when    x"5" => A <= "0101";
                        when    x"6" => A <= "0110";
                        when    x"7" => A <= "0111";
                        when    x"8" => A <= "1000";
                        when    x"9" => A <= "1001";
                        when others => A <= "----";
--                      when others => A <= "0000";   -- Don't-Care Test
--                      when others => A <= "1111";   -- Don't-Care Test
                end case;
        end process P1;
end TABELLE;
```

Code 4-5:   Quellcode eines Binär-BCD-Umsetzers mit Don't-Care Termen

Leider werden Don't-Care Werte jedoch noch nicht von allen Synthesewerkzeugen zur Minimierung genutzt. So erkennt z.B. das Synthesewerkzeug Aurora [10] der Fa. Viewlogic zwar das Don't-Care Symbol, verwendet jedoch intern stattdessen eine '0', sodass eine Minimierung nicht durchgeführt werden kann. Die in Code 4-5 kommentierten `when others`-Zeilen dienen dazu, die Minimierungsfähigkeit des verwendeten Syntheseprogramms zu überprüfen. Die Lösungen, die sich für die einzelnen Ausgangssignalkomponenten A3..A0 ergeben, wenn das Don't-Care Symbol intern durch eine '0' bzw. eine '1' substituiert wird, sind in der Tabelle 4-5 zusammengestellt. Für '0' und '1' sind zusätzlich natürlich auch die nach dem Gesetz von DeMorgan [2] erlaubten Umformungen denkbar.

	A0	A1	A2	A3
'0'	(E0 ∧ ¬E3) ∨ (E0 ∧ ¬E1 ∧ ¬E2)	E1 ∧ ¬E3	E2 ∧ ¬E3	¬E1 ∧ ¬E2 ∧ E3
'1'	E0 ∨ (E2 ∧ E3) ∨ (E1 ∧ E3)	E1 ∨ (E2 ∧ E3)	E2 ∨ (E1 ∧ E3)	E3
'-'	E0	E1	E2	E3

Tabelle 4-5: Logische Gleichungen des Binär-BCD-Umsetzers bei unterschiedlicher Berücksichtigung der Hexadezimalzahlen 0xA ...0xF

Wie Tabelle 4-5 zu entnehmen ist, werden bei korrekter Berücksichtigung des Don't-Care Wertes durch das Synthesewerkzeug keinerlei logische Gatter benötigt. Die einzelnen Eingangsbits werden direkt an den Ausgang weitergeleitet. Entsprechende Ergebnisse erhält man z.B. durch die Synthesewerkzeuge PeakVHDL der Fa. Accolade [4] oder das Programm FPGA-Express der Fa. Synopsys [5] .

4.4 Don't-Care-Werte als Eingangssignal

Die Verwendung von Don't-Care Werten als Signaleingang besitzt in VHDL eine etwas andere Semantik, als es dem üblichen Umgang in der Digitaltechnik entspricht. Dort bedeutet bekanntermaßen ein Don't-Care Wert, dass das Eingangssignal **entweder** '0' **oder** aber '1' ist. Es dient somit einer Abkürzung von Wahrheits- bzw. Arbeitstabellen, da nicht mehr alle Eingangssignalkombinationen individuell aufgeführt werden müssen [8]. Exemplarisch soll die nebenläufige VHDL-Anweisung

```
...
with E select
    A <= "11" when "01-", -- nur fuer Simulation verwendbar
...
```

untersucht werden. Darin wird das Eingangssignal E auf die spezifische Signalkombination `"01-"` getestet. Dies bedeutet jedoch nicht, daß in der Simulation das Ausgangssignal A bei den Eingangssignalkombinationen `"011"` und `"010"` den im Codeauszug angegebenen Signalwert `"11"` annimmt. Da das Don't-Care Symbol einen individuellen Signalwert darstellt, muss zwangsweise in der niederwertigsten Bitstelle von E der „Signalpegel" '-' vorhanden sein, damit A den Wert `"11"` annimmt. Für die Synthese ist ein derartiger Quellcode insofern überhaupt nicht sinnvoll, da es in der Hardware nur den Low- oder den High-Pegel gibt [39].

Zur Realisierung der in der Digitaltechnik verwendeten Semantik von Don't-Cares auf der Eingangsseite bietet sich entweder eine bedingte Signalzuweisung an, wie in der Architektur ARCH1 von Code 4-6. Dieser setzt die nachfolgende Wahrheitstabelle um.

E(3)	E(2)	E(1)	E(0)	A(2)	A(1)	A(0)
0	0	0	0	1	0	0
0	0	1	1	0	0	0
0	1	-	-	1	0	1
1	-	0	0	0	0	1
1	-	-	1	1	0	0
		(Rest)		1	1	1

Tabelle 4-6: Wahrheitstabelle mit Don't-Care Werten auf der Eingangsseite

```
library ieee;
use ieee.std_logic_1164.all;

entity WAHRTAB is
        port(   E: in std_ulogic_vector(3 downto 0);
                A: out bit_vector(2 downto 0));
end WAHRTAB;
-----------------------------------------------------------
architecture ARCH1 of WAHRTAB is
begin
        A <=    "100" when E = "0000" else
                "000" when E = "0011" else
                "101" when E(3 downto 2)="01" else
                "001" when E(3)='1' and E(1 downto 0)="00" else
                "100" when E(3)='1' and E(0)='1' else
                "111";
end ARCH1;

architecture ARCH2 of WAHRTAB is
begin
P1: process(E)
        begin
                case E is
                        when "0000" => A <="100";
                        when "0011" => A <="000";
                        when "0100" | "0101" | "0110" | "0111" => A <="101";
                        when "1000" | "1100" => A <="001";
                        when "1001" | "1011" | "1101" | "1111" => A <="100";
                        when others => A <= "111";
                end case;
        end process P1;
end ARCH2;
```

Code 4-6: Wahrheitstabelle mit Don't-Care Semantik auf der Eingangsseite. VHDL-Umsetzung mit der bedingten Signalzuweisung und der case-*Anweisung in einem Prozess*

Oder aber es können in Prozessen if- oder case-Anweisungen verwendet werden. Letzteren Ansatz zeigt die Architektur ARCH2 in Code 4-6. Dabei wird vorteilhafterweise vom Alternativoperator „|" Gebrauch gemacht, mit Hilfe dessen verschiedenen Eingangssignalkombinationen die gleiche Ausgangssignalkombination zugewiesen werden kann.

Die Syntheseergebnisse beider Architekturen können leicht unterschiedlich sein, da vom Synthesewerkzeug in der Architektur ARCH1 eine Prioritätsencoderstruktur und in ARCH2 eine Multiplexerstruktur angesetzt wird.

Somit ist gezeigt, dass die durch Don't-Care Eintragungen verkürzten Wahrheitstabellen, sich ebenso als VHDL-Modell nachbilden lassen.

In diesem Zusammenhang soll auf ein häufig auftretendes Anfängerproblem bei der Verwendung der Datentypen std_logic und std_ulogic in Kombination mit der selektiven Signalzuweisung oder der case-Anweisung hingewiesen werden: Dazu soll der in Code 2-1 bereits vorgestellte 4 zu 1 Multiplexer mit einem std_ulogic Selektionsvektor verwendet werden (vgl. Code 4-7).

```
-- 4 zu 1 Multiplexer mit std_ulogic
-----------------------------------
library ieee;
use ieee.std_logic_1164.all;

entity MUX4X1_1 is
        port(   S: in std_ulogic_vector(1 downto 0);
                E: in bit_vector(3 downto 0);
                Y: out bit);
end MUX4X1_1;

architecture VERHALTEN of MUX4X1_1 is
begin
        with S select
        Y <=    E(0) when "00",
                E(1) when "01",
                E(2) when "10",
                E(3) when "11";
--              E(3) when others;       -- Fuer alle anderen Kombinationen
end VERHALTEN;
```

Code 4-7: 4 zu 1 Multiplexer mit std_ulogic *Eingangssignal*

Auf den ersten Blick sollte diese gegenüber Code 2.1 nur marginale Änderung keine Auswirkung haben. Dennoch reagiert der VHDL-Compiler mit einer Fehlermeldung. Diese ist in der Tatsache begründet, dass es mit den beiden std_ulogic-Eingangsbits, die für eine 9-wertige Logik definiert sind, insgesamt 81 Kombinationsmöglichkeiten gibt, von denen in der selektiven Signalzuweisung nur 4 berücksichtigt wurden. Die restlichen Kombinationen sind unspezifiziert.

Lösung des Problems ist die Ersatz der letzten when-Verzweigung durch einen „when others"-Zweig, wie er im Quellcode bereits als Kommentarzeile vorgesehen ist.

Dabei muss dem Entwickler jedoch klar sein, dass der Simulator in diesen Pfad auch dann verzweigt, wenn die Eingangssignale z.B. hochohmig ('Z') sind oder wenn die Eingangssignale noch nicht definiert sind.

4.5   Konversion der Datentypen bit und bit_vector

Die VHDL-Syntax fordert grundsätzlich Typengleichheit der Signale auf der linken und rechten Seite von Signalzuweisungen. Somit ist eine Verknüpfung von Signalen vom Typ `bit` mit Signalen vom Typ `std_logic` bzw. `std_ulogic` bzw. deren Zuweisung an `std_(u)logic`-Signale nicht erlaubt, obwohl alle Datentypen die Signalwerte '0' und '1' enthalten. Dasselbe gilt selbstverständlich auch für die vektoriellen Varianten dieser Datentypen. Mit gleicher Argumentation dürfen Signale vom Typ `std_logic` auch nicht mit Signalen vom Typ `std_ulogic` verknüpft werden.

Wenn man aber nun nicht durchgängig `std_logic` Datentypen verwenden möchte, wofür einiges spricht (vgl. auch Kap. 5.4), so sind Konversionsfunktionen erforderlich, die die Datentypen ineinander umwandeln. Diese Funktionen sind Bestandteil der Bibliothek `ieee.std_logic_1164` und lauten wie folgt:

```
function To_bit ( s : std_ulogic; xmap : bit )        return bit;
function To_bitvector ( s : std_logic_vector ; xmap : bit )
                                                      return bit_vector;
function To_bitvector ( s : std_ulogic_vector; xmap : bit )
                                                      return bit_vector;
function To_StdULogic ( b : bit )                     return std_ulogic;
function To_StdLogicVector ( b : bit_vector )         return std_logic_vector;
function To_StdLogicVector ( s : std_ulogic_vector )
                                                      return std_logic_vector;
function To_StdULogicVector ( b : bit_vector)         return std_ulogic_vector;
function To_StdULogicVector ( s : std_logic_vector )
                                                      return std_ulogic_vector;
```

Der Liste ist zu entnehmen, dass die vektoriellen Datentypen problemlos ineinander umgewandelt werden können. Leider existiert die Umwandlung einzelner `bit`- oder `std_ulogic`-Signale in `std_logic`-Signale ebensowenig, wie die Umwandlung in umgekehrter Richtung. `bit`-Signale lassen sich nur in `std_ulogic`-Signale umwandeln und umgekehrt. Weiter ist zu sehen, dass einige Funktionen (z.B. `To_StdLogicVector`) mehrfach deklariert sind. Dies ist in VHDL erlaubt, sofern alle Deklarationen unterschiedliche Datentypen in den Funktionsargumenten aufweisen. Man spricht von einer Überladung der Funktion [39].

In den Funktionsdeklarationen `To_bit` und `To_bitvector` ist ein optionaler zweiter Parameter `xmap` angegeben. Damit lassen sich die `std_(u)logic` Signalwerte 'U', 'X', 'Z','W', 'L', 'H' und '-' entweder auf den `bit`-Wert '0' oder auf '1' abbilden. Standardmäßig ist `xmap` mit '0' vorbelegt.

Code 4-8 zeigt die Anwendung einer solchen Konversionsfunktion am Beispiel einer Tri-State Logik. Die Aufgabe dieser Logik ist es, bei einer '1' auf einer der beiden Komponenten des Selektionsvektors SEL entweder die konjunktive oder die disjunktive Verknüpfung zweier `bit`-Signale A und B auf den Ausgang Y zu legen. Für den Fall, dass beide Komponenten des Selektionssignals '0' sind, soll der Ausgang hochohmig werden. Da es sich bei den Eingangssignalen um einzelne Bits handelt, für die eine Umwandlung `bit` $\rightarrow$

std_logic nicht existiert, wurde der Trick angewendet, eine Umwandlung über lokale Signale A1, B1 und Y1 durchzuführen, die als Vektoren der Dimension 1 definiert sind.

```
-- Tri-State Logik mit bit -> std_logic Konversion
--------------------------------------------------
library ieee;
use ieee.std_logic_1164.all;

entity TSLOGIK_1 is
        port(   SEL: in bit_vector(1 downto 0);     -- Selektionssignal
                A, B: in bit;                       -- Eingangssignale
                Y: out std_logic);                  -- Ausgangssignal
end TSLOGIK_1;

architecture VERHALTEN of TSLOGIK_1 is
signal A1, B1: bit_vector(0 downto 0);
signal Y1: std_logic_vector( 0 downto 0);
begin
        A1(0) <= A;                                 -- Konversion
        B1(0) <= B;                                 -- Konversion
        Y <= Y1(0);                                 -- Rueckkonversion
        Y1 <= To_StdLogicVector( A1 and B1) when SEL(0)='1' else "Z";
        Y1 <= To_StdLogicVector( A1 or B1) when SEL(1)='1' else "Z";
end VERHALTEN;
```

Code 4-8: Verwendung von Bit-Signaleingängen beim Aufbau einer Tri-State Logik

Das Simulationsergebnis für alle Varianten des Eingangssignals SEL, A='1' und B='0' zeigt Bild 4-7. Während der ersten 100ns sind beide Selektionssignale inaktiv und damit ist der Ausgang hochohmig. Dies wird in der Zeitdarstellung durch mittige Pegel dargestellt. Zwischen 100ns und 200ns wird am Ausgang A∧B gebildet, was mit den gewählten Signalwerten Y='0' ergibt. Hingegen wird während der Zeit zwischen 200ns und 300ns A∨B, also Y='1' gebildet. Im Zeitbereich zwischen 300ns und 400ns sind beide Tri-State Treiber aktiv. Der Simulator zeigt den entstehenden Signalkonflikt am Ausgang mit Y='X' (graue Fläche) an.

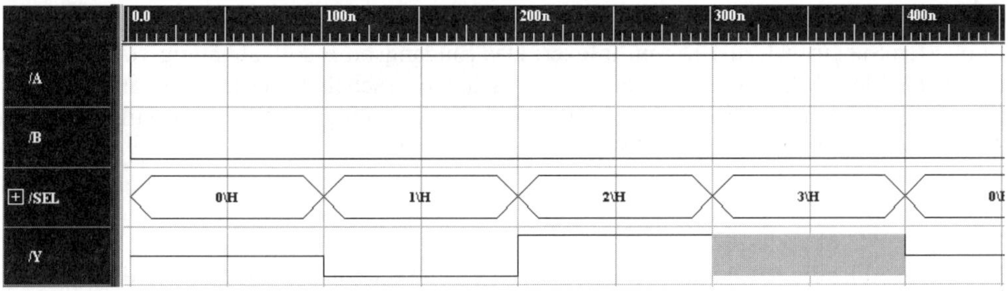

Bild 4-7: Simulation der Tri-State Logik für A='1', B='0' und allen Varianten des Selektionsvektors SEL

Bild 4-8 zeigt das erwartete Syntheseergebnis dieser Schaltung mit zwei Tri-State Treibern.

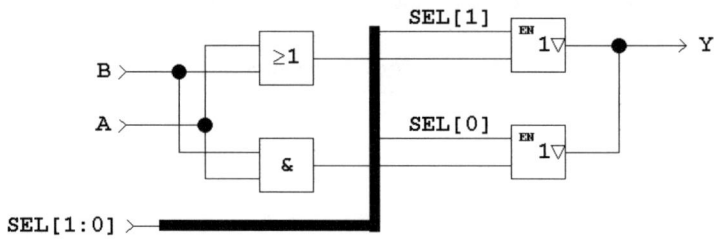

Bild 4-8: Syntheseergebnis der Tri-State Logik in Code 4-8

4.6   Übungsaufgaben

4.1

a) Welcher Wertevorrat ist für die Datentypen `std_logic` und `std_ulogic` definiert und welche Bedeutung haben die einzelnen Werte ?

b) Worin besteht der Unterschied zwischen den Datentypen `std_logic` und `std_ulogic`? Wie werden die beiden Datentypen jeweils sinnvollerweise verwendet?

4.2

Es ist eine kombinatorische Logik mit Freigabeeingang und Tri-State Ausgang zu entwerfen: Wenn das Freigabe-Signal EN ='1' ist, so soll die logische Funktion $Y = (A \wedge B \wedge C) \vee (A \vee B \vee \neg C)$ erzeugt werden. Für EN='0' soll der Ausgang hochohmig werden. Alle Eingangssignale sind vom Typ `bit`. Wieviele Gatter werden bei Ihrer Synthese benötigt?

4.3

Entwerfen Sie einen 1 zu 4 Demultiplexer: Das Eingangsbit E soll, abhängig von der Selektionsvaraiablen SEL, auf einen von vier Ausgängen geschaltet werden. Die anderen Ausgänge sollen hochohmig sein. Ein Low-aktiver Freigabeeingang EN sorgt dafür, dass alle Ausgänge hochohmig werden, falls EN nicht aktiviert ist.

4.4

Nachfolgend ist die Ausgangsmakrozelle einer PLD-Technologie mit einem bidirektionalen Anschluss IO_PAD dargestellt. Entwerfen Sie ein VHDL-Modell dieser Zelle. Beachten Sie, dass die Konversionsfunktionen der Datentypen `bit` und `std_logic` nur für Vektoren definiert sind, sodass eindimensionale, vektorielle Zwischengrößen einzuführen sind.

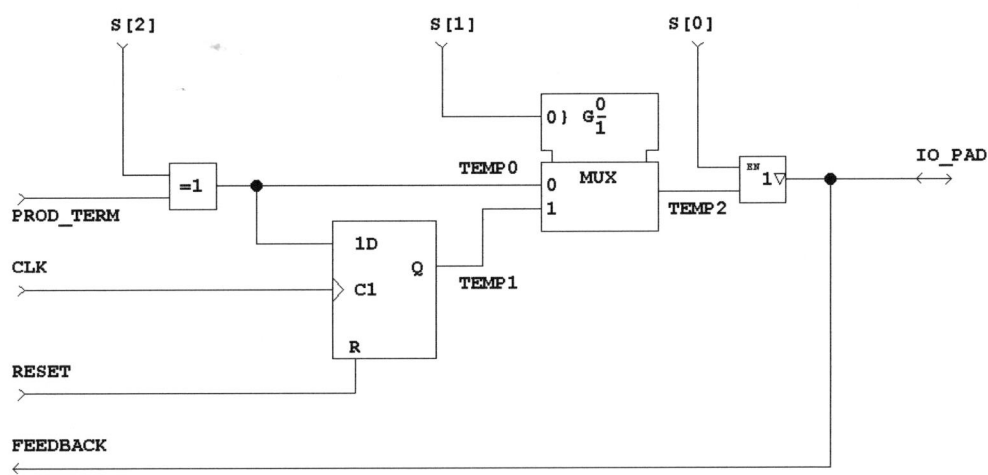

Verwenden Sie die nachfolgende `entity`:

```
entity PLD_CELL is
     port( PROD_TERM, CLK, RESET : in bit;
          S: in bit_vector(2 downto 0);
          IO_PAD: inout std_logic;
          FEEDBACK: out bit);
end PLD_CELL;
```

4.5

Entwerfen Sie einen Code-Umsetzer mit dem 4-Bit Binärzahlen in den nachfolgend angegebenen Aiken-BCD-Code umgesetzt werden können. Die Hexadezimalwerte 0xA...0xF sollen am Ausgang als Don't-Care Werte modelliert werden.

Hex	0	1	2	3	4	5	6	7	8	9
Aiken-Code	0000	0001	0010	0011	0100	1011	1100	1101	1110	1111

4.6

Setzen Sie die nebenstehende Wahrheitstabelle mit Don't-Care Ein- und Ausgängen in VHDL-Code um.

Synthetisieren Sie den VHDL-Code und analysieren Sie das Ergebnis. Wurden die Don't-Care Werte auf der Ausgangsseite für eine Minimierung verwendet?

E(2)	E(1)	E(0)	A(2)	A(1)	A(0)
0	0	-	1	1	-
0	1	0	1	0	1
0	1	1	1	0	0
1	0	-	0	1	-
1	1	0	0	0	1
1	1	1	0	0	0

5 Arithmetik und Synchronzähler

In diesem Kapitel gehen wir von einfachen Schaltnetzen und Schaltwerkelementen zu komplexeren Komponenten der Digitaltechnik über. Dies beinhaltet die Realisierung von Komparatoren und arithmetischen Verknüpfungen, die auf Basis der Datentypen `std_logic_vector`, `signed`, `unsigned` und `integer` definiert sind. Als spezielle Anwendung wird der systematische Entwurf gesteuerter, taktsynchroner Zähler behandelt. Diese erfordern nämlich die Addition eines konstanten Inkrements sowie eine Vergleichsoperation als Übertragserkennung.

Insbesondere die numerischen Datentypen `signed` und `unsigned` haben sich bisher nur erst als Quasistandard durchgesetzt, sodass deshalb auch auf unterschiedliche Implementierungen eingegangen werden muss, die sich bei der Konversion des Datentyps `std_logic` bzw. `std_logic_vector` bemerkbar machen.

Ferner wird in diesem Kapitel die Anwendung des `integer`-Datentyps bei indizierten Feldzugriffen vorgestellt, wie sie z.B. bei der Bus- und Speicheradressierung erforderlich ist. Eine Übersicht zu den empfohlenen Anwendungsbereichen der verschiedenen Datentypen rundet dieses Kapitel ab.

Nach Durcharbeiten dieses Kapitels soll der Leser Arithmetik-Komponenten und Synchronzähler im Zusammenhang mit geeigneten Datentypen synthesefähig modellieren können. Bei diesen komplexeren Entwürfen sollen die unterschiedlichen Datentypen problemorientiert eingesetzt werden können. Dazu gehört die Kenntnis ggf. erforderlicher Typkonversionen.

5.1 Arithmetik-Operatoren und zugehörige Datentypen

Arithmetische Operationen lassen sich in VHDL mit den folgenden Datentypen ausführen, die, sofern noch nicht eingeführt, in den nachfolgenden Abschnitten erläutert werden:

- `std_logic_vector`   Basierend auf den Bibliotheken der Fa. Synopsys [5]
- `signed` bzw. `unsigned` Entsprechend dem Standard IEEE 1076-3 [31]
- `integer`   Ganze Zahlen: -2147483648 ... +2147483647

– real   Fließkommazahlen sind meist nicht synthesefähig,
                                 daher soll auf die weiterführende Literatur, z.B. [6], [7]
                                 oder [37] verwiesen werden.

Die wohl unproblematischste Verwendung arithmetischer Funktionen für Syntheseanwendungen erfolgt auf der Basis des Quasistandards der Fa. Synopsys [5], [37]. Durch Einbindung zusätzlicher Bibliotheken werden die arithmetischen Operatoren auf Signalen und
Variablen des Datentyps std_logic_vector definiert. Allerdings müssen alle Signale
bzw. Variable innerhalb einer entity **entweder** nur vorzeichenlos **oder** aber vorzeichen-
behaftet sein. Eine Mischung beider Typen innerhalb einer entity bzw. architecture erfordert die spezielle Typdeklaration signed bzw. unsigned, auf die im Kap. 5.4
eingegangen wird. Generell gilt, dass die Darstellung negativer Zahlen in VHDL in Zweierkomplementdarstellung erfolgt [8], [39].

Vor der Anwendung von Arithmetikoperatoren auf Signale vom Typ
std_logic_vector muss in der nachfolgenden Bibliothekskonfiguration (use-
Anweisung) angegeben werden, ob eine vorzeichenlose oder vorzeichenbehaftete Arithme-
tik verwendet werden soll (im Beispiel ist die nicht verwendete vorzeichenbehaftete Arith-
metik auskommentiert):

```
library ieee;
use ieee.std_logic_1164.all;
use ieee.std_logic_unsigned.all;    -- nur vorzeichenlose Operationen
-- use ieee.std_logic_signed.all;   -- nur vorzeichenbehaftete Operationen
```

Die in VHDL unterstützten Vergleichsoperatoren sind in der Tabelle 5-1 aufgeführt, wie sie
z.B. in einer bedingten Signalzuweisung oder einer if-Anweisung verwendet werden
können. Zusätzlich sind synthesefähige Arithmetikoperatoren definiert (vgl. Tabelle 5-2).
Insbesondere sind dort auch Anmerkungen zur Synthesefähigkeit der Operatoren angegeben. In den Synthesewerkzeugen werden beide Gruppen von Operatoren als Schaltungsmakro identifiziert und durch diese ersetzt, sofern für dieses Makro eine vom Hardwarehersteller zur Verfügung gestellte Entsprechung in der Entwurfsbibliothek existiert. Falls entsprechende Hardwareelemente nicht existieren, wird das Makro in logische Grundelemente
aufgelöst.

Vergleichsoperator	Bedeutung	Beispiel
=	gleich	... when A = B ...
/=	ungleich	... when A /= B ...
<	kleiner	... when A < B ...
<=	kleiner oder gleich	... when A <= B ...
>	größer	... when A > B ...
>=	größer oder gleich	... when A >= B ...

Tabelle 5-1: Vergleichsoperatoren in VHDL

Operator	Bedeutung	Beispiel	Synthesefähigkeit
+	Addition	Y <= A + B	synthesefähig
-	Subtraktion	Y <= A - B	synthesefähig
abs	Absolutwertbildung	Y <= abs(A)	synthesefähig
*	Multiplikation	Y <= A * B	von den meisten Synthesewerkzeugen unterstützt
/	Division	Y <= A / B	meist nicht synthesefähig
**	Zweierpotenz	Y <= 2**A	nur Potenzen von 2 erlaubt, da dies einer einfachen Linksverschiebung einer Binärzahl entspricht
mod	Rest der Division A/B A mod B = A - B*n; (n ist der ganzzahlige Teil der Division) Das Vorzeichen des Ergebnisses ist gleich dem von B.	Y <= A mod B	synthesefähig falls B Zweierpotenz von 2 Beispiele s. z.B. [13] und [39]
rem	Rest der Division A/B. A rem B = A - (A/B)*B Das Vorzeichen des Ergebnisses ist gleich dem von A.	Y <= A rem B	synthesefähig falls B Zweierpotenz von 2 Beispiele s. z.B. [13] und [39]

Tabelle 5-2:   Arithmetische Operatoren in VHDL

5.2   Komparator SN74xx85

Als erstes Beispiel soll in Code 5-1 das VHDL-Modell des 4-Bit Komparators SN74xx85 vorgestellt werden. Das Schaltsymbol des Bausteins, der neben den beiden 4-Bit Eingängen drei Erweiterungseingänge sowie drei Ausgänge besitzt, ist in Bild 5-1 dargestellt. Die drei Ausgangssignale GR, GL, KL geben an, ob die Relation der beiden Eingangsvektoren A und B größer, gleich oder kleiner ist. Die Erweiterungseingänge IKL, IGL und IGR wirken nur, falls beide Vektoren gleich sind.

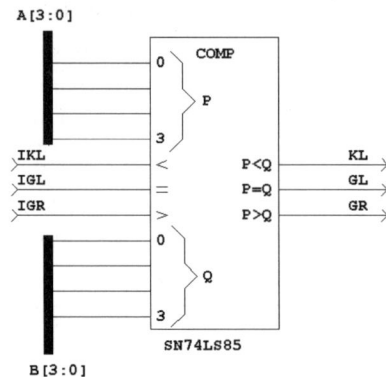

Bild 5-1:   Schaltsymbold des Komparators SN74xx85

Die Wahrheitstabelle dieses Bausteins ist in [2] und [36] ausführlich diskutiert. Das Verhalten ist in Bild 5-2 dargestellt und soll hier nur kurz erläutert werden:

- 0 ≤ t < 200ns: Die Ausgangssignale werden durch A<B bzw. A>B bestimmt.

- 200ns ≤ t < 400ns: Bei A=B definieren die Erweiterungseingänge IGR bzw. IKL die Ausgänge.

- 400ns ≤ t < 500ns: Falls A=B und IGL gesetzt ist, so wird unabhängig von IKL und IGR sofort der Ausgang GL gesetzt und KL sowie GR gelöscht (Sonderfall 1).

- 500ns ≤ t < 600ns: Im Konfliktfall IGR='1' und IKL ='1' werden bei A=B alle Ausgangssignale gelöscht (Sonderfall 2).

- 600ns ≤ t < 700ns: Falls alle Erweiterungseingänge gelöscht sind und A=B ist, so wird durch GR='1' und KL='1' den nachfolgenden Stufen ein Konfliktfall signalisiert (Sonderfall 3).

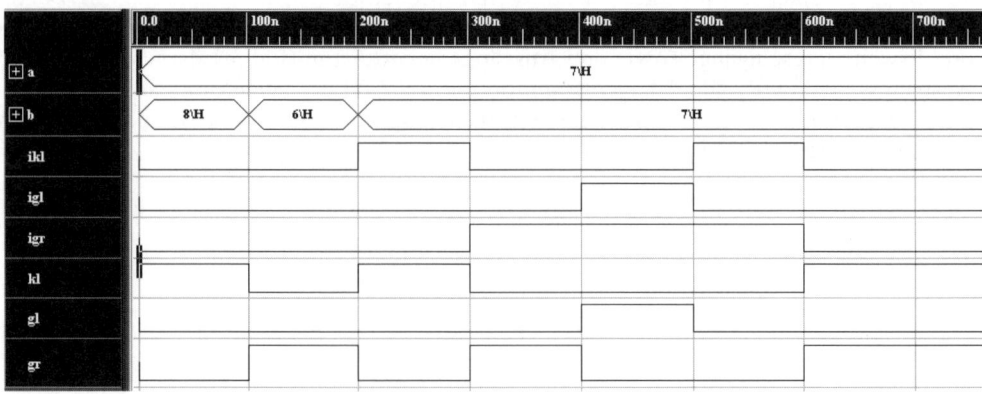

Bild 5-2:   VHDL-Simulation des Komparators SN74xx85

Das so dargestellte Verhalten des Komparators entspricht dem eines Prioritätsencoders. In VHDL wird dieser durch eine bedingte nebenläufige Signalzuweisung oder aber mit einer `if`-Anweisung innerhalb eines Prozesses realisiert. Der Code 5-1 zeigt die Realisierung mit der `if`-Anweisung. Entsprechend der Aufgabenstellung erfolgt mit höchster Priorität der Vergleich der Eingangssignale A und B bevor in nachfolgenden `elsif`-Verzweigungen die oben angegebenen Sonderfälle umgesetzt werden.

```vhdl
-- Komparator SN7485
---------------------------------------
library ieee;
use ieee.std_logic_1164.all;
use ieee.std_logic_unsigned.all;

entity KOMP7485 is
        port(   A, B: in std_logic_vector(3 downto 0);
                IKL, IGL, IGR: in bit;
                KL, GL, GR: out bit);
end KOMP7485;

architecture VERHALTEN of KOMP7485 is
signal TEMP: bit_vector(2 downto 0);
begin
        GR <= TEMP(2);
        GL <= TEMP(1);
        KL <= TEMP(0);
P1: process( A, B, IKL, IGL, IGR)
        begin
                if A>B then TEMP <= "100";
                elsif A<B then TEMP <= "001";
                elsif IGR='1' and IGL='0' and IKL='0' then TEMP <= "100";
                elsif IGR='0' and IGL='0' and IKL='1' then TEMP <= "001";
                elsif IGL='1' then TEMP <= "010";     -- Sonderfall 1
                elsif IGR='1' and IGL='0' and IKL='1'
                                then TEMP <= "000"; -- Sonderfall 2
                else    TEMP <= "101";               -- Sonderfall 3
                end if;
        end process P1;
end VERHALTEN;
```

Code 5-1: VHDL-Beschreibung des Komparators SN74xx85

In dem in Bild 5-3 dargestellten Syntheseergebnis [10] erkennt man, dass die beiden Vergleichsrelationen zwischen A und B durch jeweils ein Schaltungsmakro VW_G_4 realisiert werden. Dahinter verbirgt sich ein 4-Bit Größer-Vergleich. Der im VHDL-Code vorgenommene Kleiner-Vergleich wird also ebenfalls auf einen Größer-Vergleich zurückgeführt, allerdings mit vertauschten Eingängen.

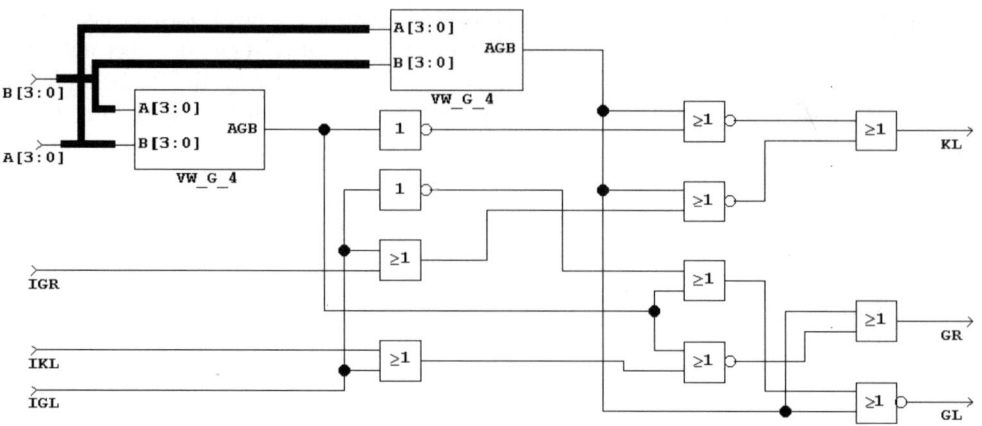

Bild 5-3: Syntheseergebnis des Komparators SN74xx85

5.3   Entwurf von Synchronzählern

In diesem Abschnitt soll der allgemeine VHDL-Entwurf von Synchronzählern erläutert werden. Dazu wird zunächst die Grundstruktur eines sehr einfachen Zählerprozesses dargelegt, bevor im Anschluss daran anhand eines komplexeren Zählers eine Systematik zum Zählerentwurf vorgestellt wird.

Die VHDL-Grundstruktur in Code 5-2 ist durch die folgenden Eigenschaften gekennzeichnet:

- Da das Ausgangssignal Q als `out port` vom Typ `std_logic_vector` deklariert wurde, ist für den Zählvorgang ein internes `std_logic_vector`-Signal QINT erforderlich. In einer nebenläufigen Anweisung am Ende der `architecture` wird QINT nach Q kopiert. Durch diese Konstruktion kann man ohne zusätzlichen Hardware-Aufwand auf die Deklaration eines `buffer port` verzichten.

- Der Zähler wird mit einem taktsynchronen Prozess aufgebaut. Die Inkrementierung des Zählerstands erfolgt durch die Zählanweisung `QINT <= QINT + 1`. Dafür muss eine Numerik-Bibliothek (z.B. `std_logic_unsigned`) eingebunden sein.

```
-- einfacher 2-Bit Zähler
-------------------------
library ieee;
use ieee.std_logic_1164.all;
use ieee.std_logic_unsigned.all;

entity SIMPLCTR is
        port(   CLK: in bit;
                Q: out std_logic_vector (1 downto 0));
end SIMPLCTR;
```

```
architecture VERHALTEN of SIMPLCTR is
signal QINT: std_logic_vector(1 downto 0);
begin
        -- Zaehlerprozess
CTR:    process (CLK)
        begin
                if CLK='1' and CLK'event then
                        QINT <= QINT + 1;
                end if;
        end process CTR;
        -- Ausgangssignalzuweisung
        Q <= QINT;
end VERHALTEN;
```

Code 5-2:   VHDL-Beschreibung eines einfachen 2-Bit Zählers

Dem synthetisierten Schaltplan in Bild 5-4 ist zu entnehmen, dass bei dieser Konstruktion des Synchronzählers der Zählzustand dem Zustand der Flipflop-Ausgänge entspricht. Fehlerhafte Zwischenzustände (Hasards) durch ein nachfolgendes Ausgangsschaltnetz sind somit nicht zu erwarten [19]. Die Rückkopplung auf die Flipflop-Eingänge erfolgt mit einem vom Synthesewerkzeug generierten Inkrementierungsmodul VW_I_2 [10].

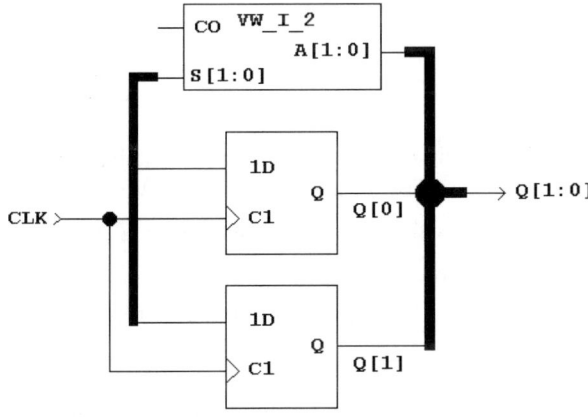

Bild 5-4:   Syntheseergebnis des 2-Bit Zählers

Exemplarisch für einen komplexeren Zähler soll nun ein VHDL-Modell des 4-Bit Binärzählers SN74xx161 [40] betrachtet werden. Dabei sollen weitere Regeln zum systematischen Zählerentwurf vorgestellt werden, mit denen Synchronzähler unterschiedlicher Funktionalität, gesteuert durch Freigabe- bzw. Vorbereitungseingänge, systematisch entworfen werden können.

Die Umsetzung ist sehr einfach, wenn die Abhängigkeitsnotation des Schaltsymbols nach DIN 40900 (Teil 12) [2] und die damit zusammenhängenden Prioritäten beachtet werden:

Der Zähler in Bild 5-5 wird durch das Taktsignal CLK gesteuert. Er besitzt einen 4-Bit Binärausgang Q[3:0] sowie eine Übertragsanzeige TC (Terminal Count). Der Zähler lässt sich durch das RESET-Signal asynchron zurücksetzen. Falls das NLOAD-

Vorbereitungssignal gleich '0' ist, wird der Dateneingang D[3:0] bei der nächsten Taktflanke geladen. Die Freigabesignale ENP (Enable Propagate) und ENT (Enable Terminate) müssen beide gleich '1' sein, damit gezählt wird. Das Ausgangssignal TC wird während des höchsten Zählerstands 0xF gesetzt, wenn das Freigabesignal ENT aktiviert ist.

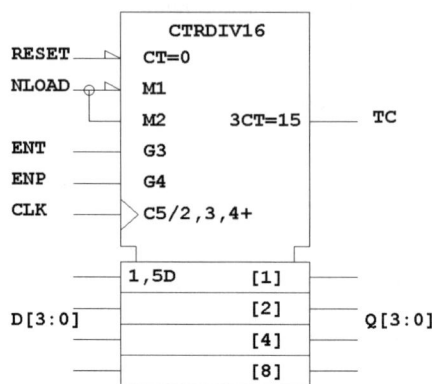

Bild 5-5:   Schaltsymbol des taktflankengesteuerten, synchronen 4-Bit Binärzählers SN74xx161

Bei der VHDL-Umsetzung in Code 5-3 ist folgendes zu beachten:

- Die Anzahl der Zählerbits ist in der `entity` durch das `generic` BITS parametrisiert. Zur Darstellung des SN74xx161 ist diese Größe mit dem Wert 4 initialisiert.

- Durch den Baustein werden zwei Typen von Ausgangssignalen erzeugt:

   1. Der synchrone Zählerausgang.

   2. Die Generierung des Übertrags TC, der asynchron erfolgt, also mittels eines Schaltnetzes umgesetzt werden kann.

Entsprechend enthält die Architektur zwei „Prozesse": CTR ist der eigentliche Zählerprozess, der das Signal QINT definiert. In der bedingten nebenläufigen Signalzuweisung wird basierend auf dem internen Zählerstand das Übertragssignal gebildet. Die nebenläufige Anweisung kann ebenfalls als Prozess aufgefasst werden.

Diese 2-Prozess-Konstruktion hat gegenüber einer 1-Prozess-Lösung den Vorteil, dass für den Übertrag TC nicht ungewollt ein zusätzliches Flipflop erzeugt wird. Wenn dies gewünscht wäre, müsste der Zählerstand durch eine zusätzliche `if`-Anweisung innerhalb des Zählerprozesses kontrolliert werden. Dabei wäre zu beachten, dass eine Signalabfrage auf Q=14 erfolgt, damit der Übertrag TC mit der nächsten Taktflanke beim Übergang von Q=14 auf Q=15 gemeldet wird.

- Die Grundstruktur des Zählerprozesses entspricht der eines D-Flipflops mit asynchronem Rücksetzeingang: In der Empfindlichkeitsliste befindet sich somit neben dem Taktsignal nur das asynchrone Rücksetzsignal. Zunächst wird im Prozess das Rücksetzsignal und anschließend die ansteigende Taktflanke abgefragt. Bei der direkten Zuweisung des Rücksetzwertes an den `std_logic_vector` ist zu beachten, dass hier nur ein in Anführungszeichen eingeschlossener String ("0000") oder das others-Konstrukt erlaubt sind. Im Gegensatz dazu können arithmetische Operationen und Vergleiche auch mit Integer-Zahlenwerten erfolgen (vgl. Abschnitt 10, [58]).

- Die verschiedenen Vorbereitungs- und Freigabeeingänge, die immer eine synchrone Wirkung haben, werden innerhalb des taktsynchronen Umfelds in gesonderten if-Anweisungen abgefragt: Zunächst wird entschieden, ob geladen oder gezählt werden soll. Anschließend erfolgt (hier auf niedrigster Prioritätsebene) die eigentliche Zählanweisung, die aber nur ausgeführt wird, falls die beiden Freigabesignale ENT und ENP gleich '1' sind. Übrigens könnte man diesen Zähler durch Schachtelung einer weiteren if-Anweisung, die einen weiteren Steuereingang abfragt, auch leicht in einen Vorwärts-/Rückwärtszähler umkonstruieren.

- In der bedingten nebenläufigen Zuweisung des Übertragssignals TC wird die konjunktive Verknüpfung des höchsten Zählerstands mit dem Freigabesignal ENT abgefragt.

```vhdl
-- 4-Bit Zaehler mit SN74161 Funktionalitaet
-------------------------------------------------
library ieee;
use ieee.std_logic_1164.all;
use ieee.std_logic_unsigned.all;

entity CTR74161 is
        generic( BITS: natural := 4);
        port(   CLK, RESET, NLOAD, ENT, ENP: in bit;
                D: in std_logic_vector (BITS-1 downto 0);
                Q: out std_logic_vector (BITS-1 downto 0);
                TC: out bit);
end CTR74161;

architecture VERHALTEN of CTR74161 is
signal QINT: std_logic_vector(BITS-1 downto 0);
begin
        -- Zaehlerprozess
CTR:    process (CLK, RESET)
        begin
                if RESET ='0' then
                        QINT <= (others =>'0');
                elsif CLK='1' and CLK'event then
                        if NLOAD = '0' then
                                QINT <= D;
                        elsif ENT='1' and ENP='1' then
                                QINT <= QINT + 1;
                        end if;
                end if;
        end process CTR;
        -- Overflow nebenlaeufig
        TC <= '1' when (QINT = 2**BITS-1 and ENT='1') else '0';
        -- Ausgangssignalzuweisung
        Q <= QINT;
end VERHALTEN;
```

Code 5-3: VHDL-Beschreibung eines synchronen 4-Bit Binärzählers SN74xx161

Die in Bild 5-6 dargestellte funktionale Simulation des synthetisierten VHDL-Codes zeigt, dass die Ausgänge solange undefiniert sind, bis diese durch ein '0'-Signal am Rücksetzeingang in den Anfangszustand gebracht werden. Beginnend bei der ersten ansteigenden Taktflanke nach der Rücknahme des RESET-Signals fängt die Schaltung bei t=500ns an zu zählen. Zum Zeitpunkt t=900ns wird der am Eingang D liegende Hexadezimalwert 0xA geladen, da das Vorbereitungssignal NLOAD während dieser Taktflanke aktiv ist. Zum Zeitpunkt t=1.5µs ist das Freigabesignal ENP deaktiviert, sodass die zugehörige Flanke nicht gezählt wird. Die Schaltung generiert beim Zählerstand 0xF einen Übertrag TC='1', da das ENT-Signal durchgängig aktiv ist. Bemerkenswert ist die Tatsache, dass Zahlensignale und -variable, die auf dem Datentyp `std_logic_vector` sowie den nachfolgend erläuterten Datentypen `signed` und `unsigned` beruhen, automatisch zurückgesetzt werden, wenn die deklarierte Vektorbreite überschritten wird (vgl. Bild 5-6 bei t=2.3µs).

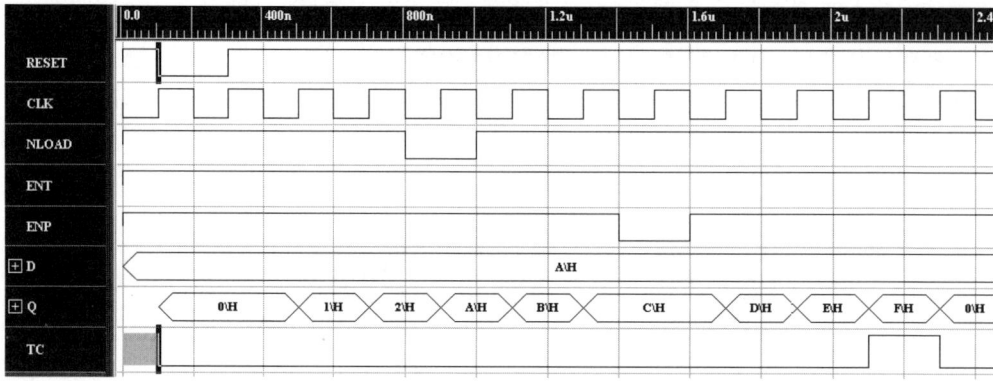

Bild 5-6: Funktionale Simulation des synthetisierten 4-Bit Synchronzählers

5.4   Arithmetik mit den Datentypen signed und unsigned

In diesem Abschnitt werden arithmetische Operationen für die Fälle behandelt, in denen entweder die Synopsys Bibliotheken `ieee.std_logic_unsigned` bzw. `ieee.std_logic_signed` nicht zur Verfügung stehen oder aber, in denen innerhalb einer `architecture` vorzeichenlose **und** vorzeichenbehaftete arithmetische Operationen ausgeführt werden müssen. Für diese Zwecke wurden im Rahmen der ergänzenden IEEE 1076.3 Standardisierung [31] zwei neue Datentypen definiert: `unsigned` dient vorzeichenlosen arithmetischen Operationen und `signed` den vorzeichenbehafteten Operationen [39], [58]. Beide Datentypen sind arithmetische Interpretationen des Datentyps `std_logic_vector`. Negative Zahlen werden wieder als Zweierkomplementdarstellung interpretiert [2], [39].

Bei Verwendung dieser Datentypen muss im Quellcode durch eine `use`-Anweisung eine andere Bibliothek konfiguriert werden:

```
library ieee;
use ieee.std_logic_arith.all;       -- gemischte Operationen, SYNOPSYS
-- use ieee.numeric_std.all;        -- gemischte Operationen, IEEE-Standard
```

Leider hat sich der IEEE-Standard 1076.3 noch nicht in allen VHDL-Entwicklungsumgebungen durchgesetzt. Insbesondere die weit verbreiteten Synthesewerkzeuge der Fa. Synopsys verwenden noch eine vom IEEE abweichende Bibliotheksbezeichnung sowie einen etwas anderen Standard bei der Bezeichnung der Konversionsfunktionen. Pakete, in denen die Synopsys Bibliotheken zur Verfügung stehen, müssen die nichtkommentierte numerische Bibliothek `std_logic_arith` verwenden, während andere CAE-Werkzeuge (z.B. PeakVHDL [4]) die `numeric_std`-Bibliothek benötigen.

Im Vergleich zum weiter unten erläuterten Datentyp `integer` sind die Datentypen `signed` bzw. `unsigned` insbesondere für Syntheseanwendungen sehr vorteilhaft, da sie auf dem Datentyp `std_logic_vector` basieren und somit die einzelnen Bits einer Zahl als Digitalwert angesprochen werden können.

Da beide numerischen Datentypen `signed` und `unsigned` auf dem Typ `std_logic_vector` beruhen, ist bei einer gemischten Verwendung dieser Datentypen ein sogenanntes Typ-Casting erforderlich: Dadurch werden `std_logic_vector`-Signale für arithmetische Operationen entweder als `signed` oder aber als `unsigned` interpretiert. Signale vom Typ `signed` bzw. `unsigned` werden für logische Operationen hingegen als `std_logic_vector` interpretiert. Das Casting erfolgt durch Voranstellen des zu verwendenden Datentyps und Klammerung des zu interpretierenden Signals.

Im nachfolgenden Beispiel soll die Verwendung von `signed`- und `unsigned`-Signalen zusammen mit den erforderlichen Casting-Funktionen näher erläutert werden.

In der Aufgabenstellung sollen die 5-Bit breiten Eingangsvektoren A und B vom Datentyp `bit_vector` für eine Additionsoperation als vorzeichenlose Zahlen und für eine Subtraktion als vorzeichenbehaftete Zahlen interpretiert werden. Die beiden Ergebnisse SUM und DIFF sollen als `bit_vector` zurückgegeben werden.

```
-- Addierer/Subtrahierer zum Testen von Konversion und Casting
library IEEE;
use IEEE.std_logic_1164.all;
use IEEE.std_logic_arith.all;

entity ARITH is
port(   A ,B   : in  bit_vector(4 downto 0);
        SUM, DIFF : out bit_vector(4 downto 0));
end ARITH;

architecture VERHALTEN of ARITH is
signal A1, B1: std_logic_vector(4 downto 0);
signal SUM1: unsigned(4 downto 0);
signal DIFF1: signed(4 downto 0);
```

```
begin
        A1 <= To_StdLogicVector(A);                     -- Konversion
        B1 <= To_StdLogicVector(B);                     -- Konversion
        SUM1 <= unsigned(A1) + unsigned(B1);            -- Casting
        DIFF1 <= signed(A1) - signed(B1);               -- Casting
        SUM <= To_bitvector(std_logic_vector(SUM1)); -- Konversion u. Casting
        DIFF <= To_bitvector(std_logic_vector(DIFF1));-- Konv. u. Casting
end VERHALTEN;
```

Code 5-4: Einfaches Beispiel zur Demonstration von Konversion und Casting

Anhand von Code 5-4 sollen die einzelnen Schritte der Signalumsetzung erläutert werden:

- Um die arithmetischen Operationen ausführen zu können, müssen die `bit_vector`-Signale A1 und A2 mit der Konversionsfunktion `To_StdLogicVector` in die Signale A1 und B1 vom Typ `std_logic_vector` umgewandelt werden.

- Die arithemtischen Operationen sind bei Verwendung der Bibliotheken `std_logic_arith` bzw. `numeric_std` nur auf den Datentypen `signed` und `unsigned` definiert. Daher müssen die Signale A1 und B1 bei der Addition bzw. Subtraktion entsprechend interpretiert werden (casting). Die Ergebnisse der Operationen sind als `signed` bzw. `unsigned` deklariert.

- Zur Rückwandlung der `signed`- bzw. `unsigned`-Signale in Bitvektoren ist zunächst eine Interpretation als `std_logic_vector` erforderlich, bevor in der gleichen Anweisung die Rückwandlung durch Verwendung der Konversionsfunktion `To_bitvector` erfolgt.

Das in Bild 5-7 dargestellte Syntheseergebnis von Code 5-4 zeigt, dass die Signalkonversion keinerlei zusätzliche Hardwareressourcen impliziert. Erwartungsgemäß wird je ein 5-Bit Addierermakro (VW_A_5) sowie ein Subtrahierermakro (VW_S_5) generiert.

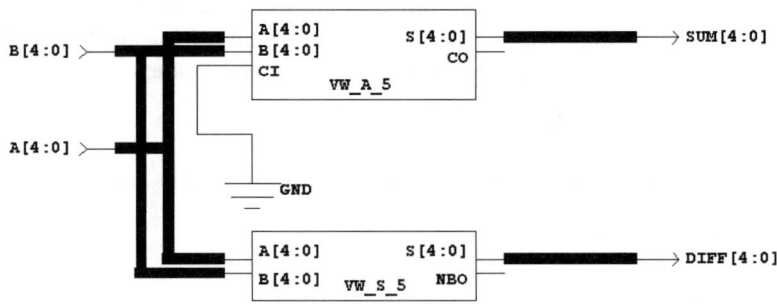

Bild 5-7: Syntheseergebnis von Code 5-4 mit Addierer- und Subtrahierermakros

5.4.1 Entwurf eines kombinierten Addierers / Subtrahieres

In diesem Abschnitt soll der Entwurf eines kaskadierbaren, steuerbaren Addierers und Subtrahierers vorgestellt werden:

- A_IN und B_IN sind zwei 5 Bit breite Operanden vom Datentyp `bit_vector`

- Falls das Bit OP='0' ist, soll subtrahiert werden, für OP='1' wird addiert.

- Das Eingangsbit C_IN enthält einen eventuell vorhandenen Übertrag einer vorangehenden Stufe. In der niederwertigsten Addier-/Subtrahierstufe muss dieses Carry-/Borrow-Bit mit '0' belegt werden.

- Das Ergebnis wird im 5 Bit breiten `bit_vector` SUM abgelegt.

- Weitere Ausgangsbits geben an, ob die arithmetische Operation zu einem Überlauf (OV) oder zu einem Carry- bzw. Borrow-Übertrag (C_B) geführt hat.

```
-- Addierer/Subtrahierer mit SIGNED-Arithmetik
library IEEE;
use IEEE.std_logic_1164.all;
use IEEE.std_logic_arith.all;          -- SYNOPSYS-Bibliothek
entity V_AD_SUB is
port( A_IN ,B_IN      : in  bit_vector(4 downto 0);
      OP, C_IN        : in  bit;
      SUM             : out bit_vector(4 downto 0);
      OV, C_B         : out bit);      -- Verkettung von Modulen mit C_B
end V_AD_SUB;

architecture VECTOR_ADD of V_AD_SUB is
signal CIN: bit_vector(0 downto 0);
begin
CIN(0) <= C_IN;
ADD_SUB:process(OP, CIN(0), A_IN, B_IN)
        variable ZW, V1, V2, V3: signed(4 downto 0);
        variable TEMP: signed(2 downto 0);
        begin          -- Verkettung
        V1 := signed(To_StdLogicVector(A_IN(4 downto 0)));
        V2 := signed(To_StdLogicVector (B_IN(4 downto 0)));
        V3 := "0000" & signed(To_StdLogicVector(CIN));
        if OP = '1' then
                ZW := V1 + V2 + V3;    -- ADDITION
                TEMP := (ZW(4),V2(4),V1(4));
                case    TEMP is         --Carry u. Overflow
                        when  "001" => C_B <= '1'; OV <= '0';
                        when  "010" => C_B <= '1'; OV <= '0';
                        when  "011" => C_B <= '0'; OV <= '1';
                        when  "100" => C_B <= '1'; OV <= '1';
                        when  "111" => C_B <= '1'; OV <= '0';
                        when others => C_B <= '0'; OV <= '0';
                end case;
        else
                ZW := V1 - V2 - V3;    -- SUBTRAKTION
                TEMP := (ZW(4),V2(4),V1(4));
                case    TEMP is         -- Borrow und Overflow
                        when  "001" => C_B<= '1'; OV <= '1';
                        when  "010" => C_B<= '1'; OV <= '0';
```

```
              when  "100" => C_B<= '1'; OV <= '0';
              when  "110" => C_B<= '0'; OV <= '1';
              when  "111" => C_B<= '1'; OV <= '0';
              when others => C_B<= '0'; OV <= '0';
          end case;
      end if;
      SUM <= To_bitvector(std_logic_vector(ZW));
end process ADD_SUB;
end VECTOR_ADD;
```

Code 5-5: VHDL-Beschreibung eines kaskadierbaren, steuerbaren 5-Bit Addierers / Subtrahierers

Die architecture besteht aus einer nebenläufigen Signalzuweisung, in der das Übertragseingangsbit C_IN in einen eindimensionalen bit_vector CIN kopiert wird, sowie aus einem Prozess ADD_SUB, der im Folgenden erläutert wird:

- Die Variablen V1, V2 und V3 sind die signed-Äquivalente der Eingangsvektoren A_IN und B_IN bzw. CIN. Da die arithmetischen Operationen nur zwischen Operanden gleicher Vektordimension ausgeführt werden können, muss der Carry-/Borrow-Eingangsvektor CIN mit dem Verkettungsoperators „&" durch Voranstellen von vier Nullen zu einem 5 Bit Vektor V3 erweitert werden.

- In der if-Anweisung wird das OP-Bit abgefragt und entschieden, ob addiert oder subtrahiert werden soll. In der entsprechenden Operation werden alle drei Variablen V1, V2 und V3 zum Zwischenergebnis ZW verknüpft.

- Da ZW eine Variable ist, kann in den nachfolgenden Anweisungen sofort darauf zugegriffen werden: Zur Auswertung werden die höchstwertigen Bits des Zwischenergebnisses und der konvertierten Eingangsoperanden durch ein Aggregat (bitweise Klammerung [37], [39]) zu einem signed-Vektor TEMP zusammengefasst. Diese Variable enthält die Information darüber, ob das höchstwertige Bit des Ergebnisses ZW bzw. das der Eingangsoperanden gesetzt ist, die Zahlen also negativ sind.

- In den beiden eingeschachtelten case-Anweisungen wird basierend auf den in TEMP abgelegten Vorzeichen entschieden, ob das Ausgangsübertragsbit C_B oder das Überlaufbit OV gesetzt werden muss [34]. Ein gesetztes OV-Bit zeigt an, dass das Rechenergebnis den Zahlenbereich der Zweierkomplementdarstellung mit 5 Bit verlassen hat. Diese Situation ist in den folgenden Fällen gegeben:

  1. Falls bei einer Addition zweier negativer Zahlen (jeweils das höchstwertige Bit gesetzt) das Ergebnis positiv ist (höchstwertiges Bit gelöscht) oder aber falls nach der Addition zweier positiver Zahlen das höchstwertige Ergebnisbit gesetzt ist, die Zahl also negativ ist.

  2. Falls entweder bei negativem Operanden A und positiven Operanden B das Subtraktionsergebnis A-B positiv ist oder aber falls bei positivem Operanden A und negativem Subtrahenden B ein negatives Ergebnis berechnet wird.

- In der letzten unbedingten Signalzuweisung des Prozesses wird das Rechenergebnis ZW nach geeigneter Typkonversion in das Ausgangssignal SUM kopiert.

Die in Bild 5-8 dargestellte VHDL-Simulation zeigt einige exemplarische Additionsoperationen im Zeitbereich zwischen 0 und 600ns und Subtraktionen im Zeitbereich bis 1.2µs.

Die Operationen werden mit gleichen Operanden jeweils mit gesetztem und gelöschtem Carry-/Borrow-Bit C_IN durchgeführt. Durch die Wahl der Operanden kommt es zu einigen der oben erläuterten illegalen Rechenergebnissen.

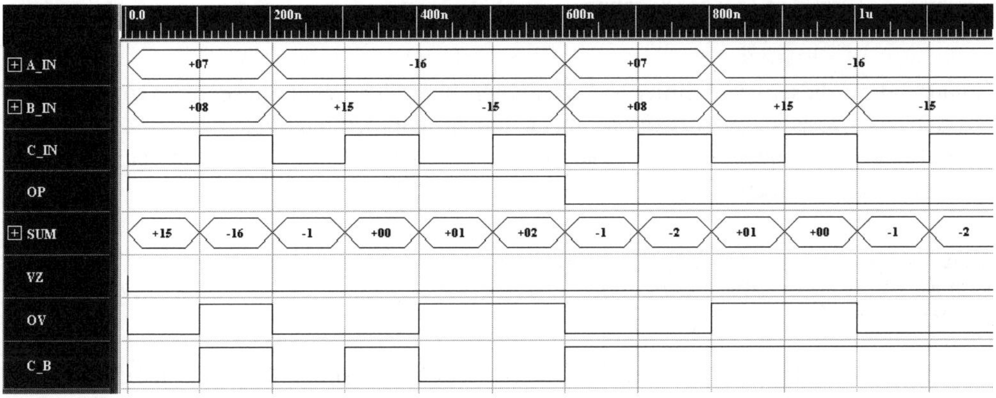

Bild 5-8:   Simulation des steuerbaren Addierers / Subtrahierers

Die Synthese des Quellcodes führt wegen den in beiden Zweigen der if-Anweisung ausgeführten arithmetischen Operationen mit jeweils drei Operanden zu einer Hardware, die zwei fünf Bit breite kombinierte Addier-/Subtrahiermodule enthält.

5.5   Integer-Arithmetik

In diesem Abschnitt soll ein weiterer Datentyp vorgestellt werden, der originärer Bestandteil von VHDL ist, jedoch ursprünglich nur für Simulationszwecke vorgesehen war, der Datentyp integer. Die ersten Synthesewerkzeuge verwendeten diesen Datentyp auch für arithmetische Operationen. Allerdings waren die Implementierungen meist sehr herstellerspezifisch. Dies war der Grund für die in den vorangegangenen Abschnitten erläuterte Standardisierung von arithmetischen Bibliotheken seitens des IEEE [31]. Heutzutage ist die Verwendung des integer-Datentyps für Syntheseanwendungen nur noch erforderlich, wenn indiziert auf Vektor- oder Feldkomponenten zugegriffen und wenn Parameter in Strukturmodellen an Komponenten übergeben werden sollen. Weitere Anwendungen dieses Datentyps sollten auf reine Verhaltensmodelle bzw. auf Testumgebungen beschränkt bleiben.

Der Zahlenbereich des Datentyps integer ist abhängig vom verwendeten CAE-System. In den meisten Fällen werden integer-Zahlen durch 32 Bit repräsentiert, sodass der Zahlenbereich von

$$-2147483648 \quad \text{bis} \quad +2147483647$$

berücksichtigt wird.

Zu diesem Datentyp existieren zwei vordefinierte weitere Datentypen, natural und positive, die als subtype (abgeleitete Datentypen) bezeichnet werden:

```
subtype natural is integer range 0 to 2147483647;
subtype positive is integer range 1 to 2147483647;
```

Ergänzend zu diesen vordefinierten Datentypen kann der Schaltungsentwickler mit Hilfe des Schlüsselworts subtype eigene abgeleitete Datentypen innerhalb der architecture definieren oder aber bei der Deklaration von Signalen den Zahlenbereich einer integer-Zahl einschränken:

```
subtype TAUSEND_TYP is integer range -999 to 999;
signal BYTE : integer range 0 to 255;
signal TAUSEND1 : TAUSEND_TYP;
```

Eine auf den tatsächlich erforderlichen Wertebereich vorgenommene Einschränkung wird dringend empfohlen, wenn die Schaltung synthetisiert werden soll, denn ohne diese Restriktion wird z.B. bei einer Addition zweier 4-Bit Zahlen anstatt eines 4-Bit Addierers der vollständige, meist 32 Bit umfassende, Wertebereich abgedeckt. Mit dementsprechend deutlich höherem Bauteilaufwand!

Die Definition von integer Konstanten erfolgt defaultmäßig zur Zahlenbasis 10. Allerdings können integer Zahlen auch zu jeder anderen Basis zwischen 2 und 16 definiert werden. Dies geschieht durch Voranstellen der Basis und Klammerung durch das „#"-Zeichen. Durch Verwendung des Unterstriches „_" können die Ziffern gruppiert werden. Gleichwertige Formulierungen einer Zuweisung des dezimalen integer Werts 255 sind z.B.:

```
ZAHL <= 255;
ZAHL <= 2#1111_1111#;
ZAHL <= 8#377#;
ZAHL <= 16#FF#;
```

Als einfaches Beispiel soll die Addition zweier 3-Bit Zahlen vorgestellt werden:

```
-- 3-Bit Addierer mit Integer Datentyp
---------------------------------------
entity ADDER1 is
       port(  A, B: in integer range 0 to 7;
              SUM: out integer range 0 to 15);
end ADDER1;

architecture VERHALTEN of ADDER1 is
begin
       SUM <= A + B;
end VERHALTEN;
```

Code 5-6: VHDL-Beschreibung eines Addierers mit dem Datentyp integer

Sofern der in der Typdeklaration definierte Wertebereich von integer-Zahlen durch Ergebniswerte verlassen wird, gibt der VHDL-Simulator eine Laufzeitfehlermeldung aus. Die synthetisierte Schaltung hingegen reagiert mit einem Überlauf ohne weiteren Hinweis. Dies hat zur Konsequenz, dass Zähler, die auf dem Datentyp integer beruhen, eine Überlauferkennung besitzen sollten. Der in Code 5-7 vorgestellte Zähler besitzt ein generic BITS zur Einstellung der Bitbreite des Binärzählers. Entsprechend wird der positive Zahlenbereich des Zählers über die Zweierpotenz dieser Größe eingestellt. Bei der Inkrementierung des Zählers wird der mod-Operator verwendet, der den Zahlenbereich vor einem Überlaufen schützt: Wenn der Zähler TEMP den Grenzwert $2^{BITS}-1$ erreicht, wird der Divisionsrest 0 und der Zähler mit der nächsten Taktflanke auf diesen Wert zurückgesetzt.

```
-- Parametrisierter Zähler mit Integer Datentyp
------------------------------------------------
entity ZAEHLER is
        generic(BITS: natural:=3);
        port(   CLK, RESET : in bit;
                Q: out integer range 0 to 2**BITS-1);
end ZAEHLER;

architecture VERHALTEN of ZAEHLER is
signal TEMP: integer range 0 to 2**BITS-1;
begin
CTR: process(CLK, RESET)
        begin
                if RESET = '1' then
                        TEMP <= 0;
                elsif CLK ='1' and CLK'event then
                        TEMP <= (TEMP + 1) mod 2**BITS;
                end if;
        end process CTR;
        Q <= TEMP;
end VERHALTEN;
```

Code 5-7: 3-Bit integer-*Zähler mit parametrisiertem Überlaufschutz*

Das Syntheseergebnis dieser Schaltung zeigt Bild 5-9. Die drei Flipflopausgänge entsprechen dem Zählerstand und der nachfolgende Zählzustand wird durch ein Inkrementierungsmakro (VW_I_3) eingestellt.

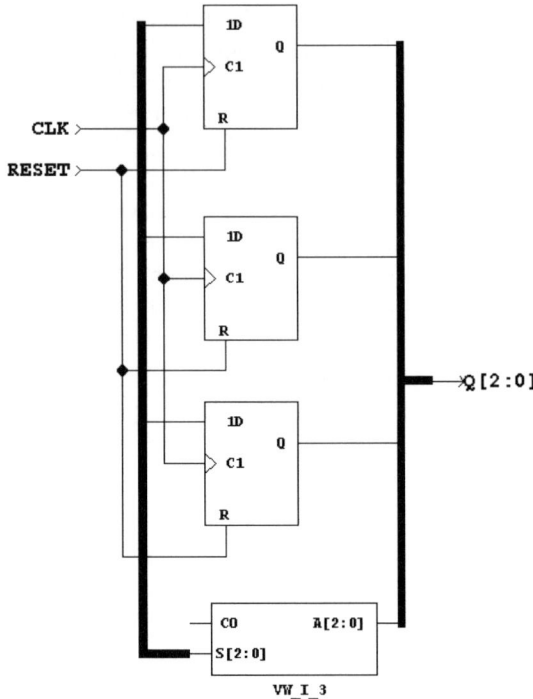

Bild 5-9: Schaltplan des synthetisierten 3-Bit `integer`*-Zählers in Code 5-7*

5.5.1   Konversionsfunktionen zwischen arithmetischen Datentypen

Auf dem Datentyp `integer` bzw. den davon abgeleiteten Datentypen sind weder logische
Funktionen definiert, noch ist es möglich, ein individuelles Bit eines `integer`-Signals zu
lesen bzw. diesem einen Wert zuzuweisen. Da ein entsprechender Zugriff jedoch insbesondere in zu synthetisierenden Schaltungen häufig erforderlich ist, man denke nur an das
Vorzeichenbit einer negativen Zahl oder an Adressdecoderschaltungen, müssen Konversionsfunktionen verwendet werden, die `integer`-Zahlen in `unsigned` bzw. `signed`
Zahlen oder direkt in den Datentyp `std_logic_vector` überführen und umgekehrt. Bei
allen Konversionen, die `integer`-Zahlen in vektorielle Datentypen (dies beinhaltet auch
`signed` und `unsigned`) überführen, muss als zweites Funktionsargument die Breite
SIZE des Zielvektors angegeben werden. Dieses zweite Argument ist erforderlich, um die
interne 32 Bit `integer` Zahl auf die notwendige Busbreite einzuschränken. In umgekehrter Richtung ist eine entsprechende Angabe nicht erforderlich.

Abhängig von der verwendeten Bibliothek existieren (leider) zwei verschiedene Bezeich-
nungsweisen.

5.5.1.1 Konversionsfunktionen des IEEE 1076.3 `numeric_std`

Im `numeric_std`-Paket existieren die folgenden Konversionsfunktionen [6], [58]:

```
function TO_INTEGER(ARG: unsigned)             return natural;
function TO_INTEGER(ARG: signed)               return integer;
function TO_UNSIGNED(ARG, SIZE: natural)       return unsigned;
function TO_SIGNED(ARG: integer; SIZE: natural) return signed;
```

Code 5-8: Deklaration von Konversionsfunktionen in der IEEE-Bibliothek `numeric_std` *[6]*

Eine direkte Umwandlung in die Datentypen `std_logic_vector` bzw. `std_ulogic_vector` existiert in dieser Bibliothek nicht.

Um die Konversionsfunktionen TO_UNSIGNED bzw. TO_SIGNED möglichst allgemein nutzen zu können, kann als aktuelles Argument für die Breite des `std_logic`-Vektors das Signalattribut `'length` verwendet werden. Signalattribute sind Teil des VHDL-Standardsprachschatzes und werden an den Signalnamen angehängt [37], [39], [43]. Das `length`-Attribut gibt die Bitbreite eines Vektors an, sodass auf eine numerische Angabe der Vektorbreite in den Funktionen TO_SIGNED und TO_UNSIGNED verzichtet werden kann. Der folgende Quellcodeauszug zeigt die Anwendung dieses Attributs bei der Konversion einer 32-Bit `integer`-Zahl in eine 16-Bit Zahl vom Typ `signed`:

```
signal TEST_SIGNED: signed (15 downto 0);
signal TEST_INT: integer;
...
begin
    ...
    TEST_SIGNED <= TO_SIGNED( TEST_INT, TEST_SIGNED'length );
    ...
end;
```

5.5.1.2 Synopsys spezifische Konversionen

Die Fa. Synopsys unterstützt u.a. in ihrem Syntheseprogramm FPGA-Express die folgenden überladenen Konversionsfunktionen [5], [39], deren Bedeutung selbsterklärend ist. Diese Funktionen finden sich im Bibliothekspaket `ieee.std_logic_arith` und können u.a. auch in den VHDL-Werkzeugen der Fa. Viewlogic verwendet werden [10]. Die jeweils notwendige Teilmenge von Konversionsfunktionen ist auch in den Bibliotheken `ieee.std_logic_(un)signed` enthalten [58] (vgl. Abschnitt 10).

```
function CONV_INTEGER(ARG: INTEGER)                  return INTEGER;
function CONV_INTEGER(ARG: UNSIGNED)                 return INTEGER;
function CONV_INTEGER(ARG: SIGNED)                   return INTEGER;
function CONV_INTEGER(ARG: STD_ULOGIC)               return SMALL_INT;

function CONV_UNSIGNED(ARG: INTEGER; SIZE: INTEGER)   return UNSIGNED;
function CONV_UNSIGNED(ARG: UNSIGNED; SIZE: INTEGER)  return UNSIGNED;
function CONV_UNSIGNED(ARG: SIGNED; SIZE: INTEGER)    return UNSIGNED;
function CONV_UNSIGNED(ARG: STD_ULOGIC; SIZE: INTEGER) return UNSIGNED;
```

```
function CONV_SIGNED(ARG: INTEGER; SIZE: INTEGER)              return SIGNED;
function CONV_SIGNED(ARG: UNSIGNED; SIZE: INTEGER)            return SIGNED;
function CONV_SIGNED(ARG: SIGNED; SIZE: INTEGER)             return SIGNED;
function CONV_SIGNED(ARG: STD_ULOGIC; SIZE: INTEGER)        return SIGNED;

function CONV_STD_LOGIC_VECTOR(ARG: INTEGER; SIZE: INTEGER)
                                              return STD_LOGIC_VECTOR;
function CONV_STD_LOGIC_VECTOR(ARG: UNSIGNED; SIZE: INTEGER)
                                              return STD_LOGIC_VECTOR;
function CONV_STD_LOGIC_VECTOR(ARG: SIGNED; SIZE: INTEGER)
                                              return STD_LOGIC_VECTOR;
function CONV_STD_LOGIC_VECTOR(ARG: STD_ULOGIC; SIZE: INTEGER)
                                              return STD_LOGIC_VECTOR;
```

Code 5-9: Deklaration von Konversionsfunktionen in der Synopsys-Bibliothek `std_logic_arith`
[5]

Dem Code 5-9 ist zu entnehmen, dass die Synopsys-Bibliothek im Unterschied zur IEEE-Bibliothek auch Konversionsfunktionen enthält, die den gleichen Datentyp in sich selbst überführen. Eine solche Umsetzung ist erforderlich, wenn z.B. eine `signed`-Zahl in eine andere `signed`-Zahl mit anderer Bitbreite umgesetzt werden muss, dabei müssen z.B. bei einer Vektorverbreiterung die höherwertigen Bits vorzeichenrichtig entweder mit '0' oder mit '1' ergänzt werden (Zweierkomplementdarstellung). Der folgende Quellcode zeigt die Anwendung einiger Konversionsfunktionen der Synopsys-Bibliothek.

```
-- Verwendung von Synopsys/Viewlogic Konversionen
--------------------------------------------------
library ieee;
use ieee.std_logic_1164.all;
use ieee.std_logic_arith.all;

entity INTKONV is
end INTKONV;

architecture TEST of INTKONV is
signal SLV: std_logic_vector(3 downto 0);
signal INP, SIG: integer range -16 to 15;
signal NAT: natural range 0 to 15;
begin
        INP  <= -2;                                    -- Gesetzt
        SLV <= CONV_STD_LOGIC_VECTOR(INP,SLV'length);  -- "1110"
        NAT <= CONV_INTEGER(unsigned(SLV));            -- Natural 14
        SIG <= CONV_INTEGER(signed(SLV));              -- Signed -2
end TEST;
```

Code 5-10: Beispiel mit Konversionsfunktionen der Synopsys-Bibliothek `std_logic_arith`

Spezielle digitale Systeme, wie z.B. Prozessoren mit Registerbänken, die in Form von Flip-flop-Matrixstrukturen (register files) angeordnet sind, erfordern häufig einen indizierten Zugriff auf Zeilen oder Spalten [41]. Dafür eignet sich der Datentyp `integer`, da dieser im Vergleich zu einer selektiven Anweisung (`case-when` bzw. `select-with`) eine Vereinfachung des Codes unterstützt.

Als einfaches Beispiel für indizierte Zugriffe soll ein Adressdecoder entworfen werden: Abhängig vom binären Wert der `bit_vector` Adresse ADR wird das Eingangssignal INP auf einen Ausgang des vektoriellen Signals Q gelegt, sofern das Freigabesignal E-NABLE='1' ist. Die nicht adressierten Elemente des Ausgangsvektors sollen hochohmig werden. Code 5-11 zeigt eine Lösung dieser Aufgabenstellung.

```
-- Adress-Selektor mit integer Datentyp
-----------------------------------------------
library ieee;
use ieee.std_logic_1164.all;
use ieee.std_logic_unsigned.all;

entity ADR_SEL is
        port(   ENABLE: in bit;
                INP: in std_logic;
                ADR: in bit_vector(1 downto 0);
                Q: out std_logic_vector(3 downto 0));
end ADR_SEL;

architecture VERHALTEN of ADR_SEL is
begin
P1: process(ENABLE, ADR, INP)
        variable ADR_VAR: integer range 0 to 7;
        begin
                Q <= (others=>'Z');            --hochohmig initialisieren
                ADR_VAR := conv_integer(To_StdLogicVector(ADR));
                if ENABLE='1' then
                        Q(ADR_VAR)<= INP;      --Integer indiz. ueberschr.
                end if;
        end process P1;
end VERHALTEN;
```

Code 5-11: *Entwurf eines Adressdecoders durch indizierten Zugriff über ein* integer-*Signal; Tri-State Ausgänge*

In Prozess P1 wird eine `integer`-Variable deklariert, die durch Konversion des Adress-signals ADR definiert wird und die in der `if`-Anweisung dem indizierten Zugriff auf den Ausgangsvektor Q dient. Dieser Vektor Q wird zunächst in allen Komponenten mit 'Z' vorbelegt und, falls das Freigabesignal ENABLE='1' ist, in der Komponente, die durch die binäre Adresse ADR vorgegeben ist, mit dem Eingangssignal INP überschrieben.

Hier sei darauf hingewiesen, dass die auf dem Datentyp `std_logic_vector` beruhen-den Numerik-Bibliotheken `ieee.std_logic_(un)signed` (vgl. Kap. 5.1) ebenfalls eine Konversionsfunktion zum Datentyp `integer` enthalten:

```
function CONV_INTEGER(ARG: STD_LOGIC_VECTOR)            return INTEGER;
```

Der Übersichtlichkeit halber wurde der Adressdecoder mit nur zwei Eingangsbits entwor-fen. Das Syntheseergebnis in Bild 5-10 zeigt die vier Tri-State Treiber, deren Freigabesig-nal durch ein Decoderschaltnetz definiert wird. Die Tri-State Eingänge sind mit dem durch-zuschaltenden Signal direkt verbunden.

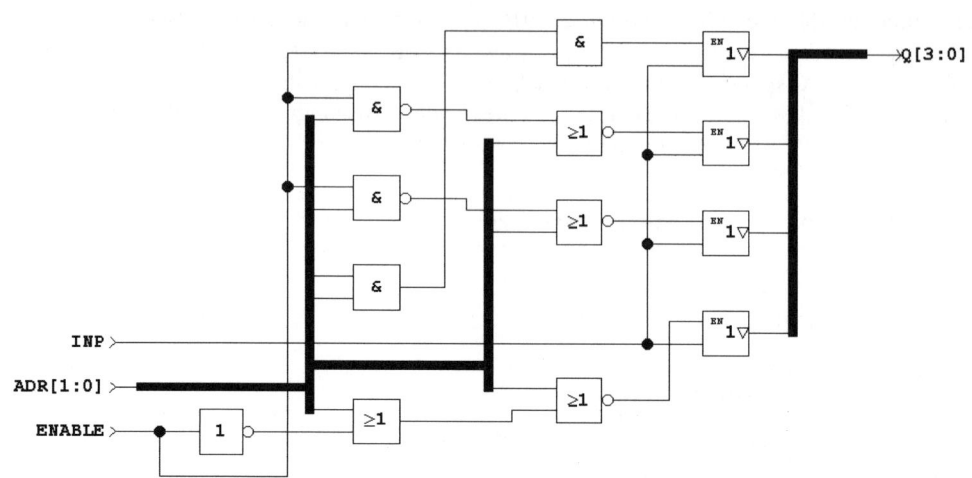

Bild 5-10:   Syntheseergebnis des Adressdecoders aus Code 5-11

5.6   Hinweise zur Verwendung der Datentypen

Wie die vorangegangenen Abschnitte gezeigt haben, ist die gemeinsame Verwendung von
`bit-` oder `integer`-Signalen und `std_(u)logic` bzw. `(un)signed` Signalen
dann mit zusätzlichem Codierungsaufwand verbunden, wenn mit gleichen Signalen arithmetische und logische Operationen ausgeführt werden müssen. Man könnte sich daher die
Frage stellen, ob es nicht sinnvoll sei, durchgängig den Datentyp `std_logic` zu verwenden. Tatsächlich gibt es einige Argumente, die dafür sprechen:

- Bei der Simulation sind alle `std_logic`- und `std_ulogic` Signale anfänglich
  undefiniert 'U', während die `bit`-Signale anfänglich den Wert '0' annehmen. Der Entwickler wird beim Datentyp `std_logic` somit gezwungen, den Anfangszustand aller
  Signale explizit festzulegen, also insbesondere auch die der Flipflops.

- Falls in einer Entwurfsumgebung Simulationsmodelle von Drittanbietern verwendet
  werden sollen, so sind diese häufig mit `std_logic`-Schnittstellen ausgestattet und der
  selbst entworfene Quellcode muss ggf. mit Konversionsfunktionen versehen werden,
  um diese Modelle zu integrieren.

- Bei der Portierung des Entwurfs von einem VHDL-CAE-Werkzeughersteller zu einem
  anderen wird der Portierungsaufwand sicherlich geringer, wenn an den Schnittstellen
  standardisierte Datentypen verwendet werden.

Insbesondere die letzten beiden Argumente beschränken sich jedoch letztlich nur auf die
Schnittstellen, nicht jedoch auf den Codierungsstil bei der internen Beschreibung einer
Architektur.

Der Vorteil, den eine sorgfältige und wohlüberlegte Zuordnung der Datentypen zu den einzelnen Signalen eines Systems, unter Einschluss der `bit`- bzw. `bit_vector`-Signale bietet, ist hingegen nicht zu unterschätzen:

- Der gleichzeitige Zugriff mehrerer Signaltreiber auf Signale, die vom Typ `bit` oder `std_ulogic` sind und der in der Hardware ggf. zu einem Schaltungsversagen führen kann (wired-AND), wird bereits bei der Compilation bzw. beim Simulationsstart überprüft. Derartige Designfehler, die insbesondere von VHDL-Anfänger häufig gemacht werden, lassen sich somit viel früher erkennen, als bei Verwendung des Datentyps `std_logic`, bei dem der Fehler erst während der Designimplementierung auffällt.

- Die Verwendung des Datentyps `std_logic` erfordert bei jedem Signalwechsel den Aufruf der Auflösungsfunktion (resolution function). Dies kann die Simulationseffizienz in erheblichem Maße beeinträchtigen.

Wir empfehlen daher, vor Beginn des VHDL-Designs zunächst alle auftretenden Schnittstellensignale sowie später die lokal zu deklarierenden Signale sorgfältig auf ihre Verwendung zu überprüfen und die Signaltypen so zu verwenden, dass sie nach Art und Aufgabenstellung optimal eingesetzt werden können. Dabei ist der Einsatz von Konversionsfunktionen an den Schnittstellen, der zu einem weniger übersichtlichen Code führen kann, in Kauf zu nehmen. In Tabelle 5-3 sind die empfohlenen Anwendungsbereiche zusammengestellt.

Datentyp	Anwendungsbereich
bit bzw. bit_vector	Typischerweise können Takt- sowie Freigabe- und Steuersignale vom Typ `bit` sein, wenn die zugehörige Logik nicht mit Don't-Care Eintragungen minimiert werden muss. Datensignale sollten unter folgenden Bedingungen vom Typ `bit` sein: • Dort, wo ausschliesslich '0' und '1' Signalwerte auftreten, d.h. in rein kombinatorischer Logik ohne Tri-State Ausgänge. • In sequentieller Logik, bei der die Flipflops in der Hardware automatisch auf den Anfangszustand '0' gesetzt werden oder bei der der Anfangszustand unbedeutend ist.
std_ulogic bzw. std_ulogic- _vector (vgl. Kap. 4)	• Wenn Flipflops in der Simulation explizit auf einen definierten Wert gesetzt werden sollen. • Wenn der Don't-Care Wert '-' für Minimierungszwecke verwendet werden soll. • Es darf für jedes Signal maximal ein Treiber existieren. Tri-State Werte dürfen nur angenommen werden, wenn das Modell intern **einen** Treiber besitzt.
std_logic bzw. std_logic- _vector (vgl. Kap. 4)	• Wenn Tri-State Signale bzw. Ausgänge mit mehreren Treibern verwendet werden sollen. • In einer Hardware, in der Signale unterschiedlicher Treiberstärke vorkommen. • Falls arithmetische Operationen mit Signalvektoren durchgeführt werden sollen und in der `architecture` entweder nur vorzeichenlose **oder** nur vorzeichenbehaftete Operationen ausgeführt werden. Eine der Synopsys Bibliotheken `std_logic_unsigned` oder `std_logic_signed` ist erforderlich.
unsigned bzw. signed	• Falls vorzeichenlose **und** vorzeichenbehaftete arithmetische Operationen in der gleichen `architecture` ausgeführt werden. Erfordert entweder die Synopsys Bibliothek `std_logic_arith` oder die IEEE-Bibliothek `numeric_std`.
integer bzw. positive oder natural	• Falls in einem Design indiziert auf Vektoren oder Felder zugegriffen werden soll. • Falls in einem strukturellen Entwurf mit `generic`-Parametern Systemparameter wie z.B. die Anzahl von Komponenten und Vektorbreiten dimensioniert werden sollen (vgl. Kap. 7.2.1.4). • Falls arithmetische Operationen in einer Testumgebung oder in einem nicht zu synthetisierenden Verhaltensmodell ausgeführt werden sollen.

Tabelle 5-3: Empfohlene Anwendungsbereiche von Signal- und Variablentypen

5.7   Übungsaufgaben

5.1

Entwerfen Sie einen Multiplizierer für positive 3-Bit Zahlen. Verwenden Sie als Datentyp `std_logic_vector` im Zusammenhang mit einer geeigneten Arithmetik-Bibliothek. Diskutieren Sie das Syntheseergebnis.

5.2

Entwerfen Sie den VHDL-Code eines Schaltnetzes, das den Absolutwert einer im Zweier-komplement angegebenen 5-Bit Zahl bildet. Verwenden Sie als Datentyp `std_logic_vector` im Zusammenhang mit einer geeigneten Arithmetik-Bibliothek. Diskutieren Sie das Syntheseergebnis.

5.3

Entwerfen Sie eine Arithmetisch-Logische-Einheit (ALU) für zwei 4 Bit breite, vorzeichen-lose Operanden. Das Ergebnis soll ebenfalls 4 Bit breit sein. Außerdem sollen zwei Flags (Zero-, und Carry-Flag) erzeugt werden. Die Funktion der ALU wird von dem 2 Bit breiten Signal OPCODE wie folgt gesteuert:

OPCODE	Funktion	CFLAG
00	Addition A+B	1 falls Ergebnis > 0xF, sonst 0
01	Subtraktion A-B	1 falls Ergebnis < 0, sonst 0
10	Bitweise ODER-Verknüpfung	0
11	Bitweise UND-Verknüpfung	0

Das ZFLAG wird gesetzt, falls das ALU-Ergebnis = 0 ist. Verwenden Sie für Ihren Entwurf die folgende `entity`:

```
entity ALU4 is
        port( A, B: in std_logic_vector(3 downto 0);      --4-Bit Operanden
              OPCODE: in bit_vector(1 downto 0);           --2-Bit OPCODE
              RESULT: out std_logic_vector(3 downto 0);    --4-Bit Ergebnis
              CFLAG, ZFLAG: out bit);                      --Carry/Zero Flag
end ALU4;
```

Beachten Sie, dass die Auswertung des Carry-Flags nur möglich ist, wenn die arithmeti-schen Operationen statt auf einer Operandenbreite von 4 Bit auf einer Operandenbreite von 5 Bit durchgeführt werden. Es empfiehlt sich daher, alle Operationen auf Basis von 5 Bit breiten Variablen durchzuführen.

5.4

Entwerfen Sie einen synchronen N-Bit Vorwärts-Rückwärtszähler für vorzeichenbehaftete Zahlen. Darin bedeutet die Generic-Größe N die Bit-Breite des Zählers. Falls das Eingangs-signal UND (UpNotDown) gleich '1' ist, so soll vorwärts, für UND='0' rückwärts gezählt werden. Der Zähler soll mit Hilfe eines asynchronen RESET-Signals zurückgesetzt werden können. Verwenden Sie als Datentyp für das Zählersignal einen `std_logic_vector` und testen Sie Ihren Entwurf mit N=4.

5.5

Entwerfen Sie einen gesteuerten 4-Bit Synchronzähler für vorzeichenlose Zahlen. Das Signal MODE steuert den Betrag, um den bei jeder ansteigenden Taktflanke weitergezählt werden soll. Der Zähler soll synchron auf den Wert 0 zurück zu setzen sein.

Mode	Inkrement
00	1
01	2
10	3
11	4

5.6

Entwerfen Sie einen programmierbaren Frequenzteiler. Der Eingangstakt CLK soll am Ausgang TC um einen zwischen 2 und 15 wählbaren Faktor N herunter geteilt werden, das Tastverhältnis beträgt dabei 1/N. Verwenden Sie die nachfolgende entity, die (ausnahmsweise) N als integer-Größe enthält.

```
entity TEILER is
        port( CLK, RESET: in bit;
                N: in integer range 1 to 15;
                TC: out bit);
end TEILER;
```

Überprüfen Sie das Teilerverhältnis mittels einer Simulation. Analysieren Sie das Verhalten Ihres Codes insbesondere auch für den Fall, dass nach einem großen N-Wert ein kleinerer Wert N angelegt wird (z.B. nach N=4 wird N=2 angelegt).

5.7

Es ist ein ladbarer N-Bit Zähler zu entwerfen. Zähl- und Ladefunktion sind nur dann gegeben, wenn das Signal ENABLE = '1' ist. Der am Eingang D anliegende Wert soll bei LOAD='1' taktsynchron in das Zählregister übernommen werden. Bei LOAD='0' soll gezählt werden. Der Zähler soll asynchron mit Hilfe des High-aktiven RESET-Signals zurückgesetzt werden können. Analysieren Sie alle Zählerfunktionen mittels einer Simulation für N=4.

5.8

Welche der nachfolgenden Integer-Konstanten sind syntaktisch falsch?

a) 199

b) 8#AFFE#

c) 2#1011_1010#

d) 16#ABCD#

e) 5#224_33#

5.9

Ein System zur Bilderkennung besitzt innerhalb eines FPGAs einen integrierten Bildspeicher, der 128x128 Pixel im Schwarz-Weiß-Format (schwarz='1', weiß='0') aufnehmen kann. Die nachfolgende entity beschreibt die Schnittstelle zur Pixeladressierung des taktsynchronen Bildspeichers. Gehen Sie davon aus, dass das in der Architektur deklarierte lokale Signal MEM durch das Synthesewerkzeug zum Bildspeicher synthetisiert wird.

```
entity PIX_ADR is
        port( CLK, RESET: in bit;
                Z_IND, SP_IND: in bit_vector(6 downto 0);
                RNW: in bit;
                D: inout std_logic);
end PIX_ADR;

architecture VERHALTEN of PIX_ADR is
signal MEM: std_logic_vector(0 to 16383);
begin
...
```

Der Pixelindex eines Bildpunkts berechnet sich jeweils aus dem Spalten- und Zeilenindex durch die Operation: INDEX := 128 * Z_IND + SP_IND . Entwerfen Sie eine architecture, die einen taktsynchronen Schreib- (RNW='0') und Lesezugriff (RNW='1') erlaubt. Bedenken Sie, dass der indizierte Zugriff nur mit Hilfe des Datentyps integer möglich ist.

6 Entwurf von Zustandsautomaten

Für den Entwurf und die Beschreibung von digitalen Systemen bilden Zustandsautomaten (Finite State Machines; FSMs) eine wesentliche Grundlage. Mit Zustandsautomaten werden zyklische Funktionsabläufe realisiert, sie steuern andere Logikschaltungen und in komplexen digitalen Systemen werden sie zur Synchronisation mehrerer Komponenten eingesetzt. Zustandsautomaten sind sequentiell arbeitende Logikschaltungen, die gesteuert durch ein periodisches Taktsignal eine Abfolge von Zuständen zyklisch durchlaufen.

In diesem Kapitel wird der synthesegerechte Entwurf von Automatenmodellen vorgestellt. Nach einer Übersicht zu den Grundstrukturen der für den Aufbau von digitalen Systemen relevanten Automatentypen wird eine VHDL-basierte FSM-Implementierung an einem kompakten Beispiel eines Moore-Automaten zur Impulsfolgenerkennung exemplarisch durchgeführt. Aus den FSM-Grundstrukturen lassen sich Beschreibungsmuster für Zustandsautomaten ableiten, die mit ihren Vor- und Nachteilen für einen übersichtlichen Entwurf bewertet werden. Die im Folgenden dargestellten VHDL-Beschreibungen von Automaten enthalten eine explizite Formulierung der Zustände mit **einer** Taktflankenabfrage. Implizite Formulierungen mit **einer** `wait until`-Anweisung **pro Zustand** werden nicht behandelt, da diese Beschreibungen von Zustandsabfragen von den meisten am Markt erhältlichen Synthesewerkzeugen nicht unterstützt werden [42].

Einen entscheidenden Einfluß auf den Verbrauch von Hardware-Ressourcen hat die Wahl der Zustandscodierung, d.h. die Zuordnung von Bitkombinationen zu den Zuständen des Automaten. Deshalb erfolgt abschließend eine Gegenüberstellung von werkzeugspezifischen und durch den Anwender explizit gestaltbaren Codierungsvarianten mit VHDL-Konstrukten.

Mit den in diesem Kapitel vorgestellten Methoden soll der Entwickler in die Lage versetzt werden, Mealy- und Moore-Automaten auf geeignete Modelle mit jeweils unterschiedlicher Anzahl von Prozessen abbilden zu können. Die Bedeutung der Darstellungsformen für die Simulation, das Automatentiming und den Hardwareverbrauch sowie für die realisierbare Taktfrequenz soll erfasst worden sein.

6.1 Automatenvarianten

Ein **Moore-Automat** ist als FSM oder synchrones Schaltwerk definiert, in dem die Ausgangssignale A des Systems nur eine Funktion des aktuellen Automatenzustandes Z sind. Der jeweils erst mit der nächsten positiven Taktflanke folgende Zustand Z^+ wird durch den aktuellen Zustand Z und die am Automaten anliegenden Eingangssignale E bestimmt. Die Funktionsübersicht eines Moore-Automaten gemäß den Beziehungen

Gl. 6-1 $\qquad$ $Z^+ = F(E, Z)$

Gl. 6-2 $\qquad$ $A = F_{Moore}(Z)$

ist in Bild 6-1 dargestellt. Darin sind die Signale E, Z, Z^+ und A in Form von Vektoren angegeben, d.h. als logische Gruppen zusammengefasster Mehrfachsignalleitungen. Der Vektor E bündelt alle primären FSM-Eingangssignale.

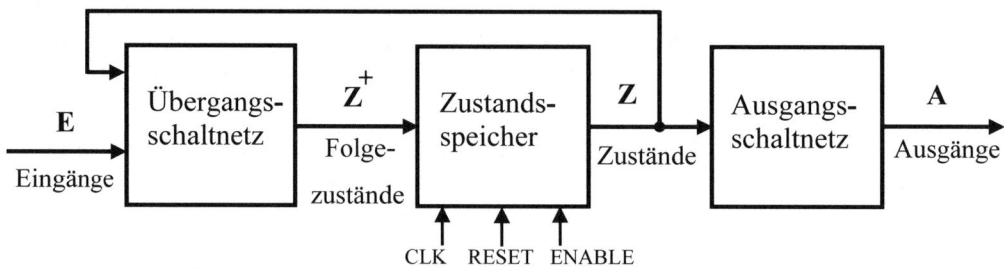

Bild 6-1:   Moore-Automat mit dem Ausgangsschaltnetz $A = F_{Moore}(Z)$

Der Moore-Automat ist ein synchrones Schaltwerk mit drei Funktionsblöcken:

- Der Zustandsspeicher (Current State Register) wird durch eine Anzahl n von synchron getakteten Flipflops gebildet, mit denen 2^n Zustände binär codiert werden können. Mit jeder positiven Flanke des periodischen Taktsignals CLK wird der vorbereitete Folgezustand Z^+ als aktueller Zustand Z für eine Taktperiode gespeichert. Der Zustandsspeicher bildet somit das Gedächtnis des Zustandsautomaten. Das RESET-Signal dient nach dem Einschalten des digitalen Systems zur Initialisierung des Zustandsspeichers mit einer vorgegebenen Bitkombination. Die Freigabe des sequentiellen Fortschreitens von einem Zustand zum Nächsten erfolgt über das ENABLE-Signal. Die Signale CLK, RESET und ENABLE zählen zu den sekundären Eingangssignalen.

- Das Übergangsschaltnetz (Next State Decoder) ist eine rein kombinatorische Logik, die den Folgezustand Z^+ auf Basis des aktuellen Zustandes Z und der momentan wirksamen externen Eingangssignale E vorausberechnet. Die Verarbeitung des aktuellen Zustandes Z ist das entscheidende Rückführungselement des Automaten, mit dem dessen zeitliche Vorgeschichte in die Berechnung der gewünschten sequentiellen Zustandsübergänge einfließt.

- Das Ausgangsschaltnetz (Output Decoder) ist ebenfalls eine rein kombinatorische Logik, mit der im Fall des Moore-Automaten die zugehörigen Ausgangssignale A nur aus dem aktuellen Zustand Z berechnet werden. Die Aktualisierung der Ausgangssignale A erfolgt also durch den Zustand Z immer als Folge von synchron gesteuerten

Zustandsübergängen. Die Information der Eingangssignale E ist demnach nur mittelbar über den Zustand Z in den Ausgangssignalen A enthalten.

Beim **Mealy-Automat** in Bild 6-2 hingegen, existiert ein direkter Pfad der Eingangssignale E zum Ausgangsschaltnetz. Damit stehen die Ausgangssignale A des Mealy-Automaten zusätzlich unter dem direkten Einfluß des asynchronen Zeitverhaltens der Eingangssignale E. Mit der Beziehung für das Ausgangsschaltnetz

$$Gl.\ 6\text{-}3 \qquad\qquad A = F_{Mealy}(E, Z)$$

wird deutlich, dass sich die Ausgänge immer dann ändern können, wenn entweder ein Zustandsübergang stattfindet oder die Eingänge E Pegelwechsel aufweisen.

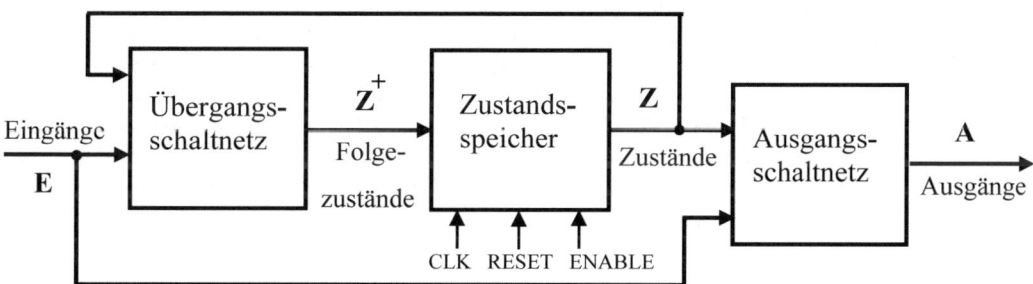

Bild 6-2: Mealy-Automat mit dem Ausgangsschaltnetz $A = F_{Mealy}(Z,E)$

Als Sonderfall eines Moore-Automaten ohne Ausgangsschaltnetz ist noch der **Medvedev-Automat** zu nennen (Bild 6-3). Die Ausgangssignale A des Medvedev-Automaten werden direkt durch den Zustandsvektor Z gebildet. Zu den Anwendungen dieses einfachen Automatenmodells gehören z. B. ladbare Vorwärts-/Rückwärtszähler.

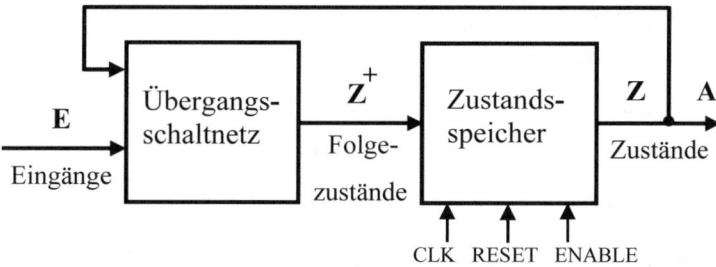

Bild 6-3: Medvedev-Automat für den Spezialfall Z = A

Für andere Komponenten digitaler Systeme, die auf Basis des Medvedev-Automaten dargestellt werden sollen, muss der Entwickler die Codierung der Zustände so bestimmen, dass sich die einzelnen Ausgangssignale jeweils auf Zustandsbits reduzieren lassen [19]. Im

Vergleich zu den anderen beiden Automatenmodellen ist somit die Medvedev-FSM zwar am wenigsten flexibel einsetzbar, sie besitzt jedoch die größte Betriebssicherheit in komplexen getakteten Systemen. In den folgenden Abschnitten werden deshalb nur Beispiele für den Moore- und den Mealy-Automaten behandelt.

6.2   Moore-Automat für eine Impulsfolgenerkennung

Als Modellierungsbeispiel für einen Moore-Automaten wird im Folgenden ein Schaltwerk zur Impulsfolgenerkennung diskutiert. Die Anwendungen solcher Automaten liegen im Bereich der Protokollüberprüfung bei seriellen und parallelen Datenübertragungssystemen. Der zu entwerfende Automat soll drei aufeinander folgende 2-Bit Kombinationen eines Eingangsvektors E in der Reihenfolge (01, 11, 10) mit dem Ausgangssignal A = 1 anzeigen. Der High-Pegel des Ausgangssignals A soll für eine Taktperiode verfügbar sein. Das Zustandsdiagramm in Bild 6-4 spezifiziert ferner, dass führende (01) Kombinationen überlesen werden und eine Unterbrechung der vorgegebenen Folge mit (01) zur Rückkehr in den Zustand Z1 führen soll. Zur Erkennung der drei 2-Bit Kombinationen sind bei der Realisierung mit einem Moore-Automaten vier Zustände erforderlich, da das Ausgangssignal A nach Eintreffen der letzten Kombination (10) erst durch den Übergang in den Zustand Z3 den High-Pegel annehmen kann.

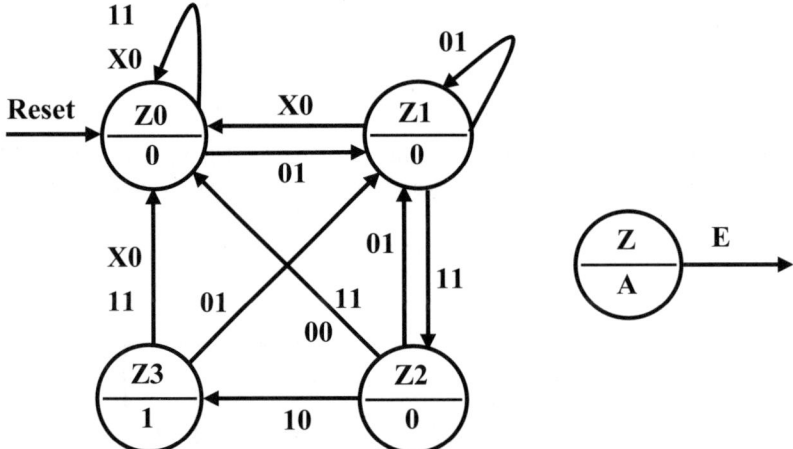

Bild 6-4:   Zustandsdiagramm des Moore-Automaten zur Erkennung der Folge E = (01, 11, 10)

Die zu synthetisierende Hardware des Automaten soll durch einen asynchronen RESET-Eingang in den Anfangszustand Z0 versetzt werden. Bei einer ersten VHDL-Beschreibung steht eine Strukturierung mit Prozessen im Vordergrund, die den in Bild 6-1 dargestellten Automatenaufbau direkt abbilden. Ein weiteres Ziel besteht darin, die Verkettung der Zustandfolge leicht wiedererkennbar darzustellen. Diese Anforderungen erfüllt der nachfolgende Code 6-1.

```
-- Sequenz Erkennung (01,11,10): Moore-Automat mit 3 Prozessen
entity FSM_1_MOORE is
port(  CLK, RESET, ENABLE   : in  bit;      -- sekundäre Eingangssignale
       E        : in  bit_vector(1 downto 0); -- Eingangsvektor
       A        : out bit );                -- Ausgangssignal
end FSM_1_MOORE;

architecture SEQUENZ of FSM_1_MOORE is
type ZUSTAENDE is (Z0, Z1, Z2, Z3);   -- Aufzählungstyp
signal ZUSTAND,FOLGE_Z: ZUSTAENDE ;   -- Prozess-Kommunikation
begin
Z_SPEICHER: process(CLK, RESET)  -- Zustandsaktualisierung
   begin
        if  RESET = '1' then ZUSTAND <= Z0 after 20 ns;
        elsif CLK = '1' and CLK'event then
                if ENABLE = '1' then  ZUSTAND <= FOLGE_Z after 20 ns;
                end if;
        end if;
   end process Z_SPEICHER;
UE_SN: process(E, ZUSTAND)    -- Folgezustandsberechnung
   begin
        case ZUSTAND is
            when Z0 =>     if   E = "01" then FOLGE_Z <= Z1 after 20 ns;
                           else  FOLGE_Z <= Z0 after 20 ns;
                           end if;
            when Z1 =>     if   E = "11" then FOLGE_Z <= Z2 after 20 ns;
                           elsif E = "01" then FOLGE_Z <= Z1 after 20 ns;
                           else  FOLGE_Z <= Z0 after 20 ns;
                           end if;
            when Z2 =>     if   E = "10" then FOLGE_Z <= Z3 after 20 ns;
                           elsif E = "01" then FOLGE_Z <= Z1 after 20 ns;
                           else  FOLGE_Z <= Z0 after 20 ns;
                           end if;
            when Z3 =>     if   E = "01" then FOLGE_Z <= Z1 after 20 ns;
                           else  FOLGE_Z <= Z0 after 20 ns;
                           end if;
        end case;
end process UE_SN;
AUS_SN: process(ZUSTAND)    -- Ausgangsberechung
   begin
        case ZUSTAND is
            when Z3     => A <= '1' after 20 ns;
            when others => A <= '0' after 20 ns;
        end case;
   end process AUS_SN;
end SEQUENZ;
```

Code 6-1:   Moore-Automat zur Impulsfolgenerkennung mit 3 Prozessen

Er ist in drei nebenläufige Prozesse zur Zustandsaktualisierung, zur Folgezustands- und zur Ausgangsberechnung gegliedert. Die Interprozesskommunikation erfolgt über die internen Signale ZUSTAND und FOLGE_Z (vgl. Bild 6-1), für die in der Architektur SEQUENZ ein Aufzählungstyp ZUSTAENDE mit vier Automatenzuständen Z_i deklariert ist. Der Prozess Z_SPEICHER bildet das Zustandsregister mit einem asynchronen Reset und der taktflankengesteuerten Übernahme des Folgezustandes Z^+ (FOLGE_Z) in den aktuellen Zustand Z (ZUSTAND). Das ENABLE-Signal und der Folgezustand FOLGE_Z sind nicht in der Empfindlichkeitsliste enthalten, da alle synchronen Vorgänge von der positiven Flanke des Taktsignals CLK aktiviert werden.

Das Übergangsschaltnetz bildet der Prozess UE_SN, dessen Empfindlichkeitsliste den aktuellen Zustand und den Eingangsvektor E enthält. In Abhängigkeit vom aktuellen Zustand wird mit der sequentiellen Anweisung `case when` entschieden, welcher Folgezustand auf Basis der anliegenden Eingangssignale wirksam werden soll. Die Abfrage der Eingangssignale kann statt in einer `if then else`-Anweisung auch über eine `case when`-Anweisung erfolgen. In praktischen Anwendungen ändern sich die Eingangssignale jedoch meist nur in einzelnen Bits, sodass die `if then else`-Anweisung vorteilhafter ist, da das Übergangsschaltnetz die Eingangsvektoren nicht vollständig decodieren muss (vgl. Kap. 3.2.2) [39].

Bei der `if then else`-Anweisungen in kombinatorischen Prozessen ist auf eine vollständige Abfrage aller Eingangssignal-Bitkombinationen zu achten, damit für die Ausgänge des Übergangsschaltnetzes keine zusätzlichen Speicher in Form von transparenten Latches synthetisiert werden (vgl. Kap. 3.6.2). Für die Folgezustandsberechnung wird im Weiteren die Schachtelung der `case when`/`if then else`-Anweisungen nach Code 6-1 favorisiert, da sie eine sich selbstdokumentierende textuelle Abbildung des Zustandsdiagrammes liefert (vgl. Bild 6-4). Das Charakteristikum des Moore-Automaten nach Gl. 6-2 erzeugt der Prozess AUS_SN, dessen Empfindlichkeitsliste nur den aktuellen Zustand enthält. Der Ausgang unterliegt somit nicht unmittelbar dem Einfluss der Eingangssignalpegel.

Das Verhalten des Moore-Automaten zur Sequenzerkennung wird mit der Simulation der Signalzeitverläufe in Bild 6-5 dokumentiert. Der Eingangssignalvektor E sowie der RESET- und der ENABLE-Eingang treten asynchron auf. Die Verzögerung der Signalzuweisungen mit der `after` Anweisung um die symbolische Signallaufzeit 20 ns wird hier gewählt, um die Timingpfade aufzuzeigen, die durch Verkettung der Register- und Schalnetzverzögerungen entstehen. Leider wird dieses Konstrukt nicht von allen Synthesewerkzeugen überlesen, sodass der Code für die Synthese eventuell modifiziert werden muss [5]. Aufgrund der Signalverzögerung erfolgt in Bild 6-5 z.B. der Zustandsübergang Z1 $\rightarrow$ Z2 erst im Zeitpunkt t1=320ns und der neue Folgezustand FOLGE_Z = Z0 liegt erst nach weiteren 20ns vor, da das Übergangsschaltnetz ebenfalls verzögert auf die rückgeführten Zustände reagiert. Im Anschluss an die positive Taktflanke im Zeitpunkt t2=500ns reagiert das Ausgangsschaltnetz nach dem Zustandsübergang Z2 $\rightarrow$ Z3 auch erst mit einer Summenverzögerung von 40ns auf die Taktflanke.

Die Simulation des Automaten startet im Zustand Z0, da die Initialisierung von Signalen immer mit dem Typelement beginnt, das in der Typdefinition äußerst links steht. Mit der gewählten Eingangssignalsequenz werden alle Zustände Z0 bis Z3 in Folge durchlaufen und im Zustand Z3 zeigt der Automat mit A = 1 die erkannte Sequenz E = (01,11,10) an. Der Moore-Automat sorgt dafür, dass das Ausgangssignal A solange den High-Pegel aufweist, wie der Zustand Z3 aktuell ist. Im Zustand Z3 zeigt die Eingangssignaländerung (10) $\rightarrow$ (01) erst mit der nächsten Taktflanke eine Wirkung auf den aktuellen Zustand und damit auf den Ausgang A. Die zweite Sequenz wird im Zeitpunt t3=1μs durch E = (01) unterbrochen, sodass im Zeitpunkt t4=1.12μs eine Rückkehr in den Zustand Z1 erfolgt. Das RESET-Signal erzeugt bei t5=1.2μs den gewünschten asynchronen Durchgriff in Form des direkten Übergangs in den Startzustand Z0. Mit dem ENABLE Low-Pegel wird der Automat ab t6=1.7μs im Zustand Z1 angehalten und eine korrekte Erkennung der Sequenz ab dem Zeitpunt t7=1.9μs kann nicht erfolgen.

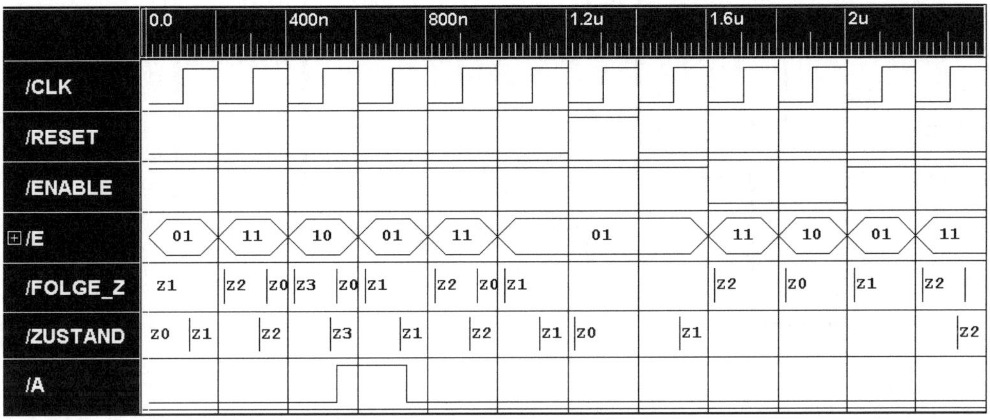

	0.0	400n	800n	1.2u	1.6u	2u
/CLK						
/RESET						
/ENABLE						
/E	01 11 10 01 11		01		11 10 01 11	
/FOLGE_Z	Z1 Z2 Z0 Z3 Z0 Z1 Z2 Z0 Z1				Z2 Z0 Z1 Z2	
/ZUSTAND	Z0 Z1 Z2 Z3 Z1 Z2 Z1 Z0 Z1					Z2
/A						

Bild 6-5:   Simulation der Sequenzerkennung nach Code 6-1 (FSM_1_MOORE)

Ein Vorteil einer separaten Abbildung des Zustandsspeichers und des Übergangsschaltnetzes durch die beiden Prozesse Z_SPEICHER und UE_SN zeigt sich hier in der Simulation, da mit den internen Signalen ZUSTAND und FOLGE_Z die synchronen Zustandsübergänge und die asynchronen Reaktionen der Folgezustände offengelegt werden. Da sequentielle Komponenten in digitalen Systemen in der Regel auch mit Zustandsfolgetabellen geplant und entworfen werden, liefert der Prozess UE_SN für das Übergangsschaltnetz ein direktes Abbild dieser Entwurfstabelle [19], [36], [41].

Das Syntheseergebnis zum Moore-Automaten ist in Bild 6-6 als ein technologieunabhängiger Schaltplan dargestellt. Die vier Zustände Z0 - Z3 wurden mit 2 Bit in dualer Folge (sequential encoding) durch das Synthesewerkzeug codiert: (00, 01, 10, 11). Realisiert wird der Zustandsspeicher deshalb mit zwei taktflankengesteuerten D-Flipflops, die über einen asynchronen RESET-Eingang verfügen. In aktuellen FPGA- und CPLD-Produkten sind dies die einzig verfügbaren Speicherlemente, die neben zustandsgesteuerten D-Latches angeboten werden [22], [25], [26]. Das Ausgangsschaltnetz des Moore-Automaten ist daran zu erkennen, dass der Ausgang A über eine UND-Verknüpfung nur direkt von den Zustandsbits abhängt, die den Zustand Z3 = (11) bilden. Die Dateneingänge der D-Flipflops werden über die Sammelleitung DIN_ZUSTAND[1:0] aus dem Übergangsschaltnetz gespeist. Der ENABLE-Eingang ist in das Übergangsschaltnetz integriert, da alle Signale, die im getakteten Rahmen eines Prozess (vgl. Z_SPEICHER) gelesen werden, auf den Dateneingang einwirken.

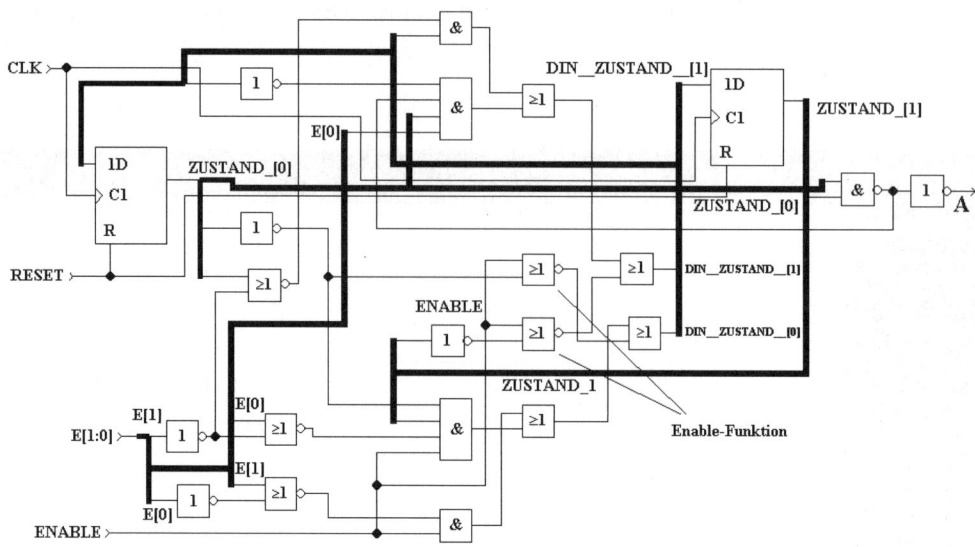

Bild 6-6:   Syntheseergebnis des Moore-Automaten mit sequentieller Zustandscodierung

Für die ENABLE-Funktion sind zusätzliche Schaltnetzanteile synthetisiert worden, die für ENABLE = 0 den zu haltenden Zustand über die gekennzeichneten NOR-Gatter auf die D-Flipflops zurückkoppeln. Wenn man z. B. FPGA- und CPLD-Technologien von XILINX oder ALTERA als Zielhardware einsetzt, die über D-Flipflops mit einem separaten Clock-Enable-Eingang CE verfügen, dann ergibt die Synthese des   Code 6-1 eine direkte Ankopplung des ENABLE-Signals an diesen CE-Eingang [25], [26]. Mit diesem zum Dateneingang parallelen Pfad wird das Übergangsschaltnetz reduziert, was zu einem geringeren Hardware-Verbrauch und zu kürzeren Signallaufzeiten in den kombinatorischen Pfaden führen kann.

6.3   Entwurfsbeispiel für einen Mealy-Automaten

In einem Mealy-Automaten sind die Ausgangssignale unmittelbar abhängig vom aktuellen Zustand Zi und von den Eingangssignalen (vgl. Bild 6-2). Im Zustandsdiagramm wird dieser direkte Durchgriff der Eingangssignale auf die Ausgänge durch die Kennzeichnung der Zustandsdiagrammkanten mit E/A verdeutlicht. Das Zustandsdiagramm eines Mealy-Automaten zur Erkennung der Eingangssignalfolge E = (01, 11, 10) ist in Bild 6-7 dargestellt. Die erkannte Signalfolge wird mit A = 1 angezeigt, sobald die Bitkombination E = (10) auftritt. Damit reagiert der Mealy-Automat schneller als der bezüglich des funktionalen Ausgangsverhaltens äquivalente Moore-Automat, wobei jedoch die Dauer des High-Pegels am Ausgang A von der Impulsbreite des Eingangssignals E = (10) bestimmt wird. Der Moore-Automat generiert diesen Pegel immer für mindestens eine Taktperiode.

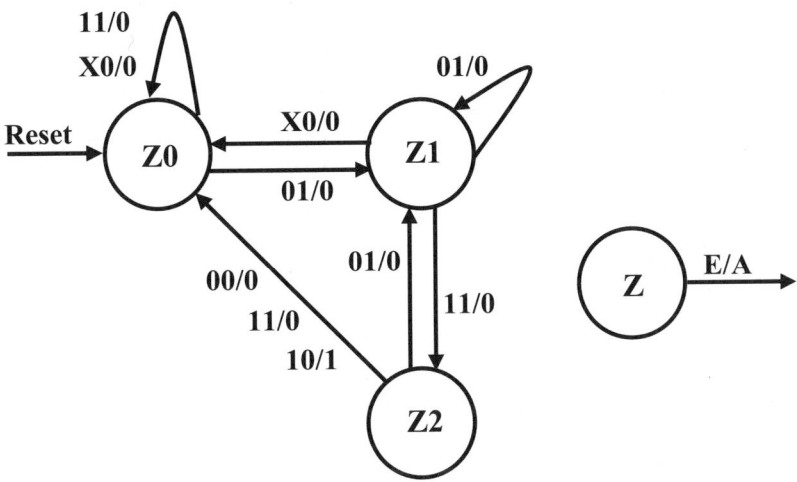

Bild 6-7:   Zustandsdiagramm des Mealy-Automaten zur Erkennung der Folge E = (01, 11, 10)

Der Code 6-2 des Mealy-Automaten unterscheidet sich im Beispiel der gewählten Sequenz-erkennung aus funktionaler Sicht in zwei Punkten von dem des Moore-Automaten:

- Da nur drei Zustände benötigt werden, um ein äquivalentes Ausgangsverhalten zu er-zeugen, reduziert sich die Anzahl der Zustandsabfragen in der `case when`-Anweisung des Prozesses UE_SN.

- Der Prozess AUS_SN weist in Abhängigkeit vom Signal E = (10) dem Ausgang A den High-Pegel zu. Deshalb muss, damit die Simulation und die Synthese gleiche Aussagen liefern, der Eingang E in der Empfindlichkeitsliste enthalten sein (vgl. Kap. 3.5.2).

```
-- FSM 3 Prozesse: Sequenz Erkennung   (01,11,10)
entity FSM_1_MEALY is
port(   CLK, RESET, ENABLE    : in  bit;     -- sekundäre Eingangssignale
        E                     : in  bit_vector(1 downto 0);
        A                     : out bit );

end FSM_1_MEALY;


architecture SEQUENZ of FSM_1_MEALY is
type ZUSTAENDE is (Z0, Z1, Z2);      -- Aufzählungstyp
signal ZUSTAND,FOLGE_Z: ZUSTAENDE ;
begin
Z_SPEICHER: process(CLK, RESET)      -- Zustandsaktualisierung
   begin
        if  RESET = '1'  then ZUSTAND <= Z0 after 20 ns;
        elsif CLK = '1'  and CLK'event then
                if ENABLE = '1' then ZUSTAND <= FOLGE_Z after 20 ns;
                end if;
        end if;
   end process Z_SPEICHER;
```

```
UE_SN: process(E, ZUSTAND)              -- Folgezustandsberechnung
   begin
        FOLGE_Z <= Z0 after 20 ns;      -- Defaultzuweisung
        case ZUSTAND is
            when Z0 =>       if    E= "01" then FOLGE_Z<= Z1 after 20 ns;
                             end if;
            when Z1 =>       if    E= "11" then FOLGE_Z<= Z2 after 20 ns;
                             elsif E= "01" then FOLGE_Z<= Z1 after 20 ns;
                             end if;
            when Z2 =>       if    E= "01" then FOLGE_Z<= Z1 after 20 ns;
                             end if;
            when others => null;
        end case;
   end process UE_SN;
AUS_SN: process(E, ZUSTAND)             -- Ausgangsberechung
   begin
        A <= '0'after 20 ns;            -- Defaultzuweisung
        if (ZUSTAND = Z2 and E = "10") then A <='1' after 20 ns;
        end if;
   end process AUS_SN;
end SEQUENZ;
```

Code 6-2:   Mealy-Automat zur Impulsfolgenerkennung mit 3 Prozessen

Als Hilfsmittel zur kompakten und übersichtlichen Codegestaltung sind in den beiden kombinatorischen Prozessen UE_SN und AUS_SN Defaultwertzuweisungen aufgeführt. Mit der Zuweisung des Startzustandes Z0 auf das interne Signal FOLGE_Z vor der `case when`-Anweisung werden in den eingeschachtelten `if then else`-Anweisungen die `else` Zweige eingespart, was insbesondere bei größeren Automaten eine Codeverdichtung ergibt. Die Defaultwertzuweisungen verhindern außerdem, dass vom Synthesewerkzeug aufgrund der unvollständigen `if then`-Anweisung unerwünschte D-Latches inferiert werden. (vgl. Kap. 3.6). Wichtig dabei ist, dass die Defaultwertzuweisungen zu Beginn des Prozesses vor allen Verzweigungen stehen müssen, damit immer eine Zuweisung wirksam wird. Wie bereits in Kapitel 3.1 dargelegt wurde, überschreibt die an letzter Stelle im Prozess ausgeführte Signalzuweisung alle an vorhergehenden Stellen dem Signal zugewiesenen Werte.

Der Abschluss der `case when`-Anweisung mit `when others` ist hier im Gegensatz zum Code 6-1 des Moore-Automaten erforderlich, da nur drei der vier mit 2 Bit realisierbaren Zustände abgefragt werden. Ein sicherer Automat soll auch für den Fall einer Störung aus einem versteckten Zustand (Pseudozustand) in die richtige Zustandsfolge zurückkehren. Ist ein versteckter Zustand eingetreten, dann wird aufgrund der `null` Anweisung keine Aktion ausgeführt. Die vorabstehende Defaultwertzuweisung FOLGE_Z <= Z0 sorgt dafür, dass unbedingt in den Startzustand Z0 verzweigt wird. Diese Maßnahme ist immer sinnvoll, wenn die Anzahl 2^n der möglichen Zustände, die mit n D-Flipflops realisiert werden können, größer ist als die der Zustände des Automaten.

Zur Simulation des Zeitverhaltens des Mealy-Automaten wird im Folgenden eine einfache Testumgebung (Testbench) vorgestellt [43], [44]. Der VHDL-Code des Mealy-Automaten wird dazu mit der Beschreibung eines Eingangssignalgenerators ergänzt (vgl. Code 6-3). Die zu simulierende `entity` TEST_B_1_ME verfügt dabei über keine externen Signalschnittstellen mehr, da die Ansteuerung des Testobjektes aus dem VHDL-Code heraus erfolgt. Die wesesentlichen Vorteile einer rein VHDL-basierten Testumgebung liegen in der Unabhängigkeit von der Kommandosprache eines speziellen Simulators und in der einheitlichen Beschreibung von Testobjekt und Stimuliquellen. Ein weiterer, hier nicht dargestellter Qualitätsvorteil beim Test komplexer Entwürfe ist zu erreichen, wenn man die Testumgebung um Funktionen erweitert, die parallel zu den erstgenannten Anteilen automatisch einen Soll-Ist-Vergleich der Ausgangssignale durchführen [42].

Im Code 6-3 der `entity TEST_B_1_ME` sind nur interne Signale enthalten, die die Prozesse des Testobjektes verbinden und solche, die deren Kopplung zu den Stimuliprozessen CLOCK und ABLAUF herstellen.

```
-- Testbench zur Sequenz-Erkennung (01,11,10)
-- Mealy-Automat
entity TEST_B_1_ME is -- Keine externen Signale
end TEST_B_1_ME;

architecture SEQUENZ of TEST_B_1_ME is
signal CLK_I, RESET_I, ENABLE_I, A_I: bit;  -- Interne Signale
signal E_I: bit_vector(1 downto 0);
type ZUSTAENDE is (Z0, Z1, Z2);             -- Aufzählungstyp
signal ZUSTAND,FOLGE_Z: ZUSTAENDE ;
begin
Z_SPEICHER: process(CLK_I, RESET_I) -- Zustandsaktualisierung
   begin
        if  RESET_I = '1'  then ZUSTAND <= Z0 after 20 ns;
        elsif CLK_I = '1'  and CLK_I'event then
             if ENABLE_I = '1' then ZUSTAND <= FOLGE_Z after 20 ns;
             end if;
        end if;
   end process Z_SPEICHER;
UE_SN: process(E_I, ZUSTAND) -- Folgezustandsberechnung
   begin
        FOLGE_Z <= Z0 after 20 ns;     -- Defaultzuweisung
        case ZUSTAND is
             when Z0 =>  if   E_I = "01" then FOLGE_Z <= Z1 after 20 ns;
                         end if;
             when Z1 =>  if   E_I = "11" then FOLGE_Z <= Z2 after 20 ns;
                         elsif E_I = "01" then FOLGE_Z <= Z1 after 20 ns;
                         end if;
             when Z2 =>  if   E_I = "01" then FOLGE_Z <= Z1 after 20 ns;
                         end if;
             when others => null;
        end case;
   end process UE_SN;
AUS_SN: process(E_I, ZUSTAND)              -- Ausgangsberechung
   begin
        A_I <= '0' after 20 ns;            -- Defaultzuweisung
        if (ZUSTAND = Z2 and E_I = "10") then A_I <='1' after 20 ns;
        end if;
   end process AUS_SN;
CLOCK: process                  -- Periodisches Taktsignal
   begin
        CLK_I <= '0'; wait for 100 ns;
        CLK_I <= '1'; wait for 100 ns;
   end process CLOCK;
ABLAUF: process              -- Stimuli-Abfolge
```

```
begin
ENABLE_I <= '1'; RESET_I <= '1'; E_I <= "01"; wait for 270 ns;
                 RESET_I <= '0';                wait for 100 ns;
                                 E_I <= "11"; wait for 200 ns;
                                 E_I <= "10"; wait for  40 ns;-- A_I <= '1'
                                 E_I <= "00"; wait for  60 ns;-- Hasard in E
                                 E_I <= "10"; wait for 130 ns;-- A_I <= '1'
                                 E_I <= "01"; wait for 200 ns;
ENABLE_I <= '0';                 E_I <= "11"; wait for 200 ns;-- Z1 fest
ENABLE_I <= '1';                              wait for 100 ns;
                                 E_I <= "10"; wait for 250 ns;
                                 E_I <= "11"; wait for 200 ns;
                                 E_I <= "10"; wait for 250 ns;
end process ABLAUF;
end SEQUENZ;
```

Code 6-3:   Testumgebung zur Simulation des Mealy-Automaten nach Code 6-2

Der Prozess CLOCK erzeugt die Taktfrequenz und der Prozess ABLAUF parallel dazu das Testmuster der asynchronen Eingangssignale. Das Zeitraster für die Signalpegeländerungen liefern in den Prozessen ohne Empfindlichkeitsliste die mit der `wait for`-Anweisung realisierten Synchronisationszeitpunkte (vgl. Kap. 3.1.1 und 3.2.4). Mit `wait for` wird die weitere Ausführung des Prozesses nach den jeweiligen Signalzuweisungen für die angegebene Zeit angehalten, sodass dadurch die Zeitabschnitte mit konstanten Signalpegeln entstehen. Signale, die zwischen den einzelnen Synchronisationszeitpunkten keine neue Wertzuweisung erhalten, bleiben unverändert auf dem Stand ihrer letzten Zuweisung (vgl. ENABLE_I , RESET_I). Diese Vielfachzuweisungen auf die einzelnen Signale ENABLE_I, RESET_I und E_I stellen keine Mehrfachtreiber dar, da mit `wait for` ein Zeitraster für die Wirkung der Zuweisungen auf jeweils einen einzelnen Signaltreiber erzeugt wird. Nach Ablauf der letzten Synchronisationsmarke `wait for 250 ns` beginnt der Simulator die Bearbeitung des Prozesses ABLAUF erneut mit der ersten Signalzuweisung. Parallel dazu laufen die periodischen Vorgänge des Prozesses CLOCK ab. Wie bereits in Kap. 3.1.1 erläutert, wird die `wait for`-Anweisung nicht von Synthesewerkzeugen unterstützt.

Die Simulation der Testumgebung des Mealy-Automaten in Bild 6-8 zeigt, dass der Automat mit der Signalfolge E = (01, 11) im Zeitpunkt t1=520ns verzögert in den Zustand Z2 übergeht. Der Folgezustand $Z0^+$ wird aufgrund der verzögerten Signalzuweisungen im Übergangsschaltnetz weitere 20ns später angenommern. Das Eingangssignal enthält im weiteren Verlauf einen dynamischen Hasard von 60ns Dauer, der aufgrund der Mealy-Eigenschaft bis auf die Laufzeit im Ausgangsschaltnetz direkt auf den Ausgang abgebildet wird. Ein Mealy-Automat reagiert also hinsichtlich des Ausgangsverhaltens schneller als ein Moore-Automat, dieser liefert jedoch hasardfreie Ausgangssignale mit einer Mindestdauer von einer Taktperiode. Zum Zeitpunkt t2=1.3μs erfolgt eine synchrone Eingangssignaländerung (11) → (10), die den Zustandsübergang an dieser Taktflanke aber nicht mehr beeinflusst, da der neue Folgezustand Z0 erst 20ns hinter der Taktflanke berechnet vorliegt.

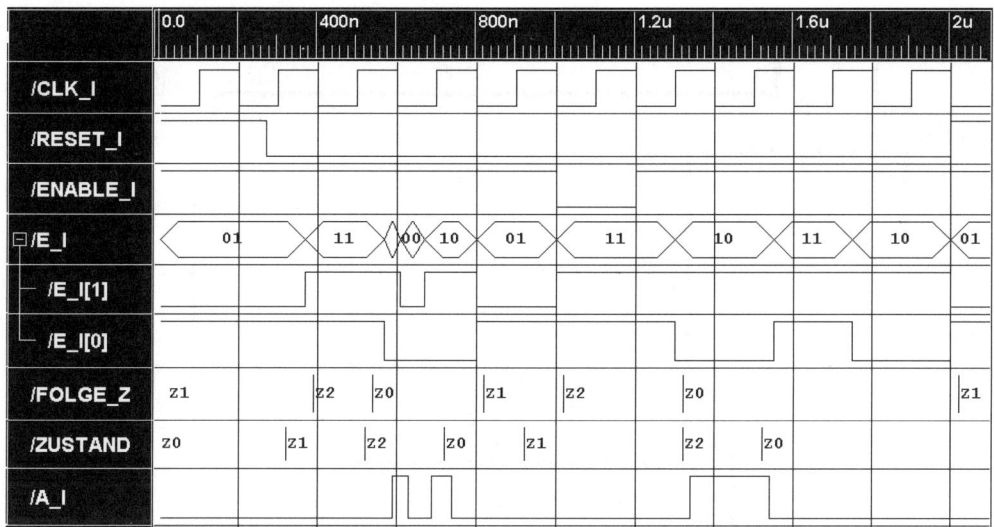

Bild 6-8: Simulation der Testumgebung für den Mealy-Automaten nach Code 6-3

Das Syntheseergebnis des Mealy-Automaten nach Code 6-2 ist für die sequentielle Zustandscodierung $(Z0, Z1, Z2) = (00, 01, 10)$ in Bild 6-9 dargestellt (vgl. Abschnitt 6.5). Die geringere Verzweigungsstruktur des Zustandsdiagramms in Bild 6-7 spiegelt sich hier im Vergleich zu Bild 6-6 in einem einfacheren Übergangsschaltnetz mit weniger Logikelementen wider. Das Ausgangsschaltnetz mit der nach DeMorgan umgewandelten Gleichung

$$Gl.\ 6\text{-}4 \qquad A = \neg E(0) \wedge E(1) \wedge Z(1)$$

weist den Mealy-Automaten aus. Die mit dem Schaltplan in Bild 6-9 realisierten Gleichungen für die D-Flipflop Dateneingänge zeigen für ENABLE = 1, dass der Automat nach einer Störung den Pseudozustand ZUSTAND = (11) verlässt und in Abhängigkeit vom Eingangssignal entweder in den Startzustand Z0 = (00) oder in den Zustand Z1 = (01) zurückkehrt:

$$Gl.\ 6\text{-}5 \qquad Z(0)^+ = \neg E(1) \wedge E(0)$$

$$Gl.\ 6\text{-}6 \qquad Z(1)^+ = \ E(0) \wedge Z(0) \wedge \neg Z(1) \wedge \{E(1) \vee \neg E(0)\,\}$$

Von einem guten Synthesewerkzeug wird man hingegen erwarten, dass die Defaultwertzuweisungen und die `null`-Anweisung so umgesetzt werden, dass der Übergang sicher in den Startzustand Z0 unabhängig von dem Eingangssignal E erfolgt. Im Abschnitt 6.5 wird gezeigt, wie dieses Ziel durch eine explizite Zustandscodierung unabhängig von Einstellungen des Synthesewerkzeuges erreicht werden kann.

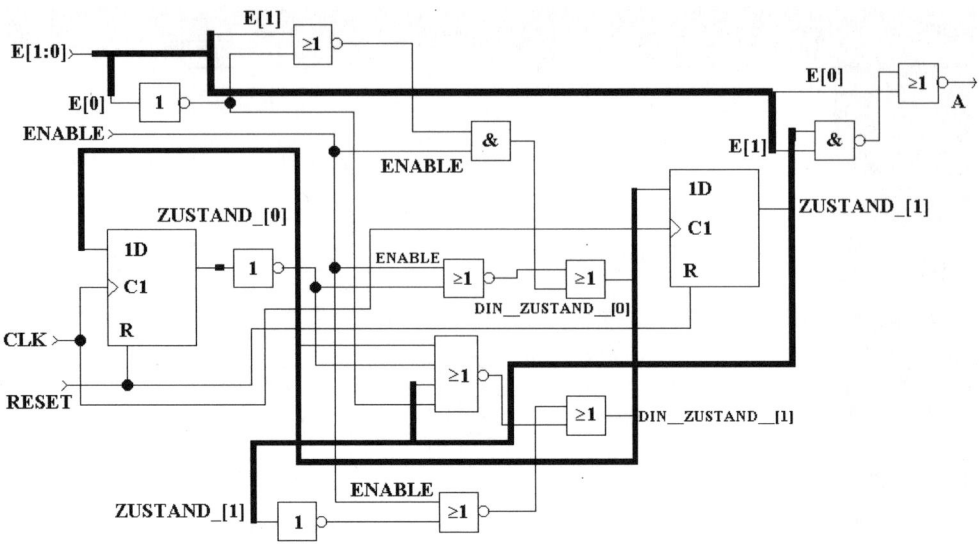

Bild 6-9: Syntheseergebnis des Mealy-Automaten mit sequentieller Zustandscodierung

Zum Abschluß wird darauf hingewiesen, dass in komplexen Hardwareentwürfen, die mit verketteten Mealy-Automaten aufgebaut werden, kombinatorische Schleifen entstehen können, wenn in Kontrollstrukturen Ausgangsrückführungen erforderlich werden. In vielen Synthesewerkzeugen lassen sich kombinatorische Schleifen als Fehler anzeigen, da sie in der Regel zu oszillierenden Systemen führen (vgl. Kap. 3.5.1). Reine Mealy-Automaten sollten deshalb schon in der Planungsphase größerer Systeme ausgeschlossen werden, damit bei einer Komponentenintegration böse Überraschungen vermieden werden.

6.4   VHDL-Syntaxvarianten

Ausgehend von der Struktur des Moore-Automaten in Bild 6-1 werden im Folgenden Codevarianten zur Abbildung der Automatenfunktionalität auf getaktete und kombinatorische Prozesse diskutiert. Schwerpunkte der untersuchten Ziele und Auswirkungen auf das Automatenverhalten sind dabei:

- Die Funktionalität des Automaten:

    - Realisierung einer Eingangs- und Ausgangssignalsynchronisation.

    - Wie entstehen zusätzliche Ausgangsflipflops?

- Das Zeitverhalten des Automaten (Performance):

    - Maßnahmen zur Steigerung der Taktfrequenz (Pipelining) und Verhinderung von metastabilen Flipflopzuständen.

- Maßnahme zur Reduzierung der Latenz.

– Designstil des Automaten:

- Lesbarkeit und Systematik der VHDL-Beschreibung.

Diese Entwurfsaspekte sollen mit Architekturvarianten behandelt werden, die aus einer unterschiedlichen Anzahl von Prozessen bestehen (vgl. Tabelle 6-1).

Ein Prozess	Zwei Prozesse	Drei oder mehr Prozesse
Zustandsübergänge und Ausgänge in einem getakteten Prozess.	• Ein getakteter Prozess für das Zustandsregister. • Ein kombinatorischer Prozess zur Bestimmung der Folgezustände und zur Aktualisierung der Ausgänge.	• Ein getakteter Prozess zur Aktualisierung des Zustandsregisters. • Ein Prozess für die gesamte kombinatorische Logik. • Ein oder mehr Prozesse für synchronisierte Signale und getaktete Ausgangsfunktionen.

Tabelle 6-1: Übersicht zu Beschreibungsvarianten von Zustandsautomaten

6.4.1 Die Zwei-Prozess Darstellung

Eine Variante zur bisher gezeigten Beschreibung mit drei Prozessen nach Bild 6-1 ist die Zusammenfassung des Übergangs- und Ausgangsschaltnetzes in einem Prozess, sodass der Automat nach der Huffman-Normalform in Bild 6-10 beschrieben wird [13], [17]. Die durchgezogenen Pfeile im Block „Schaltnetz" zeigen die Wirkungspfade beim Moore-Automaten. Nur beim Mealy-Automat existiert die mit dem gestrichelten Pfeil gekennzeichnete Kopplung.

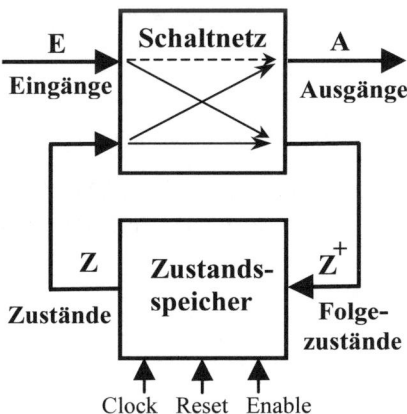

Bild 6-10: Huffman-Normalform

Die Huffman-Normalform bildet die Grundlage für viele Optimierungsalgorithmen, die in aktuellen Synthesewerkzeugen zur Zustandsminimierung und -codierung sowie zur Logik-minimierung implementiert sind [29]. Für Automaten mit rein kombinatorischen Ausgängen liegt der Vorteil dieser Zwei-Prozess Beschreibung darin, dass die Zustandsabfrage mit der case when -Anweisung nur einmal codiert werden muss (vgl. Code 6-4).

```
-- FSM 2 Prozesse: Sequenz Erkennung   (01,11,10)
-- Huffman-Modell
entity FSM_2nn is
        port(  RESET, CLK    : in  bit;
               E             : in  bit_vector(1 downto 0);
               A             : out bit );
end FSM_2nn;

architecture SEQUENZ of FSM_2nn is
type ZUSTAENDE is (Z0, Z1, Z2, Z3);
signal ZUSTAND,FOLGE_Z: ZUSTAENDE;
begin
Z_SPEICHER: process(CLK, RESET)                 -- Zustandsaktualisierung
   begin
        if RESET = '1'                          then ZUSTAND <= Z0;
        elsif CLK = '1' and CLK'event           then ZUSTAND <= FOLGE_Z ;
        end if;
   end process Z_SPEICHER;
UE_AUS_SN: process(E, ZUSTAND)-- Folgezustands- u. Ausgangsberechnung
   begin
           A <= '0';       FOLGE_Z<= Z0;  -- Defaultzuweisungen
           case ZUSTAND is
                when Z0 =>     if    E = "01" then FOLGE_Z<= Z1;
                              end if;
                when Z1 =>     if    E = "11" then FOLGE_Z<= Z2;
                              elsif E = "01" then FOLGE_Z<= Z1;
                              end if;
                when Z2 =>     if    E = "10" then FOLGE_Z<= Z3;
                              elsif E = "01" then FOLGE_Z<= Z1;
                              end if;
                when Z3 =>     A <= '1';          -- Unabhängig von E
                              if    E = "01" then FOLGE_Z<= Z1;
                              end if;
           end case;
   end process UE_AUS_SN;
end SEQUENZ;
```

Code 6-4:   Moore-Automat zur Impulsfolgenerkennung mit 2 Prozessen (Huffman-Modell)

Die Simulations- und Syntheseergebnisse mit sequentieller Codierung der Zustände durch das Synthesewerkzeug sind bis auf die hier nicht realisierte ENABLE-Funktion identisch mit denen des Code 6-1.

6.4.2   Die Mehr-Prozess-Darstellung

6.4.2.1   Schnittstellensynchronisation

In digitalen Systemen mit gekoppelten Automaten empfiehlt es sich, die Ausgänge aller Automaten mit dem Taktsignal zu synchronisieren. Zusätzlich sollten alle externen Eingänge ebenfalls synchronisiert werden. Die Struktur des so mit zusätzlichen D-Flipflops erweiterten Moore-Automaten zeigt Bild 6-11. Ein Beispiel hierzu stellt der Code 6-5 dar. Die aus dem Huffman-Modell bekannten zwei Prozesse werden durch einen weiteren getakteten Prozess zu einer Drei-Prozess-Beschreibung ergänzt. Darin sind E_S und A_S die

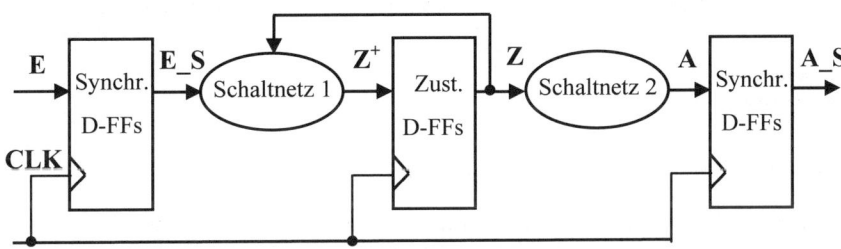

Bild 6-11:   Struktur eines Moore-Automaten mit synchronisierten Ein- und Ausgangssignalen

synchronisierten Eingangs- bzw. Ausgangssignale. Mit dem separaten Synchronisationsprozess wird das Synthesewerkzeug dahingehend unterstützt, bei Bedarf, die zusätzlichen Flipflops in die speziellen Ein- / Ausgangsblöcke der Hardware zu platzieren [22], [26].

```
-- FSM 3 Prozesse: Sequenz Erkennung  (01,11,10)
-- Huffman-Modell mit synchronisierten Schnittstellen
entity FSM_3p is
        port(RESET, CLK : in  bit;
             E           : in  bit_vector(1 downto 0);
             A_S         : out bit );--Synchronisiertes Ausgangssignal
end FSM_3p;
architecture SEQUENZ of FSM_3p is
type ZUSTAENDE is (Z0, Z1, Z2, Z3);
signal ZUSTAND,FOLGE_Z: ZUSTAENDE;
signal E_S: bit_vector(1 downto 0);   -- Synchronisiertes Eingangssignal
signal A: bit;
begin
SYNC: process(CLK, RESET)
   begin
        if RESET = '1' then
                E_S <= (others => '0') after 20 ns; A_S <= '0' after 20 ns;
        elsif CLK = '1' and CLK'event then
                E_S <= E after 20 ns ; A_S <= A after 20 ns;
        end if;
   end process SYNC;
Z_SPEICHER: process(CLK, RESET) -- Zustandsaktualisierung
   begin
        if RESET = '1'                 then ZUSTAND <= Z0        after 20 ns;
```

```
        elsif CLK = '1' and CLK'event then ZUSTAND <= FOLGE_Z after 20 ns;
        end if;
    end process Z_SPEICHER;
UE_AUS_SN: process(E_S, ZUSTAND)-- Folgezustands- u. Ausgangsberechnung
    begin
        A <= '0' after 20 ns; FOLGE_Z<= Z0 after 20 ns; -- Defaultzuweisung
        case ZUSTAND is
            when Z0 =>  if    E_S = "01" then FOLGE_Z<= Z1 after 20 ns;
                        end if;
            when Z1 =>  if    E_S = "11" then FOLGE_Z<= Z2 after 20 ns;
                        elsif E_S = "01" then FOLGE_Z<= Z1 after 20 ns;
                        end if;
            when Z2 =>  if    E_S = "10" then FOLGE_Z<= Z3 after 20 ns;
                        elsif E_S = "01" then FOLGE_Z<= Z1 after 20 ns;
                        end if;
            when Z3 =>  A <= '1' after 20 ns;  -- Unabhängig von E_S
                        if    E_S = "01" then FOLGE_Z<= Z1 after 20 ns;
                        end if;
        end case;
    end process UE_AUS_SN;
end SEQUENZ;
```

Code 6-5: Moore-Automat mit synchronisierten Ein- und Ausgangssignalen

Die Simulation des Moore-Automaten mit synchronisierten Schnittstellensignalen in Bild 6-12 zeigt, dass das externe Eingangssignal E zu den positiven Taktflanken um 20ns verzögert in das synchronisierte Signal E_S übernommen wird (z.B. bei t=320ns, 520ns und 720ns). Die Folgezustände FOLGE_Z liegen erst nach weiteren 20ns aktualisiert vor. Dies erfolgt aber noch in zeitlich genügendem Abstand vor der nächsten Taktflanke. Es liegt damit eine Reserve vor, die im Fall eines realen Timings zur Reduzierung der Periodendauer, d.h. zur Taktfrequenzerhöhung genutzt werden kann (vgl. Abschnitt 6.4.2.2). Mit dem Übergang in den Zustand Z3 bei t1=920ns wird das Signal A entsprechend der Vorgabe

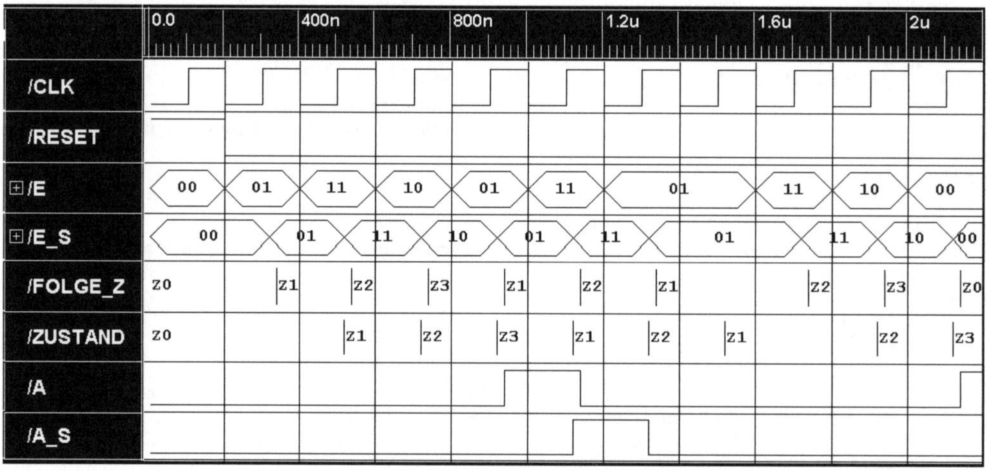

Bild 6-12: Simulation des Moore-Automaten mit synchronisierten Schnittstellen

im Zustandsdiagramm (vgl. Bild 6-4) gesetzt. Die zusätzliche Speicherung des Ausgangs-signals führt dazu, dass das Signal A_S erst mit der nächsten Taktflanke bei t2=1.12µs extern verfügbar wird. Das Zeitverhalten eines Automaten mit synchronisierten Ausgängen weicht also von der Darstellung im Zustandsdiagramm ab, was in nachgeschalteten Auto-maten beachtet werden muss. Insgesamt bewirkt diese Schnittstellensynchronisation eine Latenzerhöhung um zwei Takte. Das Syntheseergebnis zum Code 6-5 entspricht der Struk-tur in Bild 6-11, wobei im Vergleich zur einfachen Moore-Struktur zwei zusätzliche Ein-gangsflipflops und ein Ausgangsflipflop hinzugekommen sind.

6.4.2.2 Maßnahmen zur Taktfrequenzerhöhung

Die Vorteile der Synchronisationsmaßnahmen für eine Steigerung der Taktfrequenz werden im Folgenden anhand von Bild 6-13 diskutiert. Ein Moore-Automat mit Schnittstellensyn-chronisation ist darin gekoppelt mit dem Übergangsschaltnetz eines weiteren Automaten dargestellt. Als Timingpfad wird die Logikstrecke zwischen zwei D-Flipflops mit der Sig-nallaufzeit T_{Logik} verstanden, die sich aus der Schaltnetz- und der Verdrahtungsverzögerung zusammensetzt. Die maximale Taktfrequenz eines Automaten ist von den Größen nach Gl. 6-7 abhängig. Mit dem Zeitintervall ΔT_2 in Bild 6-14 bedeutet dies, dass die Signallaufzeit T_{Logik} zusammen mit den Flipflopkennwerten T_{PD} und T_S die minimale Taktperiode T_{CLK} festlegt. Eine Optimierung des Übergangsschaltnetzes kann also gezielt zur Taktfrequenz-erhöhung eingsetzt werden.

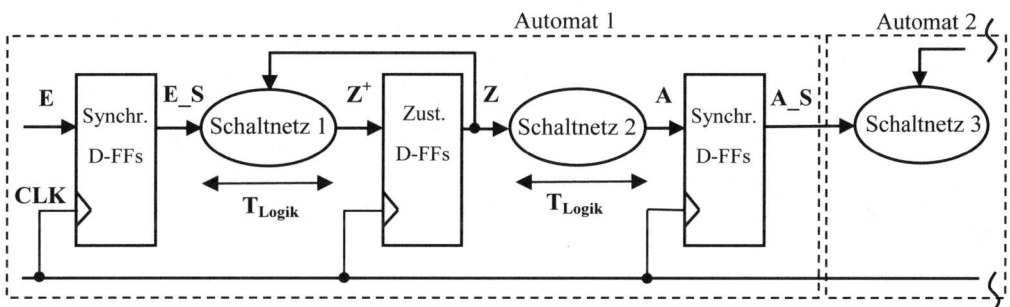

Bild 6-13: Timingpfade in Automaten

Gl. 6-7 $$T_{CLK} = f_{max}^{-1} > T_{PD} + T_{Logik} + T_S$$

T_{PD} :   D-Flipflop Verzögerung (CLK $\rightarrow$ Ausgang Q)

T_{Logik} : Signallaufzeit auf dem längsten kombinatorischen Pfad incl. Verdrah-tungpfade.

T_S :   Einzuhaltende Setup-Zeit der Flipflop-Dateneingänge.

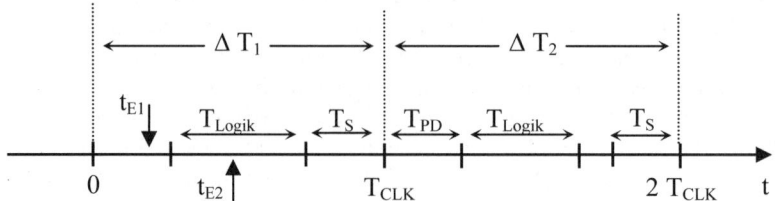

Bild 6-14:   Übersicht zu den Begriffen des Automaten-Timings

Bedingt durch eine Eingangssignalsynchronisation ergibt sich, dass das Signal E_S nach Aktualisierung mit der positiven Taktflanke der Folgezustandsberechnung im definierten Zeitbereich $\Delta T = T_{CLK} - T_{PD} - T_S$ stabil zur Verfügung steht. Tritt das Eingangssignal hingegen asynchron auf (vgl. Zeitpunkt t_{E2} in Bild 6-14), so können trotz großzügig gewählter Taktperiode T_{CLK} Verletzungen der Setup-Zeit auftreten, wenn die Folgezustandsberechnung erst nach Beginn des Setup-Zeitfensters abgeschlossen ist. Dies führt dazu, dass entweder falsche Folgezustände übernommen werden oder dass die Zustandsflipflops in einen metastabilen Zustand übergehen, der durch einen kurzzeitig undefinierten Ausgangspegel gekennzeichnet ist [45], [8]. Metastabile D-Flipflop-Zustände lassen sich auch durch eine Eingangssignalsynchronisation mit nach Gl. 6-7 dimensionierter Taktperiode nicht gänzlich verhindern, da die Setup-Zeit der Eingangsflipflops verletzt werden kann. Allerdings wächst das zulässige Zeitfenster für Signalpegeländerungen, die zu einer Signalübernahme mit der nächsten Taktflanke führen, da die Schaltnetzlaufzeit T_{Logik} wegfällt (Zeitpunkte t_{E1} und t_{E2} in ΔT_1 ; Bild 6-14). Ein zusätzlicher Vorteil entsteht dadurch, dass die Anzahl der Synchronisationsflipflops in der Regel geringer ist als die der Zustandsflipflops, sodass die Wahrscheinlichkeit, dass das digitale System von metastabilen Flipflopzuständen betroffen wird, drastisch zurück geht [46]. Mit der Eingangssignalsynchronisation geht eine um eine Taktperiode erhöhte Latenzzeit (vgl. Bild 6-12) des Automaten einher, die aber in der Regel durch eine sichere Vergrößerung der Taktfrequenz aufgewogen werden kann [29], [39].

Mit einer Ausgangssignalsynchronisation wird verhindert, dass Strukturhasards auf externe oder interne Folgeschaltungen einwirken. Insbesondere werden die Laufzeiten der Ausgangssignale von den Ausgangsflipflops zu den Ausgangstreibern und den Anschlusspins nahezu gleich. Bild 6-13 zeigt, dass die Ausgangssynchronisation eines Automaten die akkumulierten Timingpfade aufbricht, die durch eine direkte Verbindung von Ausgangs- und Übergangsschaltnetzen zweier gekoppelter Automaten entstehen würden. Die Separierung von Logikanteilen durch zusätzlich eingesetze Flipflops, die somit eine Taktfrequenzerhöhung unterstützen, wird Pipelining genannt [29], [39], [41]. Dies bedeutet hier eine zeitlich parallele Bearbeitung der Teilschaltnetze, die jeweils durch die positive Taktflanke eingeleitet wird. Mit den eingefügten D-Flipflops entsteht eine erhöhte Latenz, das heißt, dass sich das zeitliche Klemmenverhalten um einen bzw. mehrere Takte verzögert. Dabei bleibt das funktionale Klemmenverhalten unverändert. Mit jeder Pipelining-Maßnahme ist gegebenenfalls das Zeitverhalten angeschlossener Hardwarekomponenten zu überprüfen.

6.4.2.3   Maßnahme zur Reduzierung der Latenzzeit

Bei Moore-Automaten lässt sich die nachteilige Latenzerhöhung einer Ausgangssignalsynchronisation auf Basis einer Strukturumformung vermeiden: Dazu müssen formal betrachtet bei einer Umwandlung der Moore-Grundstruktur I (vgl. Bild 6-15) die Zustandsspeicher-Flipflops zunächst verdoppelt werden. Anschließend wird diese Struktur II durch Verschieben des Ausgangsschaltnetzes A_SN vor die Flipflops in die Struktur III umgeformt. Der Moore-Automat liefert in dieser Form synchronisierte Ausgangssignale ohne Latenzerhöhung. Dabei ist das Ausgangsschaltnetz A_SN direkt an das Übergangsschaltnetz UE_SN anzukoppeln, was zu einer Verlängerung der Timingpfade der Ausgangssignalberechnung führt. Aufgrund der nun vorliegenden Verkettung der Timingpfade von Übergangs- und Ausgangsschaltnetz wird deutlich, dass bei einer Optimierung des Zeitverhaltens Timingpfad- und Latenzveränderungen gegeneinander abgewogen werden müssen. Wie aus Bild 6-15 zu ersehen ist, steigt die Anzahl der tatsächlich zusätzlich benötigten D-Flipflops um die Anzahl der Ausgangssignale. Die Umformungsergebnisse sind unabhängig von einer eventuell vorhandenen Eingangssignalsynchronisation. Die hier vorgestellte Verschiebung und Einführung von D-Flipflops, die nur das zeitliche Klemmenverhalten verändern, wird als Retiming bezeichnet [16], [29].

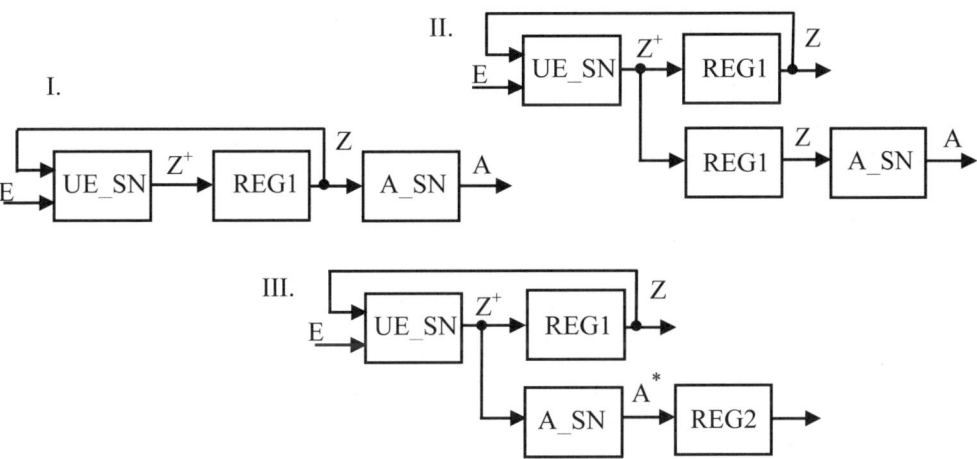

Bild 6-15:   Äquivalenzumformungen I. bis III. eines Moore-Automaten

Entsprechende Umformungen für den Mealy-Automaten erscheinen wenig sinnvoll, da eine Eingangssignalsynchronisation nur für die in das Übergangsschaltnetz geführten Signale erfolgen kann. Das potenzielle Problem von metastabilen Zuständen für die Ausgangssignal-Flipflops lässt sich somit nicht beheben.

Die VHDL-Realisierung des Moore-Automaten aus   (III.), ergänzt um eine zusätzliche Eingangssignalsynchronisation, ist auf Basis der Drei-Prozess-Variante nach Code 6-5 im Code 6-6 dargestellt. Der kombinatorische Prozess UE_SN realisiert allein das Übergangsschaltnetz. Das Ausgangsschaltnetz ist im getakteten Prozess SYNC_A mit der `case when`-Anweisung enthalten, die den **Folgezustand FOLGE_Z** abfragt (vgl. III.). Durch

diese Konstruktion kann auf einen weiteren getakteten Prozess und ein internes Kopplungs-
signal verzichtet werden.

```
-- FSM 3 Prozesse: Sequenz Erkennung   (01,11,10)
-- Synchronisierte Schnittstellen
-- Keine Latenzerhöhung durch Ausgangs-D-Flipflop
entity FSM_3p_OL is
        port(   RESET, CLK   : in bit;
                E                    : in bit_vector(1 downto 0);
                A                    : out bit );
end FSM_3p_OL;

architecture SEQUENZ of FSM_3p_OL is
type ZUSTAENDE is (Z0, Z1, Z2, Z3);
signal ZUSTAND,FOLGE_Z: ZUSTAENDE;
signal E_S: bit_vector(1 downto 0);
begin
SYNC_A: process(CLK, RESET)
   begin
        if RESET = '1'                          then E_S <= "00"; A <= '0';
        elsif CLK = '1' and CLK'event           then
                E_S <= E;       -- Eingangssignalsynchronisation
                A <= '0';       -- Defaultzuweisung
                case FOLGE_Z is
                        when Z3 =>      A <= '1';  -- Unabhängig von E_S
                        when others => null;
                end case;
        end if;
   end process SYNC_A;
Z_SPEICHER: process(CLK, RESET) -- Zustandsaktualisierung
   begin
        if RESET = '1'                          then ZUSTAND <= Z0;
        elsif CLK = '1' and CLK'event           then ZUSTAND <= FOLGE_Z ;
        end if;
   end process Z_SPEICHER;
UE_SN: process(E_S, ZUSTAND)-- Folgezustands- u. Ausgangsberechnung
   begin
        FOLGE_Z<= Z0;       -- Defaultzuweisung
        case ZUSTAND is
                when Z0 =>      if    E_S = "01" then FOLGE_Z<= Z1;
                                end if;
                when Z1 =>      if    E_S = "11" then FOLGE_Z<= Z2;
                                elsif E_S = "01" then FOLGE_Z<= Z1;
                                end if;
                when Z2 =>      if    E_S = "10" then FOLGE_Z<= Z3;
                                elsif E_S = "01" then FOLGE_Z<= Z1;
                                end if;
                when Z3 =>      if    E_S = "01" then FOLGE_Z<= Z1;
                                end if;
        end case;
   end process UE_SN;
end SEQUENZ;
```

*Code 6-6:   Moore-Automat mit Schnittstellensynchronisation ohne Latenzerhöhung durch Ausgangs-
D-Flipflop*

6.4.3 Die Ein-Prozess-Darstellung

Den kürzesten VHDL-Code und die beste Simulationseffizienz (Simulierte Zeit bezogen auf die Simulationslaufzeit [16]) aller Syntaxvarianten erreicht man mit einer Ein-Prozess-Darstellung wie in Code 6-7: Je geringer die Anzahl der Empfindlichkeitslisten ist, umso weniger Verwaltungsarbeit ist vom Simulator zur Überwachung parallel auftretender Ereignisse zu leisten [16], [39]. Da bei dieser Ein-Prozess-Schablone das Übergangs- und Ausgangsschaltnetz in den getakteten Rahmen integriert sind, werden für alle im Prozess geschriebenen Signale D-Flipflops synthetisiert. Damit liefert dieser Prozess direkt eine Ausgangssignalsynchronisation, sodass akkumulierte Timingpfade über mehrere verkettete Mealy-Automaten erst gar nicht entstehen können.

```vhdl
-- Moore-FSM 1-Prozess: Sequenz Erkennung   (01,11,10)
entity FSM_1p_MOORE is
        port(   RESET, CLK     : in  bit;
                E              : in  bit_vector(1 downto 0);
                A              : out bit );
end FSM_1p_MOORE;
architecture SEQUENZ of FSM_1p_MOORE is
type ZUSTAENDE is (Z0, Z1, Z2, Z3);
signal ZUSTAND: ZUSTAENDE;
begin
process(CLK, RESET)
   begin
       if RESET = '1' then
            ZUSTAND <= Z0 after 20 ns; A <= '0' after 20 ns;
       elsif CLK = '1' and CLK'event then
            A             <= '0' after 20 ns;
            ZUSTAND       <= Z0 after 20 ns; -- Defaultzuweisung
            case ZUSTAND is
                when Z0 => if E = "01" then ZUSTAND <= Z1 after 20 ns;
                           end if;
                when Z1 => if E = "11" then ZUSTAND <= Z2 after 20 ns;
                           end if;
                when Z2 => if E = "10" then ZUSTAND <= Z3 after 20 ns;
                                            A <= '1' after 20 ns;
                           -- Ausgang an Übergangsschaltnetz gekoppelt
                           elsif E = "01" then ZUSTAND <= Z1 after 20 ns;
                           end if;
                when Z3 => -- A <= '1' after 20 ns;  -- Unabhängig von E
                           if E = "01" then ZUSTAND <= Z1 after 20 ns;
                           end if;
            end case;
       end if;
   end process;
end SEQUENZ;
```

Code 6-7: Moore-Automat in Ein-Prozess-Darstellung ohne Latenz durch Ausgangsflipflop

Der Code 6-7 zur Umsetzung des Zustandsdiagramms in Bild 6-4 realisiert eine Ausgangssignalsynchronisation ohne Latenzerhöhung. Dabei erfolgt die Signalzuweisung A <= '1' in der Verzweigung, in der ausgehend vom Zustand Z2 der Zustand Z3 vorbereitet wird. Wenn die Zuweisung an das Ausgangssignal A hingegen im Zustand Z3 erfolgen würde (vgl. die auskommentierte Programmzeile), würde das Ausgangssignal A mit einem Takt Verzug auf den Zustand Z3 reagieren und somit eine Fehlfunktion verursachen.

Im Code 6-7 wird das Folgezustandssignal FOLGE_Z nicht explizit modelliert, sodass die Wirkung des Übergangsschaltnetzes in der Simulation nach Bild 6-16 nicht direkt kontrolliert werden kann. Insbesondere bei Steuerautomaten mit komplexen Verzweigungsstrukturen unterstützt die separate Darstellung der Signalverläufe FOLGE_Z und ZUSTAND das Schaltungsverständnis. Die verdichtete VHDL-Codierung erfordert somit besondere Wachsamkeit bei der korrekten Formulierung der Abhängigkeiten in den Entscheidungspfaden der äußeren case when-Anweisung. In dieser Hinsicht unkritisch sind die synchronen Zähler aus Kap. 5.3. Diese stellen zyklische Automaten mit einer festen Kette von Zählzuständen ohne Verzweigungen dar.

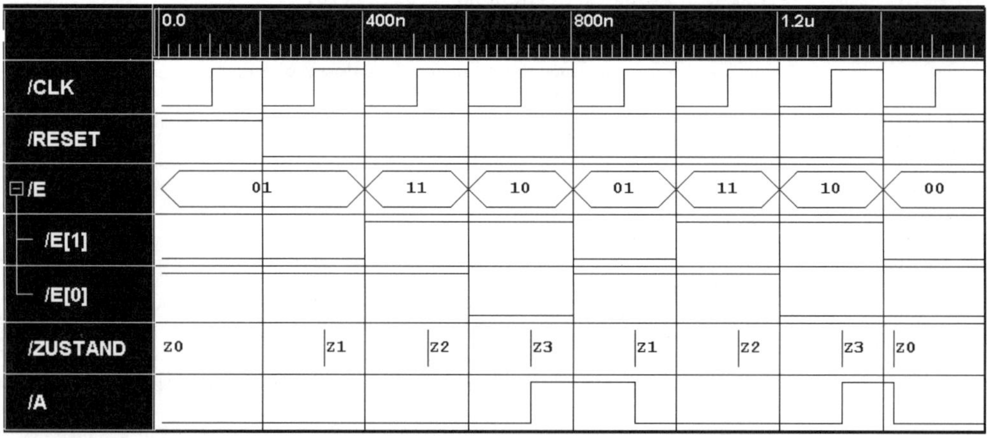

Bild 6-16: Simulation des Ein-Prozess Moore-Automaten ohne Latenzerhöhung des Ausgangssignals

6.4.4   Vergleich der Syntaxvarianten

Als Zusammenfassung sind im Folgenden die im gegenseitigen Vergleich vorteilhaften Charakteristika der Mehr-Prozess- und der Ein-Prozess-Beschreibungsform zusammengestellt.

Mehr-Prozess-Variante

• Die explizite Modellierung der Zustandsübergänge und der Synchronisationsspeicher schafft eine Dokumentationsübersicht, die eine vorausschauende Kontrolle der zu erwartenden Flipflop-Anzahl unterstützt.

• Alle Automatentypentypen (Mealy, Moore und Medvedev) sind in ihren Grundstrukturen modellierbar.

• Die separaten Prozesse der kombinatorischen Schaltungen und der getakteten Anteile sind über Signale gekoppelt, die in der Simulation kontrolliert werden können. Insbesondere können die Zustandsübergänge mit ihrer Vorbereitung zum Vergleich mit dem Zustandsdiagramm dargestellt werden.

- Eine übersichtliche Modellierung der unterschiedlichen funktionalen Anteile erleichtert eine schnelle Wiedererkennung bei Modifikationen und Weiterentwicklungen.

Ein-Prozess-Variante
- Bei der Vernetzung von Ein-Prozess-Automaten können keine akkumulierten Timingpfade von Mealy-Automaten entstehen, da alle Signalzuweisungen zu Flipflops synthetisiert werden. Kombinatorische Schleifen sind damit ebenfalls ausgeschlossen.

- Die Simulationseffizienz von Systemen mit Ein-Prozess-Automaten ist besser. Eine geringere Anzahl der internen Signale reduziert die Häufigkeit von Ereignissen, die vom Simulator bearbeitet werden müssen. Weniger Prozesse bedeuten, dass der Verwaltungsaufwand für die Empfindlichkeitslisten der parallel ablaufenden Vorgänge geringer wird [16], [39].

Die unterschiedlichen Merkmale der Beschreibungsvarianten beziehen sich also insbesondere auf den Modellierungsstil [42] und haben Auswirkungen auf die Geschwindigkeit sowie die Darstellungsform der Simulation. Der Einfluss der Beschreibungsschablonen auf den Hardwareverbrauch sollte für jedes Synthesewerkzeug individuell überprüft werden.

6.5 Zustandscodierung

Mit der Zustandscodierung wird den Namen der symbolischen Zustände eines Automaten, z. B. den Elementen eines Aufzählungstyps, eine Bitrepräsentation zugeordnet, sodass die Zustände durch eine Gruppe von D-Flipflops realisiert werden können. Die Funktion des Automaten, d.h. dessen funktionales und zeitliches Klemmenverhalten, soll durch die Art der Zustandscodierung nicht beeinflusst werden. Die Ziele der Zustandscodierung sind:

- Eine hohe Taktfrequenz,
- minimaler Hardwareaufwand und
- ein störungssicherer Betrieb.

In diesem Abschnitt sollen die drei wesentlichen Aspekte der Zustandscodierung behandelt werden:

- Strategien der Zustandscodierung.
- Die VHDL-Modellierung der Zustandsrepräsentation.
- Die Auswirkungen der Zustandscodierung auf die Syntheseergebnisse.

6.5.1   Strategien der Zustandscodierung

Für den Moore-Automaten mit dem Zustandsdiagramm in Bild 6-4 sind die drei üblichsten Codierungsvarianten der vier Zustände Z0 bis Z3 in Tabelle 6-2 dargestellt:

- Die sequentielle Codierung numeriert die Zustände binär durch. Mit n D-Flipflops lassen sich also 2^n Zustände repräsentieren.

- Die einschrittige Codierung ordnet den Zuständen die Binärwerte so zu, dass sich bei Zustandsänderungen nur eine minimale Anzahl der Zustandsbits ändert (Minimum-Bit-Change) [19], [41]. Eine Motivation hierfür beruht darauf, dass für jeden zusätzlichen Setz- oder Rücksetzvorgang eines Flipflops eine Bedingung in Hardware realisiert werden muss. Dies bedeutet in einer zweistufigen UND-ODER-Logik, dass eine weitere UND-Verknüpfung und ein zusätzlicher ODER-Gattereingang benötigt werden. Mit einem systematischen Verfahren wird dieses Minimum-Bit-Change dadurch erreicht, dass man das Zustandsdiagramm auf Zustände hin untersucht, die bei einer Eingangssignalkombination einen gemeinsamen Folgezustand haben (Prioritized-Adjacency) [19], [41]. Wenn diese Ursprungszustände dann einschrittig codiert werden, so treten in der Karnaugh-Tafel für das Übergangsschaltnetz an benachbarten Stellen 1-Eintragungen auf, die dessen Minimierung begünstigen.

- Die One-Hot Codierung wird üblicherweise für eine FPGA-Zielhardware favorisiert, die typischerweise durch ein großes Angebot an Flipflops gekennzeichnet ist [22], [26], [47]. Mit dieser Variante wird jedem Zustand ein eigenes Flipflop zugeordnet, sodass der Automat seinen Status durch jeweils nur ein gesetztes Flipflop anzeigt. Davon erwartet man, dass für die Auswertung der Zustandsübergänge einfachere Schaltnetze ausreichen, da nur einzelne Zustandsbits ausgewertet werden [48], [50]. Analytische Untersuchungen haben jedoch gezeigt, dass durch eine One-Hot Codierung kein Schaltnetz mit minimaler Anzahl von Produkttermen generiert werden kann [29], [49].

Für die Praxis bedeutet dies, dass die günstigste Zustandscodierung für den jeweiligen Anwendungsfall durch systematische Untersuchung aller Varianten zu bestimmen ist.

Zustand	Sequentiell	Einschritttig	One-Hot
Z0	00	00	0001
Z1	01	01	0010
Z2	10	11	0100
Z3	11	10	1000

Tabelle 6-2:   Beispiele zu den gebräuchlichsten Zustandscodierungen

6.5.2   Umsetzung der Zustandscodierung in VHDL

Bei der Umsetzung in VHDL können zwei Wege beschritten werden:

- Die Nutzung der vom Synthesewerkzeug vorgegebenen Codierungsalgorithmen.
- Eine explizite Vorgabe der Codierung durch den Entwickler.

In den bisherigen Darstellungen wurde für die VHDL-Zustandsrepräsentation ein Aufzählungstyp (ZUSTAENDE) definiert, mit dem die internen Signale für das Zustandsregister deklariert wurden.

```
type ZUSTAENDE is (Z0, Z1, Z2, Z3);
signal ZUSTAND, FOLGE_Z: ZUSTAENDE;
```

Die im Synthesewerkzeug implementierten Algorithmen ordnen dazu den Typlementen von links beginnend aufsteigende Bitkombinationen zu, wobei die Signale in der Simulation mit Z0 initialisiert werden. Eine explizite Codierung lässt sich hingegen mit dem benutzerdefinierten Attribut ENUM_ENCODING erreichen, welches durch den IEEE-Standard 1076.3 definiert ist [31]:

```
type ZUSTAENDE is (Z0, Z1, Z2, Z3);
attribute ENUM_ENCODING: STRING;
attribute ENUM_ENCODING of ZUSTAENDE: type is "11 10 01 00";
signal ZUSTAND, FOLGE_Z: ZUSTAENDE;
```

In diesem Beispiel für eine sequentielle Codierung wird das Attribut ENUM_ENCODING zunächst dem Namen und Typ nach für Aufzählungstypen deklariert. Die Werte, die die „Eigenschaft" ENUM_ENCODING annehmen kann, sind demnach vom Typ STRING, sodass Werte in Anführungszeichen " " zuzuordnen sind. Das deklarierte Attribut kann dann in einer Attributfestlegung (Spezifikation) zur „Dekoration" eines VHDL-Elementes, wie in diesem Fall dem Aufzählungstyp ZUSTAENDE, benutzt werden. Die weitere Vielfalt von benutzerdefinierten Attributen ist in [12], [14] und [43] beschrieben.

Eine alternative explizite Zustandscodierung erfolgt durch die Definition von Konstanten vom Typ eines Vektors, dessen Breite der Anzahl der Zustandsflipflops entspricht:

```
subtype ZUSTAENDE is BIT_VECTOR(3 downto 0);
constant Z0: ZUSTAENDE:= "1000";      -- One-Hot Beispiel für 4 Zustände
constant Z1: ZUSTAENDE:= "0010";
constant Z2: ZUSTAENDE:= "0100";
constant Z3: ZUSTAENDE:= "0001";
signal ZUSTAND, FOLGE_Z: ZUSTAENDE;
```

Nachteil dieser Darstellung ist die Tatsache, dass in der Simulation statt der gewählten mnemonischen Zustandsnamen nur die zugehörigen Bitkombinationen dargestellt werden. Mit diesen expliziten Codierungen wird der Entwickler unabhängig von den Algorithmen des Synthesewerkzeuges und kann die Ergebnisse seiner Codierungsvorgabe mit denen einer automatischen Codierung vergleichen.

6.5.3   Auswirkungen der Zustandscodierung auf die Syntheseergebnisse

Abschließend sollen auf Basis der vorgestellten Codierungen einige exemplarische Syntheseergebnisse verglichen werden, die mit dem Synthesewerkzeug AURORA [10] erzeugt wurden. Die untersuchten Modellierungs- und Codierungsvarianten basieren auf der Zwei-Prozess-Darstellung für den Moore-Automaten nach Code 6-4 mit den Zuständen Z0 – Z3. In Tabelle 6-3 sind die untersuchten Codevarianten mit ihrem `entity`-Namen und den entsprechenden Charakteristika aufgelistet. Als einschrittige Codierung wurde eine Lösung nach der Strategie Prioritized-Adjacency gewählt: (Z0, Z1, Z2, Z3) = ((00), (11), (01), (10)). Dies ist eine von mehreren Möglichkeiten, die Zustände benachbart so zu codieren, dass sich bei analytischer Minimierung eine gleiche minimale Anzahl von Produkttermen für das Übergangsschaltnetz ergibt. Dabei wurde bewusst eine zu Tabelle 6-2 unterschiedliche Variante gewählt.

Die `case when`-Anweisung der One-Hot-Varianten wurde auch bei der Modellierung mit einem Aufzählungstyp mit

```
when others => FOLGE_Z <= Z0;
```

abgeschlossen, um in jedem Fall eine sichere Hardware zu erzeugen. Mit dieser Anweisung soll im Störungsfall eine Rückkehr aus den 12 Pseudozuständen (n = 4 D-Flipflops, d.h. 16 Zustände darstellbar) in den Startzustand Z0 garantiert werden, sodass sich der Automat nicht in Pseudozuständen fängt.

Zustandsrepräsentation	Sequentielle Cod.	Einschrittige Cod.	One-Hot Cod.
Aufzählungstyp mit Attribut ENUM_ENCODING	FSM_2n_MOORE	FSM_2e_MOORE	FSM_2ii_MOORE
Aufzählungstyp mit Codierung durch Synthesewerkzeug	Ergebnis wie oben	nicht realisierbar	FSM_2jj_MOORE
Konstante Zustandsvektoren als `subtype`	Ergebnis wie oben	Ergebnis wie _2e_	FSM_2g_MOORE

Tabelle 6-3:   Übersicht zu Realisierungsvarianten von Zustandscodierungen auf Basis des Code 6-4

Im Code 6-8 der `entity` FSM_2g_MOORE ist der kombinatorische Prozess UE_AUS__SN mit einer `if then else`-Anweisung zur Einzelbitabfrage des Zustandsvektors ZUSTAND realisiert. Dies wird deshalb als echte One-Hot Codierung bezeichnet, da nicht die kompletten Zustandsvektoren in einer `case when`-Anweisung abgefragt werden, sondern nur einzelne Zustandsbits [39]. Es wird erwartet, dass ein Synthesewerkzeug für die Einzelbitabfrage mit der `if then else`-Anweisung weniger Hardware synthetisiert als für eine komplette Zustandsdecodierung mit der `case when`-Anweisung.

```
-- FSM 2 Prozesse: Sequenz Erkennung  (01,11,10)
-- Huffman Modell mit echter One-Hot Codierung
entity FSM_2g_MOORE is
        port(  RESET, CLK   : in  bit;
               E            : in  bit_vector(1 downto 0);
               A            : out bit );
end FSM_2g_MOORE;
architecture SEQUENZ of FSM_2g_MOORE is
subtype ZUSTAENDE is bit_vector(3 downto 0);
constant Z0: ZUSTAENDE:= "0001"; constant Z1: ZUSTAENDE:= "0010";
constant Z2: ZUSTAENDE:= "0100"; constant Z3: ZUSTAENDE:= "1000";
signal ZUSTAND,FOLGE_Z: ZUSTAENDE;
begin
Z_SPEICHER: process(CLK, RESET) -- Zustandsaktualisierung
   begin
        if RESET = '1'                 then ZUSTAND <= (others => '0');
        elsif CLK = '1' and CLK'event then ZUSTAND <= FOLGE_Z ;
        end if;
   end process Z_SPEICHER;
UE_AUS_SN: process(E, ZUSTAND)      -- Folgezustands- u. Ausgangsberechnung
   begin
        A <= '0'; FOLGE_Z <= Z0; -- Defaultzuweisung
        if     ZUSTAND(0) = '1' then
                        if    E = "01" then FOLGE_Z<= Z1;
                        end if;
        elsif  ZUSTAND(1) = '1' then
                        if    E = "11" then FOLGE_Z<= Z2;
                        elsif E = "01" then FOLGE_Z<= Z1;
                        end if;
        elsif  ZUSTAND(2) = '1' then
                        if    E = "10" then FOLGE_Z<= Z3;
                        elsif E = "01" then FOLGE_Z<= Z1;
                        end if;
        elsif  ZUSTAND(3) = '1' then
                        A <= '1';  -- Unabhängig von E
                        if    E = "01" then FOLGE_Z<= Z1;
                        end if;
        end if;
   end process UE_AUS_SN;
end SEQUENZ;
```

Code 6-8: Moore-Automat mit echter One-Hot Codierung durch Einzelbitabfrage

Der Vergleich der Syntheseergebnisse basiert auf Kriterien, die für zwei unterschiedliche Zielhardwaretypen angegeben werden (vgl. Tabelle 6-4). Die Angaben zur PAL-Lösung (Programmable Array Logic) beziehen sich auf den Baustein PALCE22V10, mit dem zweistufige Logik in 10 Makrozellen ermöglicht wird, die je nach Konfiguration einen kombinatorischen oder einen D-Flipflop-Ausgang liefern [51], [52]. Die zweistufige Logik bietet je nach Makrozelle 8 bis 16 Produktterme. Die Tabelle 6-4 gibt zur PAL-Lösung die Anzahl der synthetisierten Logikgatter an. Jedes Zustandsflipflop verbraucht eine PAL-Makrozelle und für jeden kombinatorischen Ausgang wird eine weitere Makrozelle benötigt. Mit der Summe der Produktterme ist ein Maß für den tatsächlichen Schaltnetzaufwand gegeben.

Die FPGA-Hardware ist in konfigurierbare Logikblöcke (**C**onfigurable **L**ogic **B**locks) strukturiert, die kombinatorische Logik mit je zwei FMAPS und einer HMAP realisieren [22], [52], [5], [54]. FMAPs sind 16x1 Bit SRAM-Speicher und HMAPs 9x1 Bit SRAM-

Speicher mit vier bzw. drei Eingängen und je einem Ausgang, mit denen sich Schaltnetze in Form von Lookup-Tabellen realisieren lassen. Jede CLB verfügt über zwei den Lookup-Tabellen nachgeschaltete D-Flipflops und über zwei kombinatorische Ausgänge.

Die wesentlichen Syntheseergebnisse werden im Folgenden entsprechend den Zeilen in Tabelle 6-4 diskutiert: Für die einschrittige Codierung (Zeile 2) hat sich der geringste Hardwareaufwand und bei der FPGA-Lösung die höchste realiserbare Taktfrequenz erge-ben. Darauf wurden die anderen Ergebnisse zum relativen Vergleich normiert. Im PAL-IC werden für die Zustandsbits und das zugehörige Übergangsschaltnetz zwei Makrozellen mit D-Flipflopausgang eingesetzt. Die Dekodierung des Ausgangssignals aus den Zustandsbits erfordert eine weitere rein kombinatorische Makrozelle. Im FPGA realisieren zwei FMAPs das Übergangsschaltnetz. Eine dritte FMAP dekodiert das Ausgangssignal, sodass eine zweite CLB benötigt wird. Die hohe Taktfrequenz ergibt sich durch den kurzen Timing-pfad, der durch die Zustandsrückführung aus der CLB heraus und die Übergangsschaltnetz-FMAPs entsteht.

Alle One-Hot Codierungen (Zeile 3, 4 u. 5) erzeugen einen größeren Hardwareverbrauch, der durch die doppelte Anzahl der D-Flipflops und aufwendigere Übergangsschaltnetze bedingt ist. Die geringen Taktfrequenzen resultieren aus einer Verkettung von FMAPs im Zustandsrückführungspfad. Nur bei Codierung durch das Synthesewerkzeug (Zeile 3) wird

Nr./ Code	Codierungsvariante	AMD-PAL PALCE22V10		XILINX-FPGA XC4010E-1			
		Logik-gatter	Σ-Produktt.-Makrozellen	FMAPs	HMAPs	CLBs	f/f$_{Max}$
1./ _2n_	Sequentielle Codierung Aufzählungstyp u. Attribute E_C	12	5-3	3	1	2	85,3%
2./ _2e_	Einschrittige Codierung Aufzählungstyp u. Attribut E_C	12	5-3	3	0	2	100%
3./ _2jj_	One-Hot Codierung m. Synthe-se-Werkzeug – Aufzählungstyp	26	12-4	6	1	3	44,4%
4./ _2ii_	One-Hot Codierung Aufzählungstyp u. Attribut E_C	28	18-5	9	1	5	29,3%
5./ _2g_	Echte One-Hot Codierung Konst. Zustandsvekt. als subtype	19	13-5	6	1	3	43,5%

Tabelle 6-4: Syntheseergenisse zu Codierungsvarianten für eine PAL- und eine FPGA-Lösung

vom Optimierungsalgorithmus erkannt, dass für den Ausgang A = Z3 gilt, sodass keine zusätzliche Decodierlogik benötigt wird. Allerdings zeigt eine Analyse der realisierten Schaltnetzfunktionen für diese Variante (Zeile 3), dass der Automat den Reset-Zustand Z0 nicht aus allen Pseudozuständen direkt erreicht, obwohl der VHDL-Code die entsprechen-den Defaultwertzuweisungen und die erforderliche `when others`-Anweisung enthält. Es hat sich hier gezeigt, dass das Synthesewerkzeug nur bei expliziter Zustandscodierung einen sicheren Automaten als Abbild des VHDL-Codes synthetisiert (Zeile 4).

Die echte One-Hot Codierung (Zeile 5) liefert nur gegenüber der expliziten Codierung (Zeile 4) Vorteile. Dabei ist zu beachten, dass entsprechend Code 6-8 der Resetzustand Z0 nur aus dem Pseudozustand ZUSTAND = (0000) direkt erreicht wird und alle anderen Pseudozustände gemäß der Abfragepriorität in jeweils einen der Zustände Z1, Z2 oder Z3 übergehen.

Aus diesen Untersuchungen mit einem speziellen Synthesewerkzeug gehen nur die einschrittige und die sequentielle Codierung als konkurrenzfähige Ansätze für den hier als Beispiel gewählten Moore-Automaten hervor. Aufgrund der Ergebnisse von Entwicklungsprojekten aus dem Bereich der digitalen Bildverarbeitung empfehlen die Autoren, die Automaten-Modelle der jeweiligen Aufgabenstellung mit verschiedenen Codierungsvarianten zu synthetisieren und einen Ergebnisvergleich wie in Tabelle 6-4 durchzuführen.

6.6 Übungsaufgaben

6.1 Mealy-Automat in Zwei-Prozess Darstellung

Die nebenstehende Schaltwerktabelle eines Mealy-Automaten mit vier Zuständen soll mit zwei Prozessen und einschrittiger Codierung umgesetzt werden. Das Eingangssignal X , das Ausgangssignal Y und die sekundären Eingänge CLK, RESET sowie ENABLE sind als `bit`-Typ zu realisieren. Für die Zustände ist ein Aufzählungstyp zu wählen. Die Zustandsübergänge sind vorab in einem Zustandsdiagramm zu verdeutlichen. Der Zustand A ist der Reset-Zustand.

Zustand	Folgezustand/Ausgang	
	X = 0	X = 1
A	B/0	D/1
B	C/1	B/0
C	B/0	A/0
D	B/0	C/1

Für die Flipflops und die Schaltnetze sind symbolische Signallaufzeiten T_{D1} = 10 ns bzw. T_{D2} = 20 ns nachzubilden.

6.2 Moore-Automat mit Eingangs- und Ausgangssignalsynchronisation

Das abgebildete Zustandsdiagramm ist in eine Schaltwerktabelle umzusetzen. Die Automatenbeschreibung mit drei Prozessen soll dafür sorgen, dass aufgrund der Ausgangssignalsynchronisation keine Erhöhung der Latenzzeit entsteht. Die Signalbezeichnungen, die Typrealisierungen und die symbolischen Signalverzögerungen sollen wie in Aufgabe 6.1 erfolgen. Wenn in einem Prozess Schaltnetz- und Flipflop-Funktionen gemeinsam realisiert werden, dann ist für die Simulation eine entsprechend vergrößerte Signallaufzeit zu berücksichtigen.

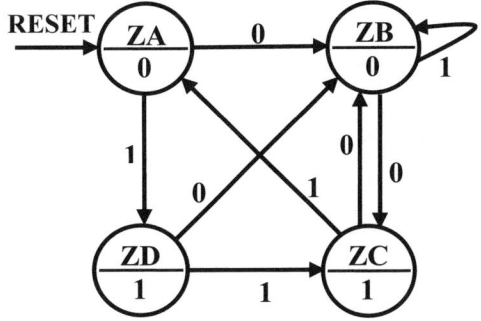

6.3 Paritäts-Checker für ein 3-Bit Signal

Es ist ein Paritäts-Checker zu entwerfen, der eine zyklische, serielle 3-Bit Folge X laufend auf eine ungerade Anzahl von High-Pegeln überprüft. Wird diese ungerade Anzahl festgestellt, so soll der Mealy-Automat am synchronisierten Ausgang Y_S mit einem High-Pegel reagieren. Im ersten Schritt ist ein Zustandsdiagramm zu entwerfen, das mit sieben Zuständen darstellbar ist. Zwei Zustände sind darin redundant, sodass sich das Zustandsdiagramm auf fünf Zustände minimieren läßt. Nach den Regeln zur einschrittigen Zustandscodierung in [19] und [41] sind diese fünf Zustände mit drei Flipflops zu realisieren. Damit der Automat aus allen Pseudozuständen sicher zurückkehrt, sollen geeignete Maßnahmen vorgesehen werden. Der zu entwickelnde VHDL-Code soll drei Prozesse enthalten, wobei einer davon die Synchronisation des Ein- und des Ausgangssignals übernimmt. Im Übrigen gelten die Vorgaben wie in Aufgabe 6.1.

7   Struktureller VHDL-Entwurf

Dieses Kapitel widmet sich dem strukturellen Entwurf, also der systematischen Gliederung und Entwicklung größerer Digitalschaltungen. Mit dieser Methode wird das bekannte Netzlistenkonzept beim Schaltungsentwurf auf einer höheren Abstraktionsebene verwendet: Verschiedene bereits entworfene `entity/architecture` Paare werden als Komponenten durch lokale Signale miteinander verbunden und bilden somit ein strukturiertes Gesamtsystem. Zusammen mit der Verwendung von Prozeduren und Funktionen werden damit Werkzeuge zur Verfügung gestellt, mit denen ein Bottom-Up bzw. Top-Down Entwurfskonzept für hierarchisch strukturierte Systeme umgesetzt werden kann.

Die Einbindung der von CPLD- und FPGA-Herstellern in zunehmend größerem Umfang zur Verfügung gestellten optimierten Schaltungsmakros in VHDL soll in diesem Kapitel ebenfalls erläutert werden. Diese reichen von einfachen RAM- oder ROM-Zellen über Filterstrukturen bis hin bis zu vollständigen PCI-Bus Schnittstellen. Die aufgezeigten Konzepte reichen bis zur Wiederverwendung kompletter Teilsysteme (Design Reuse) aus eigenen und externen Entwicklungsabteilungen (Intellectual Property). Zusammen mit der zunehmenden Hardware-Strukturverfeinerung von ASIC- und Prozessor Chips wird der Entwurf kompletter Systeme auf einem Chip ermöglicht (System on a Chip).

Nach Studium dieses Kapitels soll der Leser in der Lage sein, ein durch ein Blockdiagramm vorgegebenes digitales System in ein hierarchisch strukturiertes Modell umzusetzen und für die einzelnen Module geeignete VHDL-Syntaxkonstrukte auszuwählen. Soweit möglich und erforderlich sollen herstellerspezifische Schaltungsmakros eingesetzt werden können.

7.1   Ziele und Methoden der Systempartitionierung

Die in den vorangegangenen Kapiteln betrachteten einfachen VHDL-Strukturierungselemente wie nebenläufige Anweisungen und Prozesse reichen für den Entwurf komplexerer Digitalschaltungen nicht aus. Vielmehr müssen die aus dem Software-Engineering bekannten Entwurfskonzepte auf den Schaltungsentwurf übertragen werden [33], [28]. Nachfolgend sollen diese zusammen mit den VHDL-Lösungsansätzen vorgestellt werden:

– Hierarchische Strukturierung des Entwurfs:

> Das ist die Partitionierung einer komplexen Entwurfsaufgabe in Teilaufgaben sowie deren weitere Gliederung in noch kleinere Einheiten, solange bis die Teilprobleme mit einfachen Lösungsansätzen zu beschreiben sind. Mit Hilfe von Komponenten (`component`) lässt sich eine hierarchische Problemlösung erreichen. Ergebnis der Synthese ist letztlich eine hierarchische Netzliste.

– Lokalität der Module und Signale:

> Das ist die Forderung, dass die einzelnen Module zur Lösung der Teilprobleme keine Seiteneffekte auf benachbarte Schaltungsteile aufweisen. Durch Blöcke (block) lassen sich innerhalb einer Architektur nebenläufige Anweisungen zu Funktionsblöcken zusammenfassen. Innerhalb von Blöcken können lokale Signale definiert werden, die nur innerhalb des Blocks gültig sind.

– Reguläre Strukturen:

> Dies bedeutet die Verwendung möglichst einheitlich aufgebauter Bibliothekskomponenten. Derartig reguläre Entwürfe sind einfacher zu beschreiben und zu verifizieren. Prozeduren (procedure) und Funktionen (function), die insbesondere auch in übergeordneten Bibliotheken (library) oder Design spezifischen Bibliotheken (package) abgelegt werden können, dienen dazu, standardisierte Lösungen für häufig auftretende Probleme zu verwenden.

Vor einer detaillierten Vorstellung der gerade aufgezeigten Syntaxkonstrukte soll jedoch eine Vorgehensweise zur Systempartitionierung erläutert werden, die den strukturellen VHDL-Entwurf unterstützt:

Zunächst wird die Problemstellung in einzelne Funktionsblöcke gegliedert. Sollten diese Blöcke noch nicht überschaubar genug sein, so sind diese weiter aufzuteilen (vgl. Bild 7-1). Anschließend werden alle zwischen den Funktionsblöcken erforderlichen Schnittstellensignale mit Signalflussrichtung und Datentyp festgelegt. Jeder Funktionsblock wird als Komponente betrachtet. In VHDL ist der Entwurf einer Komponente zunächst nichts anderes als der Entwurf eines entity/architecture -Paares. Da die Schnittstellensignale bereits festliegen, besteht die wesentliche Aufgabe darin, eine geeignete architecture zu finden (vgl. Bild 7-2).

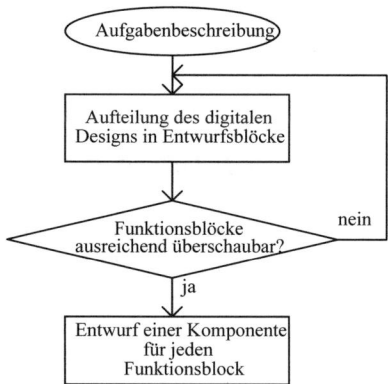

Bild 7-1: Ablaufplan zur Darstellung der Partitionierung eines digitalen Systems

Architekturentwurf einer Komponente

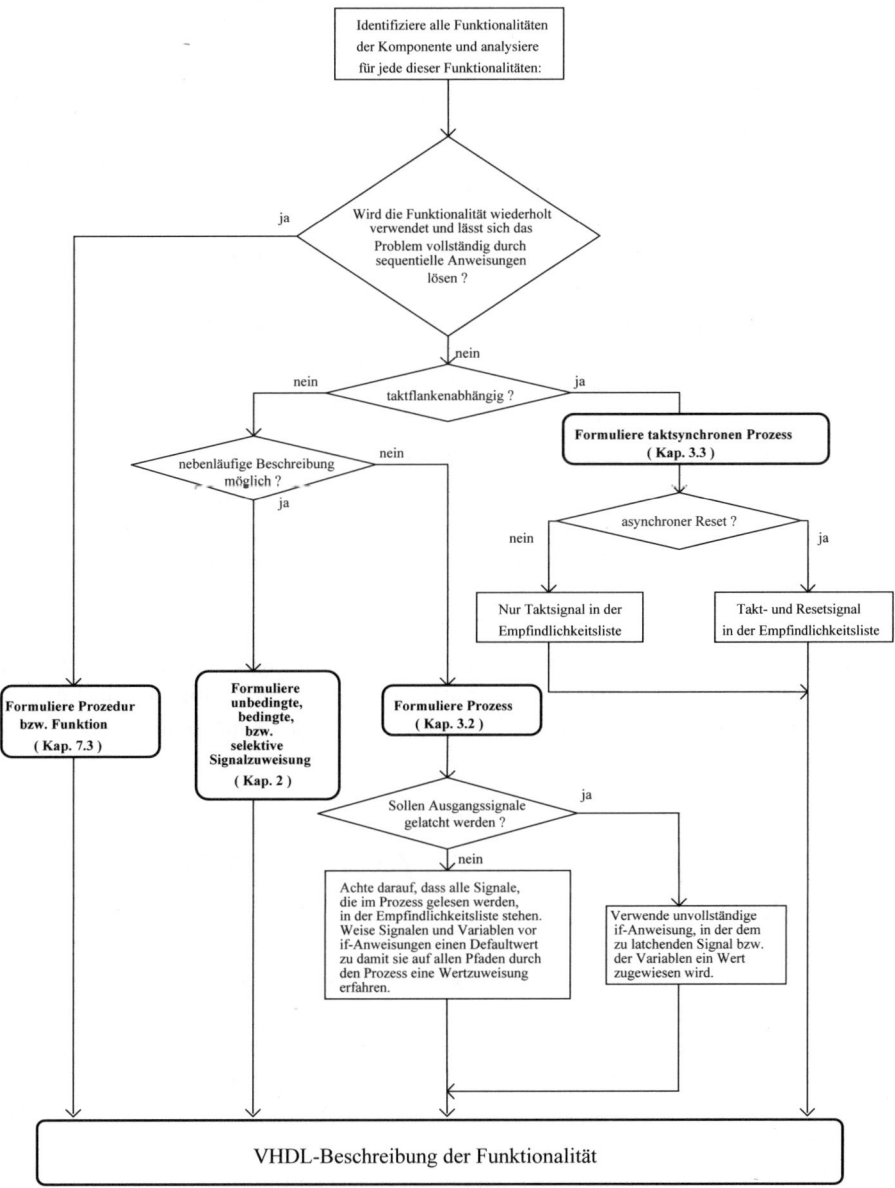

Bild 7-2:   Ablaufplan zum Einsatz der Strukturierungselemente beim Entwurf einer Architektur

Ein neben der Systematik und Übersichtlichkeit weiterer, nicht zu unterschätzender Vorteil dieser Vorgehensweise besteht in der Möglichkeit, gleichzeitig mehrere Entwurfsingenieure an der Lösung von Teilproblemen mit eindeutig definierten Schnittstellen arbeiten zu lassen, womit die Entwurfszeit deutlich reduziert werden kann.

Jedes digitale Teilsystem ist sorgfältig zu analysieren, alle Funktionalitäten sind zu identifizieren und diesen entweder eine nebenläufige Anweisung, ein Prozess oder ein Unterprogramm (Prozedur oder Funktion) zuzuordnen (vgl. Bild 7-2). Die Analyse der verschiedenen Funktionalitäten einer Komponentenarchitektur ist deswegen von besonderer Bedeutung, da eine zu grobe Strukturierung der Teilaufgaben zu langen, tief geschachtelten Prozessen führt (Spaghetti-Code). Die Syntheseergebnisse eines solchen Codes lassen sich üblicherweise sehr schlecht verifizieren.

Ein kleines Beispiel zeigt den notwendigen Detaillierungsgrad der Analyse: Der in Kap. 5.3 vorgestellte 4-Bit Zähler, der beim höchsten Zählerstand einen Überlauf erzeugen soll, besitzt zwei gekoppelte Ausgangsfunktionalitäten :

1. Den reinen Zählprozess, der sich recht einfach in einem taktsynchronen Prozess umsetzen lässt (vgl. z.B. Code 5-3) und den Zählerstand Q erzeugt.

2. Die Erzeugung des Übertragssignals, welches sich außerhalb des Prozesses in einer nebenläufigen bedingten Signalzuweisung beschreiben lässt. Es dient als Vorbereitungssignal für nachfolgende Stufen und dessen Erzeugung erfolgt unabhängig vom Takt:

```
TC <= '1' when Q = "1111" else '0';
```

Nicht sinnvoll wäre es, das Signal TC innerhalb des getakteten Prozesses zu berechnen, da dieses zu einem Flipflop synthetisiert werden würde. Eine derartige Codierung dürfte nicht den höchsten Zählerstand, sondern müsste den davor liegenden Zählerstand abfragen, was für die Codetransparenz sehr abträglich wäre.

7.2   Struktureller Entwurf mit Komponenten und Blöcken

In diesem Abschnitt wird erläutert, wie der strukturelle Entwurf digitaler Systeme auf Basis von hierarchisch aufgebauten entity/archtitecture-Paaren realisiert wird. In der übergeordneten Ebene wird dazu ein Strukturmodell formuliert, in dem diese Paare als Komponenten zu einer größeren Schaltung zusammengefasst werden. Sie enthalten entweder die Verhaltensbeschreibungen digitaler Funktionen, oder sie bestehen wiederum aus Strukturbeschreibungen einer hierarchisch niedrigeren Stufe.

Mit dem VHDL-Strukturbeschreibungsstil werden in einer Top-Entity die Signalkopplungen von mehreren Komponenten in einer Architektur erzeugt. Jede Komponente bezieht sich auf eine untergeordnete entity mit mindestens einer dazugehörigen architecture. In der Top-Entity sind nur die Schnittstellen der einzelnen Komponenten untereinander und zu den Systemgrenzen sichtbar. Auf diese Weise lassen sich auch komplexere hierarchische Systeme durch Kapselung von weiteren Strukturbeschreibungen innerhalb von Komponenten modellieren. Die Top-Entity stellt somit eine textuelle Formulierung eines Blockschaltbildes dar. Da die meisten Synthesewerkzeuge über eine Schaltplanausgabe verfügen, können so ausgehend von VHDL-Formulierungen die Blockschaltpläne für weitere Präzisierungen des zu modellierenden Systems automatisch erstellt werden. Mit diesem Ansatz wird dann ein Top-Down Entwurf verfolgt.

In der strukturellen Architektur der Top-Entity werden die zu nutzenden Komponenten (`component`) zuerst mit ihren Schnittstellen (`port`) deklariert und im Architekturrumpf instanziiert. In einer Instanz werden die Komponentenanschlüssen durch interne Koppelsignale bzw. Signale aus der Schnittstellenliste der Top-Entity verdrahtet. Zum leichteren Verständnis der Begriffe und Vorgänge dieser Art der Systemstrukturierung bewährt sich eine Analogie mit Hardwarebezug: In dem „Board-Socket-Chip-Modell" [43] nach Bild 7-3 repräsentiert die Architektur der Top-Entity eine zu modellierende Platine (Board). Die **Komponentendeklaration** macht den IC-Typ mit seinen Anschlüssen bekannt. Eine **Komponenteninstanziierung** entspricht dem Einlöten eines Steckersockels (Socket) in die Platine. Mit der **Konfiguration** werden im letzten Schritt die Steckersockel mit ICs bestückt, die durch ihre spezielle `entity/architecture`-Kombinationen die Funktionalität der Platine bestimmen.

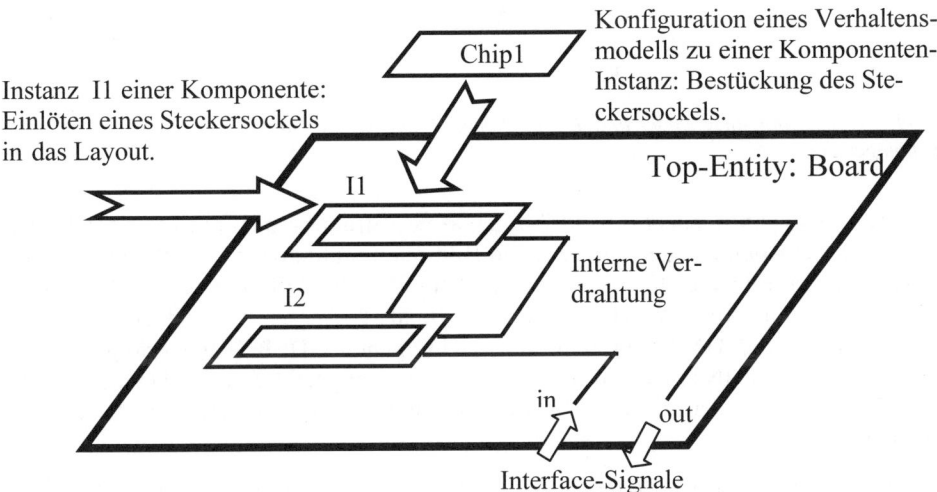

Bild 7-3: Hardwareanalogie zur VHDL-Srukturbeschreibung

Dieses Prinzip wird im nächsten Abschnitt an dem Entwurf eines übersichtlichen 4 zu 2 Prioritätsencoders schrittweise erläutert. Als komplexeres Beispiel wird im Anschluss daran mit einem Addierer/Subtrahierer-Modul ein skalierbares Strukturmodell aufgebaut.

7.2.1   Struktureller Entwurf eines 4 zu 2 Prioritätsencoders

Der 4 zu 2 Prioritätsencoder nach Bild 7-4 codiert die Nummer der vier untereinander unabhängigen Eingänge I0 – I3 mit zwei Ausgangsbits A0 und A1 so, dass ein High-Pegel am Eingang I3 die höchste und am Eingang I0 die niedrigste Priorität hat. Der Ausgang ANY zeigt an, ob überhaupt einer der Eingänge einen High-Pegel aufweist. Solche Prioritätsencoder werden z. B. in Prozessorsystemen zur Priorisierung von Interrupts eingesetzt. Die Interruptanforderungssignale der einzelnen Geräte (z. B. Tastaturen, Anzeigen, Analog-Digital-Umsetzer) steuern dabei nach Bedeutung geordnet die Eingänge Ii an. Die Ausgänge Ai sind mit den Interruptanschlüssen des Prozessors gekoppelt.

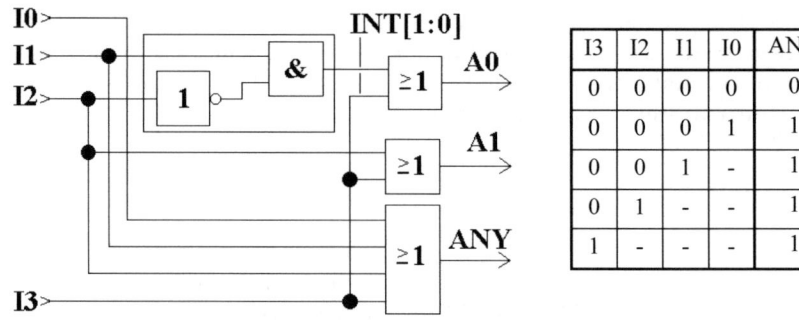

I3	I2	I1	I0	ANY	A1	A0
0	0	0	0	0	0	0
0	0	0	1	1	0	0
0	0	1	-	1	0	1
0	1	-	-	1	1	0
1	-	-	-	1	1	1

Bild 7-4:   4 zu 2 Prioritätsencoder und die zugehörige Wahrheitstabelle mit Don't-Care-Eintragungen (-)

Zum 4 zu 2 Prioritätsencoders in Bild 7-4 gehört das Strukturmodel nach Code 7-1. Darin repräsentiert die Komponente AND_2 die in Bild 7-4 umrahmte UND-Verknüpfung inklusive des negierten Eingangs I2. Die Komponenten OR_2 und OR_4 verweisen auf ODER-Verknüpfungen mit zwei bzw. vier Eingängen, die als `bit_vector` deklariert sind. Die interne Kopplung des UND-Gatters an das nachfolgende ODER-Gatter erfolgt über den internen Signalvektor INT. Dessen höherwertiges Bit entspricht dem UND-Gatterausgang und das niederwertige dem Eingang I3. Bild 7-5 zeigt das Syntheseergebnis dieses Strukturmodells.

Weiter unten wird aufgezeigt, dass es in diesem einführenden Beispiel sinnvoll ist, für die externen Signale der übergeordneten Hierarchie `entity` ENCODER_4_2 andere Namen zu verwenden als in den untergeordneten Komponenten (z. B. I_E statt I).

```
-- 4 zu 2 Prioritätsencoder-Strukturmodell
------------------------------------------------------
entity ENCODER_4_2 is
        port(   I_E     : in  bit_vector (3 downto 0);
                A_E     : out bit_vector (1 downto 0);
                ANY     : out bit );
end ENCODER_4_2;
architecture STRUKTUR of ENCODER_4_2 is
signal INT: bit_vector(1 downto 0); -- Internes Koppelsignal
```

```
-- Komponenten-Deklaration: Verwendete IC-Typen
component AND_2
        port(   I       : in  bit_vector(1 downto 0);
                A       : out bit);
end component;
component OR_2
        port(   I       : in  bit_vector(1 downto 0);
                A       : out bit);
end component;
component OR_4
        port(   I       : in  bit_vector(3 downto 0);
                A       : out bit);
end component;

-- Konfiguration: Board wird mit ICs bestückt.
for I_0: AND_2 use entity WORK.AND_2(UND_2_1N);
for all: OR_2  use entity WORK.OR_2(ODER_2);
for I_3: OR_4  use entity WORK.OR_4(ODER_4);

-- Instanziierung der Komponenten: Adaptersockel-Platzierung.
begin
I_0:    AND_2   port map(I_E(2 downto 1), INT(1));
I_1:    OR_2    port map(INT, A_E(0));
I_2:    OR_2    port map(I_E(3 downto 2), A_E(1));
I_3:    OR_4    port map(I_E, ANY);
INT(0)  <= I_E(3);
end STRUKTUR;
```

Code 7-1: Strukturmodell des 4 zu 2 Prioritätsencoders nach Bild 7-4

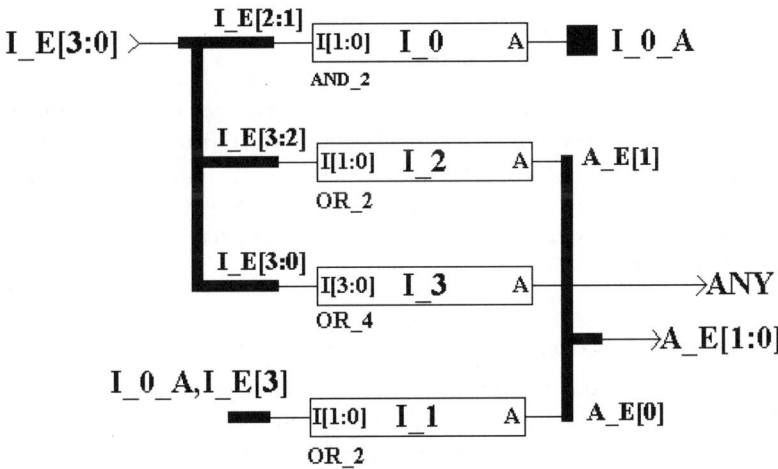

Bild 7-5: Syntheseergebnis zum Strukturmodell des 4 zu 2 Prioritätsencoders nach Code 7-1

Im Syntheseergebnis nach Bild 7-5 ist zu erkennen, dass das UND-Gatter AND_2 (Instanz I_0) mit dem zugehörigen ODER-Gatter (Instanz I_1) über das Signal I_0_A gekoppelt ist. Da die ODER-Gatter mit einem 2 Bit breiten Bus angesteuert werden, setzt sich das Eingangssignal des untersten ODER-Gatters in Bild 7-5 aus den durch ein Komma getrennten 1-Bit Signalen I_0_A und I_E[3] zusammen. Dem Schaltplan ist zu entnehmen, dass der Name des internen Signals INT entfernt wurde und durch den Namen des Ausgangs der erzeugenden Komponente I_0_A ersetzt wurde.

Die nachfolgenden Abschnitte beschreiben die Syntaxelemente eines strukturellen VHDL-Entwurfes anhand des Code 7-3:

– Komponentendeklaration

– Komponenteninstanziierung

– Konfiguration von `entity/architecture`-Paaren

– Modellparametrisierung mit `generic map`

– Iterative Instanziierung mit der `generate`-Anweisung

Dabei wird davon ausgegangen, dass die untergeordneten Entwurfseinheiten bereits fehlerfrei compiliert wurden.

7.2.1.1   Komponentendeklaration

Im Deklarationsteil der Architektur STRUKTUR werden die am System beteiligten Komponenten mit folgender Syntax bekannt gemacht:

```
component <entity-Name>
        [generic(<Deklaration von Parametern>);]
        port(<Deklaration der Ein- und Ausgänge>);
end component;
```

Jede Komponente repräsentiert ein `entity/architecture`-Paar. Die Namen und die Reihenfolge der Ein- und Ausgangssignale der Komponenten müssen mit den Eintragungen in der zugehörigen `entity` identisch sein. Unstimmigkeiten zeigen die VHDL-Compiler als Fehlermeldungen an. Parameter des Komponentenmodells können mit der `generic`-Anweisung in einer Liste deklariert und initialisiert werden. Im Syntheseergebnis, welches die Komponenten sowie die Koppel- und Schnittstellensignale aufzeigt, erscheinen die `entity`-Namen unterhalb der Blocksymbole (vgl. Bild 7-5).

7.2.1.2   Komponenteninstanziierung und port map Anweisung

Die Komponenteninstanziierung zeigt an, wie die jeweilige Komponente in das System einzubinden ist: Mit der `port map`-Anweisung erfolgt die Kopplung zwischen den Komponentenklemmen (Local Ports) und den Signalen des Strukturmodells (Actual Ports). Dabei können die lokalen Signale und die Schnittstellensignale der übergeordneten `entity` verwendet werden. Im Code 7-1 wurden daher bewusst die Signalnamen der Komponenten und der übergeordneten `entity` unterschiedlich gewählt.

Zur Unterscheidung der einzelnen Instanzen werden diese jeweils mit einer Marke gekennzeichnet. Die Syntax lautet:

```
<Marke> : <Komponenten-Name>
            [generic map (<Parameterzuordnung>)]
             port map (<Schnittstellenzuordnung>);
```

Für die Schnittstellenzuordnung sind zwei Darstellungsvarianten verfügbar: Die positions-bezogene (positional order) und die benannte (named order) Zuordnung des Paares Klemme/Signal. Im Code 7-1 ist die positionsbezogene Form gewählt, bei der die anzuschließenden Signale an die Positionen der Klemmen gesetzt werden, die durch die Reihenfolge in der Komponentendeklaration gegeben sind. Für die ebenfalls mögliche benannte Zuordnung ist die Instanz I_2 aus Code 7-1 im Folgenden als Beispiel aufgeführt:

```
I_2:    OR_2    port map(I => I_E(3 downto 2), A => A_E(1));
                   -- locals => actuals
```

Der Pfeil „=>" ordnet der Komponentenklemme ein internes Signal oder eine Klemme einer übergeordneten entity zu und ist als „erhält" zu lesen: Z. B. Klemme A erhält Signal A_E(1). Das Syntheseergebnis in Bild 7-5 zeigt diese Kopplung der Komponenten-anschlüsse zu den externen Signalen des Strukturmodells. Die Reihenfolge der Klemmen muss in dieser leichter lesbaren Form nicht eingehalten werden. Bei kurzen, übersichtlichen Schnittstellenlisten kann die positionsbezogene Zuordnung empfohlen werden. Hingegen sollte bei größeren Komponenten mit zahlreichen Schnittstellen die ausführlichere benannte Zuordnung vorgezogen werden, da ansonsten leicht Fehler in der Signalreihenfolge entstehen können. Derartige Fehler werden durch den VHDL-Compiler nur dann angezeigt, wenn die Datentypen oder die Vektorbreiten der fehlerhaft gekoppelten Größen nicht übereinstimmen. Andernfalls lassen sich Simulation sowie Synthese durchführen und der Entwickler muss die Fehlerauswirkungen selbst aufdecken.

Nicht benutzte **Komponentenausgänge** können offen gelassen werden, indem der entsprechenden Klemme als Actual Port das Schlüsselwort open zugeordnet wird. Als Beispiel kann die Instanziierung eines Addierer/Subtrahierer-Moduls (entity V_AD_SUB) nach Code 5.5 angeführt werden. Darin muss die Overflow-Klemme OV der niederwertigsten Instanz nicht angeschlossen werden:

```
I_0:    V_AD_SUB
        port map(A_IN => A_0, B_IN => B_0, OP => OP, C_IN = > C_I,
                SUM => SUM_I( 4 downto 0),OV => open, C_B => C_R(0));
```

Unbenutzte **Eingänge** einer Komponente hingegen sind korrekt zu beschalten, damit keine undefinierten Pegel entstehen. Hierzu muss ggf. ein zusätzlich zu deklarierendes internes Signal an die jeweilige Komponentenklemme gelegt werden, welches dem Low- oder High-Pegel entspricht. Dieses Signal ist durch eine Signalzuweisung im Architekturrumpf zu initialisieren: Z. B. ZERO <= '0'; . Eine Initialisierung im Deklarationsteil reicht nicht aus, da diese während der Synthese überlesen wird. Das niederwertigste Addierer/Subtrahierer-Modul ohne externen Carry-Eingang C_I muss dann wie folgt formuliert werden (vgl. Code 5-5):

```
ZERO <= '0';
I_0:    V_AD_SUB
        port map(A_0, B_0, OP, ZERO, SUM_I( 4 downto  0), open, C_R(0));
```

Die Komponenteninstanziierung gehört zu den nebenläufigen Anweisungen, sodass im Architekturrumpf sebstverständlich parallel zu den Instanzen auch Signalzuweisungen, oder Prozesse codiert werden könnten. Eine konsequente modularisierte Architektur spricht aber gegen einen gemischten Codierungsstil.

7.2.1.3   Konfiguration zur Auswahl von Modellarchitekturen

Die nachfolgend beschriebene Konfiguration von Modellarchitekturen ist bezüglich der Bedeutung in der Simulation und der Synthese zu unterscheiden:

Damit ein Strukturmodell zu einem **simulationsfähigen** Verhaltensmodell wird, muss jede instanziierte Komponente mit einem Verhaltensmodell verbunden werden. Diese Kopplung erfolgt für die Simulation in einer Konfiguration, die mit einem Modell-Zeiger auf das zu nutzende entity/architecture-Paar verweist. Wenn für eine Komponente mehrere Architekturen mit unterschiedlichen Verhaltensbeschreibungen existieren, kann so für die jeweilige Simulation eine dokumentierte Auswahl getroffen werden. Die im Code 7-1 eingesetzte interne Konfiguration (configuration specification) steht im Deklarationsteil der Struktur-Architektur vor begin und folgt der Syntax:

```
for {<Marke>,}| others | all:<Komponenten-Name>
use entity <Bibliothek>.<Entity-Name>(<Architektur-Name>);
```

Die durch Kommata trennbaren Marken beziehen sich auf die jeweiligen Marken der Komponenteninstanziierungen in der Architektur des Strukturmodells. Sofern alle Instanzen einer Komponente mit dem gleichen Verhaltensmodell gekoppelt werden, bietet sich zur Abkürzung der Schreibweise ohne Marken die Form for all an. Wenn einige Kopplungen explizit mit Marken gekennzeichnet sind, dann kann für die verbleibenden Instanzen for others benutzt werden, wenn ihnen nur ein und dasselbe Verhaltensmodell zugeordnet werden soll. Die für die Simulation compilierten VHDL-Codes werden in einer Bibliothek mit dem logischen Namen WORK abgelegt.

Die meisten **Synthesewerkzeuge** aber auch einige Simulatoren benötigen diese Konfigurationsangaben nicht, da für die Synthese eine Liste mit den VHDL-Dateinamen zu erstellen ist, bei der die in der Hierarchie zuunterst liegenden Komponenten zuerst aufgeführt werden müssen. Die Konfigurationszeilen werden vom Synthesewerkzeug überlesen, sodass für die Synthese keine Codemodifikation erfoderlich ist. Anders als in der Simulation muss deshalb in der Synthese der Komponenten-Name identisch mit dem entity-Name sein [10], [39]. Im Syntheseergebnis nach Bild 7-5 repräsentieren die Komponentensymbole die jeweiligen Schaltpläne, die ebenfalls den Namen der entsprechenden entity tragen.

7.2.1.4   Modellparametrisierung

Ein weiteres Ziel beim strukturellen Entwurf besteht darin, Systeme z.B. hinsichtlich der verwendeten Signalvektorbreiten in der Mächtigkeit skalierbar zu gestalten. Dazu werden skalierbare Parameter, wie z. B. Busbreiten, mit generic Syntaxelementen in die Codierung eingearbeitet. Auf einer übergeordneten Hierarchieebene wird den Parametern ihr jeweils aktueller Zahlenwert zugewiesen. Erst während der Compilation für die VHDL-Simulation bzw. während der Elaborationsphase bei der Synthese werden dann z. B. die tatsächlichen Signalvektorbreiten, die Anzahl der Eingangsgrößen von logischen Verknüpfungen und die Anzahl von Flipflops in Registern festgelegt. Mit dieser Parametrisierung entstehen Komponenten, die in unterschiedlichsten Anwendungen einsetzbar sind und ein Design for Reusability darstellen [28], [39].

Als Beispiel für eine **Parametrisierung von Verknüpfungen** soll im Strukturmodell des 4 zu 2 Prioritätsencoders nach Code 7-1 eine universelle ODER-Verküpfung deklariert werden, die je nach Instanziierung mit zwei oder mit vier Eingängen wirksam wird. Die Wortbreite WB des universellen ODER-Gatters im Code 7-2 bestimmt die Anzahl der Eingänge. Eine ODER-Funktion mit einer skalierbaren Anzahl von Eingängen entsteht erst dadurch, dass die Abfrage der Eingänge auf High-Pegel in einer `for loop`-Anweisung erfolgt. Die Anzahl der Schleifendurchläufe bestimmt im Code 7-2 das Attribut `I'range`, das die aktuelle Signalvektorbreite statisch, d.h. zur Zeit der Compilierung, festlegt (`I'range = WB-1 downto 0`). Der Vorteil dieses Vektor-Attributs besteht darin, dass die Vektorbreite eines Signals nur an einer Stelle im Code festgelegt werden muss und der Wert an allen Stellen im Code mit dem Attribut verfügbar ist. Als Syntheseergebnis für den Code 7-2 ergibt sich aufgrund des statischen Zählbereiches der Schleife ein einfaches ODER-Gatter mit einer Anzahl von Eingängen, die durch WB bestimmt wird. Mit dem `generic` DELAY des Typs `time` wird eine symbolische Signallaufzeit für die Simulation in die Komponente übertragen. Nicht alle Synthesewerkzeuge unterstützen diese Parameter vom Typ `time`, d.h. die Zeiten müssen direkt in die Anweisungen eingetragen werden.

```
-- ODER-Gattter mit parametrisierter Anzahl von Eingängen
entity OR_V is
generic(WB    : positive := 4;  -- Defaultwert für die Wortbreite
        DELAY : time := 10 ns); -- Symbolische Signallaufzeit
port(   I     : in  bit_vector(WB - 1 downto 0);
        A     : out bit);
end OR_V;
architecture ODER_V of OR_V is
begin
process(I)
      begin
              A <= '0' after DELAY; -- Defaultwert
              for k in I'range loop
                    if I(k) = '1' then
                            A <= '1' after DELAY;
                    end if;
              end loop;
      end process;
end ODER_V;
```

Code 7-2: Universelles ODER-Gatter mit variabler Anzahl von Eingängen

Mit der so modifizierten `entity` OR_V eines universellen ODER-Gatters kann nun ein neues Strukturmodell des 4 zu 2 Prioritätsencoders aus Code 7-1 formuliert werden. Der Code 7-3 verwendet nur noch eine einzige ODER-Komponente, die über ihren Parameter

WB an die Anzahl der erforderlichen Eingänge angepasst wird. Der Transfer der aktuellen Parameter (Actuals) an die instanziierte Komponente erfolgt in einer `generic map`, wie bei einer `port map` entweder über die benannte oder über die positionsbezogene Zuordnung. Durch dieser Zuordnung werden die Defaultwerte des   zugehörigen `entity/architecture`-Paares überschrieben. Diese `generic`-Defaultwerte müssen in jedem Fall angegeben werden, da die einzelne Komponente für Testzwecke simulierbar und synthesefähig sein muss. Zu beachten ist, dass nur Parameter vom Typ `integer`, `natural` oder `positive` synthesefähig sind [39]. Das Syntheseergebnis zum Code 7-3 ist identisch mit dem in Bild 7-5. In diesem Code ist zu beachten, dass das Syntaxelement `generic map` nicht durch ein Semikolon von der `port map` getrennt wird.

```
-- 4 zu 2 Prioritätsencoder-Strukturmodell
-- Interne Konfiguration
entity ENCODER_4_2_1 is
port(           I_E     : in  bit_vector (3 downto 0);
                A_E     : out bit_vector (1 downto 0);
                ANY     : out bit );
end ENCODER_4_2_1;
architecture STRUKTUR of ENCODER_4_2_1 is
signal INT: bit_vector(1 downto 0);
-- Komponenten-Deklaration: Verwendete IC-Typen
component AND_2
        port(   I       : in  bit_vector(1 downto 0);
                A       : out bit);
end component;

component OR_V           -- Parametrisiertes ODER-Gatter
        generic(WB       : positive ; -- Kopie aus der Entity.
                DELAY : time);
        port( I         : in  bit_vector(WB- 1 downto 0);
              A         : out bit);
end component;
-- Konfiguration: Board wird mit ICs bestückt.
for I_0: AND_2          use entity WORK.AND_2(UND_2_1N);
for all: OR_V           use entity WORK.OR_V(ODER_V);
-- Instanziierung der Komponenten: Adaptersockel-Platzierung
begin
I_0:    AND_2   port map(I_E(2 downto 1), INT(1));
I_1:    OR_V    generic map(WB => 2, DELAY => 10 ns)-- locals => actuals
                port map(INT, A_E(0));
I_2:    OR_V    generic map(WB => 2, DELAY => 10 ns)
                port map(I_E(3 downto 2), A_E(1));
I_3:    OR_V    generic map(WB => 4, DELAY => 10 ns)
                port map(I_E, ANY);
INT(0) <= I_E(3);
end STRUKTUR;
```

Code 7-3: Strukturmodell des 4 zu 2 Prioritätsdecoders nach Bild 7-4 mit einem parametrisierten ODER-Gatter

7.2.1.5 Iterative Instanziierung

Ein weiterer Schlüssel zur Wiederverwendung von VHDL-Entwürfen besteht darin, dass man parametergesteuerte Instanziierungen mit variabler Anzahl von Komponenten realisiert und einzelne, diskret formulierte Instanziierungen mit fester Komponentenverdrahtung vermeidet. Auf Basis der `generate`-Anweisung lassen sich indizierte Instanziierungen in einer Schleife mit einer statisch vorgegebenen Ausführungshäufigkeit aufbauen. In diesen schrittweise generierten Instanziierungen kann der Bearbeitungsfluss zusätzlich über Bedingungen gesteuert werden. Die Syntax für die `generate`-Anweisung hat folgende Form:

```
<Marke_0>:      for <Parameter> in <Wert_1> to <Wert_2> generate
                [<Marke_1>: if <Bedingung> generate]
                {<Instanziierung mit indizierten
                     Schnittstellenzuordnungen>;}
                       [end generate [<Marke_1>]];
                end generate [<Marke_0>];
```

Der Parameter im `generate`-Schema ist eine statische Größe, die nur hier implizit deklariert wird, nur innerhalb der `generate`-Anweisung verfügbar ist und nicht verändert werden darf. Die Bedingung in der `if generate`-Anweisung fragt den Wert des Parameters ab und erzeugt ggf. eine spezielle Instanziierung. Der innere `if generate-end generate` Rahmen ist jeweils nur als Ganzes optional einsetzbar.

Als Beispiel wird die in Bild 7-6 dargestellte Variante der Schaltung von Bild 7-4 verwendet, die ausschließlich ODER-Gatter mit zwei Eingängen enthält.

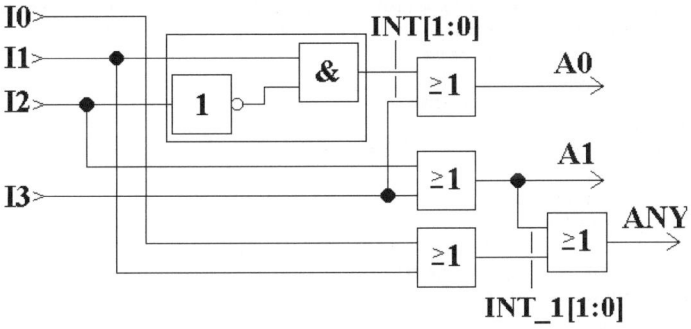

Bild 7-6: Darstellungsvariante des 4 zu 2 Prioritätsencoders (vgl. Bild 7-4)

Das zusätzliche interne Signal INT_1 wird hier zur Zusammenfassung zweier ODER-Gatterausgänge verwendet, da das Vierfach-ODER in drei Zweifach-ODER aufgespalten wurde. Insgesamt werden nur vier ODER-Gatter benötigt (AK = 4), da die Verknüpfung I2∨I3 mehrfach verwendet wird.

Im Code 7-4 ist ein Strukturmodell dargestellt, in dem die vier ODER-Gatter mit einer bedingten `generate`-Anweisung instanziiert werden. Darin steuert der Parameter K in den Grenzen 0 bis AK – 1 den Ablauf der Instanziierung, wobei das erste und das letzte

ODER-Gatter für die Ausgänge A_E(0) bzw. ANY separat behandelt werden. Die mittlere Instanz OR_M demonstriert für K = 1 und 2, wie mit Indexarithmetik die Schnittstellenzuordnung parametrisierbar ist. Der Eingang I der ODER-Instanz für K = 1 erhält das Signal I_E(1 downto 0) und der `port` I der Instanz für K = 2 erhält das Signal I_E(3 downto 2) (vgl. Code 7-4).

```
-- 4 zu 2 Prioritätsencoder-Strukturmodell mit iterativer Instanziierung
entity ENCODER_4_2_2 is
generic( AK: positive := 4);  -- Anzahl der ODER-Gatter
port(   I_E      : in  bit_vector (3 downto 0);
        A_E      : out bit_vector (1 downto 0);
        ANY      : out bit );
end ENCODER_4_2_2;
architecture STRUKTUR of ENCODER_4_2_2 is
signal INT, INT_1: bit_vector(1 downto 0);
-- Komponenten-Deklaration: Verwendete IC-Typen
component AND_2
        port(   I       : in  bit_vector(1 downto 0);
                A       : out bit);
end component;
component OR_2
        port(   I       : in  bit_vector(1 downto 0);
                A       : out bit);
end component;

-- Konfiguration: Board wird mit ICs bestückt.
for I_0: AND_2 use entity WORK.AND_2(UND_2_1N);
for all: OR_2  use entity WORK.OR_2(ODER_2);
begin
-- Iterative Instanziierung der Komponenten: Adaptersockel-Platzierung
I_0:    AND_2   port map(I_E(2 downto 1), INT(1));
I_G:    for K in 0 to AK - 1 generate
        OR_A:   if K = 0 generate
                I_A:    OR_2    port map(INT, A_E(0));
                end generate OR_A;
        OR_M:   if K > 0 and K < AK - 1 generate
                I_M:    OR_2
                        port map(I_E(2*K - 1 downto 2*(K - 1)), INT_1(K - 1));
                end generate OR_M;
        OR_E:   if K = AK - 1 generate
                I_E:    OR_2    port map(INT_1, ANY);
                end generate OR_E;
        end generate I_G;
INT(0)   <= I_E(3);
A_E(1) <= INT_1(1);
end STRUKTUR;
```

Code 7-4: Strukturmodell des 4 zu 2 Prioritätsencoders nach Bild 7-6 mit parametrisierter `generate`*-Anweisung für vier ODER-Gatter (AK = 4)*

Das Syntheseergebnis in *Bild 7-7* zeigt, dass die für die Indexberechnungen erforderlichen Multiplikationen nicht zu einer Multiplizierer-Hardware führen, da alle bei der Indexberechnung verwendeten Werte statisch sind. Die vier instanziierten OR_2 Komponenten tragen Namen, die sich aus den Instanzmarken der `generate`-Anweisung zusammensetzen. Die Eingangssignalvektoren der unteren beiden ODER-Instanzen bestehen jeweils aus zwei 1-Bit Signalen.

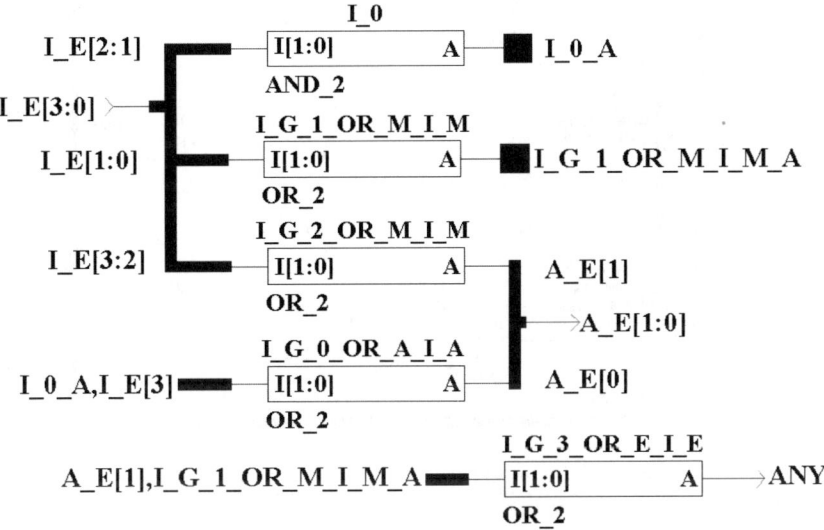

Bild 7-7: Syntheseergebnis zum Strukturmodell des 4 zu 2 Prioritätsencoders nach Code 7-4

7.2.2 Entwurf einer skalierbaren Addier/Subtrahier-Einheit

Der vorausgegangene Abschnitt hat die Skalierung von Strukturmodellen mit parametrisierten Komponenten und deren iterative Instanziierung an separaten Beispielen aufgezeigt. Diese waren zur Verdeutlichung der synthesefähigen Syntax und deren Auswirkung auf die Syntheseergebnisse aus digitaltechnischer Sicht möglichst einfach ausgelegt. In diesem Abschnitt hingegen sollen alle Skalierungsmöglichkeiten zusammen an einem komplexeren Beispiel demonstriert und vertieft werden. Damit erhält der Leser weitere unterstützende Muster für die Übertragung der aufgezeigten Details des strukturellen Entwurfes auf praxisbezogenere Aufgabenstellungen.

Ein System mit variabler Anzahl AK von gekoppelten Addier/Subtrahier-Komponenten wird angelehnt an Code 5-5 schrittweise entwickelt. In Bild 7-8 ist eine Übersicht mit drei gekoppelten Rechenkomponenten V_AD_SUB und einer Komponente SUM_KOMB zur Zusammenfassung der Teilsummen dargestellt. Jede der Rechenkomponenten verarbeitet Zweierkomplementzahlen A_IN und B_IN mit der Wortbreite WB=3 und liefert ein Summensignal SUM sowie ein Übertragssignal C_B und ein Overflowsignal OV. Mit dem Übertragssignal werden die einzelnen Rechenkomponenten gekoppelt. Die zusätzliche Komponente SUM_KOMB ist erforderlich, um die Teilsummen zu einem Gesamtsummenvektor SUM_G zusammenzufassen, wobei jeweils das Vorzeichenbit der ersten AK − 1 Einzelstufen entfernt wird. Die letzte Addier/Subtrahier-Stufe liefert dann das Übertragsbit C_B_G und das Overflowbit OV_G des Gesamtsystems.

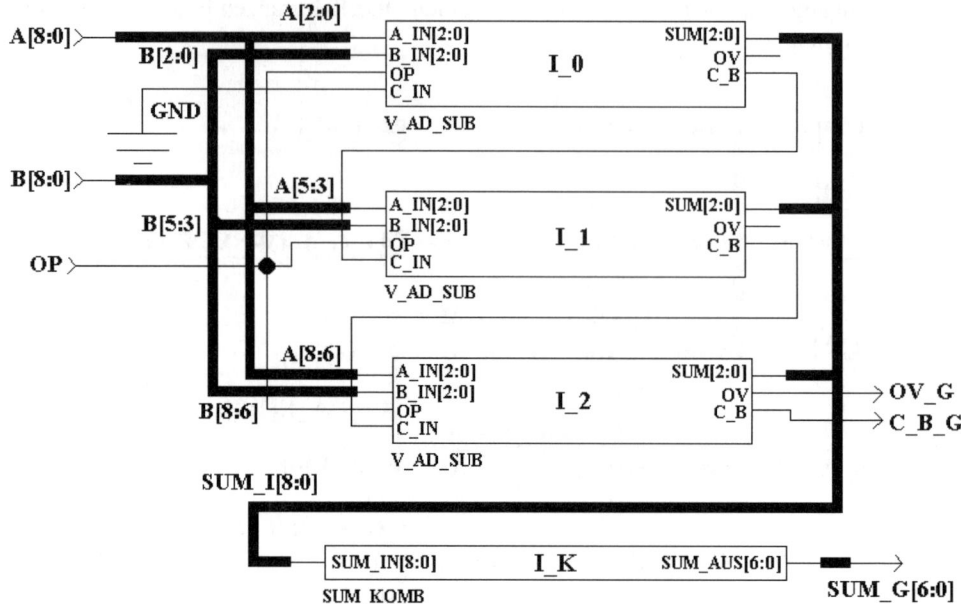

Bild 7-8: Übersicht zur Struktur des Systems mit drei gekoppelten Addier/Subtrahier-Komponenten

Das System ließe sich auch mit einer einzigen Komponente V_AD_SUB realisieren, die entsprechend breite Eingangs- und Ausgangsvektoren haben müsste. Hier wird jedoch der strukturelle Ansatz mit Teilkomponenten gewählt, damit die Codierung von Skalierungs-freiheitsgraden an einem Beispiel mit noch übersichtlichem Umfang vorgestellt werden kann.

Drei Entwurfsschritte werden im Folgenden aufgezeigt:

- Parametrisierung der Vektorbreite der Schnittstellensignale in der Addier/Subtrahier-Komponente: Entity V_AD_SUB_2

- Entwurf der Komponente zur Kombination der Teilsummen mit einer Parametrisierung in Abhängigkeit von der Anzahl der Rechenkomponenten und deren Schnittstellenbrei-te: Entity SUM_KOMB_1

- Darstellung eines skalierbaren Strukturmodells, in dem die Zahlenwerte für den ge-wünschten Umfang des Gesamtsystems fixiert werden: Entity AD_SUB_2

Im Code 7-5 ist die modifizierte Entity V_AD_SUB_2 einer Addier/Subtrahier-Komponente mit dem `generic` WB für die Schnittstellenbreite dargestellt. Ebenso sind alle internen Signale und die Variablen des Prozesses ADD_SUB mit WB parametrisiert. Damit auch die Variable V3, die den Carry-Eingang C_IN aufnimmt, flexibel mit Nullele-menten verbreitert werden kann, ist eine Nullvektor-Variable NULL_V eingeführt worden.

```
-- Parametrisierter Addierer/Subtrahierer mit SIGNED-Arithmetik
library IEEE;
use IEEE.std_logic_1164.all;
```

```
use IEEE.std_logic_arith.all;
entity V_AD_SUB_2 is
generic (WB           : positive := 3);      -- Wortbreite der Komponente
port( A_IN ,B_IN      : in  bit_vector(WB - 1 downto 0);
      OP, C_IN        : in  bit ;-- Funktionsumschaltung, Übertragseingang
      SUM             : out bit_vector(WB - 1 downto 0);
      OV, C_B         : out bit);              -- Overflow, Übertragsausgang
end V_AD_SUB_2;
architecture VECTOR_ADD of V_AD_SUB_2 is
signal CIN: bit_vector(0 downto 0);
begin
CIN(0) <= C_IN;
ADD_SUB:        process(OP, CIN, A_IN, B_IN)
        variable ZW, V1, V2, V3      : signed(WB - 1 downto 0);
        variable TEMP                : signed(     2 downto 0);
        variable NULL_V              : signed(WB - 2 downto 0);
        begin
             NULL_V := (others => '0');-- Nullvektor-Initialisierung
             V1 := signed(To_StdLogicVector(A_IN(WB - 1 downto 0)));
             V2 := signed(To_StdLogicVector(B_IN(WB - 1 downto 0)));
             V3 := NULL_V & signed(To_StdLogicVector(CIN));
             if OP = '1' then
                    ZW := V1 + V2 + V3;      -- ADDITION
                    TEMP := (ZW(WB - 1),V2(WB - 1),V1(WB - 1));
                    case  TEMP is
                        when "001" =>         C_B <= '1'; OV <= '0';
                        when "010" =>         C_B <= '1'; OV <= '0';
                        when "011" =>         C_B <= '0'; OV <= '1';
                        when "100" =>         C_B <= '1'; OV <= '1';
                        when "111" =>         C_B <= '1'; OV <= '0';
                        when others =>        C_B <= '0'; OV <= '0';
                    end case;
             else   ZW := V1 - V2 - V3;      -- SUBTRAKTION
                    TEMP := (ZW(WB - 1),V2(WB - 1),V1(WB - 1));
                    case  TEMP is             -- C_B = Borrow
                        when "001" =>         C_B <= '1'; OV <= '1';
                        when "010" =>         C_B <= '1'; OV <= '0';
                        when "100" =>         C_B <= '1'; OV <= '0';
                        when "110" =>         C_B <= '0'; OV <= '1';
                        when "111" =>         C_B <= '1'; OV <= '0';
                        when others =>        C_B <= '0'; OV <= '0';
                    end case;
             end if;
             SUM <= To_bitvector(std_logic_vector(ZW(WB - 1 downto 0)));
        end process ADD_SUB;
end VECTOR_ADD;
```

Code 7-5: Addier/Subtrahier-Komponente mit parametrisierter Signalvektorbreite WB

Die Vektorbreite der Signale A, B und SUM_I in Bild 7-8 berechnet sich mit den Parametern AK und WB zu AK * WB. Die Eingangssignalvektoren A und B werden in vorzeichenbehaftete Teilvektoren aufgeteilt, die für die Ansteuerung der universellen Addier/Subtrahier-Komponenten (Entity V_AD_SUB_2) benötigt werden.

Die Komponente mit der Entity SUM_KOMB_1 nach Code 7-6 stellt das vorzeichenbehaftete Signal SUM_G aus den Teilsummen zusammen, indem nur das Vorzeichenbit der höchstwertigen Rechenkomponente übernommen wird und die Vorzeichen der AK – 1 anderen Stufen entfernt werden. Zur Verdeutlichung ist in den Kommentarzeilen am Ende des Code 7-6 eine explizite Darstellung dieses Transfers für ein Beispiel mit AK = 4 und WB = 5 angegeben.

Die skalierbare Lösung ist mit einer for loop-Anweisung in einem Prozess realisiert, der den zu reduzierenden Summenvektor SUM_I in seiner Empfindlichkeitsliste enthält. Der Laufindex J der for loop zählt alle AK * (WB-1) Wertebits des Zielvektors SUM_AUS durch. Mit der Rechenvariablen M wird das Abzählen im Signal SUM_I zu WB-1 breiten Bitgruppen so gesteuert, dass die Offsetvariable L für ein Überspringen der zu eliminierenden Vorzeichenbits sorgt. Das interessierende Vorzeichenbit kann dann unabhängig von der Schleife transferiert werden. Diese nur in Prozessen zulässige for loop zeigt einen sinnvollen Einsatz von Integerarithmetik mit Variablen. Die Schleife verarbeitet statische Integerparameter, die schon zur Zeit der Compilierung für die Simulation und der Elaboration in der Synthese ausgewertet werden können. Nur deshalb können die Synthesewerkzeuge diesen for loop-Code verarbeiten und generieren daraus keine kombinatorische Logik, sondern lediglich Signalverzweigungen [39], [42].

```
-- Zusammenfassung der Komponententeilsummen
-- Parametrisierte Indizierung von Vektorelementen
entity SUM_KOMB_1 is
generic(WB     : positive := 5;        -- Wortbreite der Komponenten
        AK     : positive := 4);       -- Anzahl der Komponenten
port(  SUM_IN          : in  bit_vector((AK * WB) - 1 downto 0);
       SUM_AUS         : out bit_vector( AK * (WB - 1) downto 0));
end SUM_KOMB_1;
architecture SLICES of SUM_KOMB_1 is
begin
process(SUM_IN)
variable L, M : integer range 0 to WB;
variable N    : integer range 0 to (AK * WB) - 2;
   begin        -- Rechnung mit statischen Größen
        N := 0;          L := 0;          M := WB;
        for J in 0 to  (AK * (WB - 1)) - 1 loop
             M := M - 1;
             if  M < 1 then
                  L := L + 1;
                  M := WB - 1;
             end if;
             N := J + L;
             SUM_AUS(J) <= SUM_IN(N);
        end loop;
        SUM_AUS(AK * (WB - 1)) <= SUM_IN((AK * WB) - 1);-- Vorzeichenbit
   end process;
-- Ergebnis für WB = 5 und AK = 4:
-- SUM_AUS(16 downto 12) <= SUM_IN(19 downto 15);
-- SUM_AUS(11 downto  8) <= SUM_IN(13 downto 10);
-- SUM_AUS( 7 downto  4) <= SUM_IN( 8 downto  5);
-- SUM_AUS( 3 downto  0) <= SUM_IN( 3 downto  0);
end SLICES;
```

Code 7-6: Komponente SUM_KOMB_1 zur Zusammenfassung von Teilsummen

Das Strukturmodell der `entity` AD_SUB_2 nach Code 7-7 realisiert die Verkettung der beschriebenen Komponenten. Darin sind die Vektorbreiten und die Anzahl der Addier/Subtrahier-Komponenten so parametrisiert, dass die Skalierung mit `generic`-Werten W und K nur in der `entity`-Beschreibung erfolgen muss. Zur besseren Unterscheidung der Gültigkeitsbereiche der `generic`-Parameter sind diese in der Top-Entity AD_SUB_2 anders benannt als in den Komponenten. Die Übernahme der aktuellen Parameter in die Komponenten übernehmen die `generic maps` in den Instanziierungen. Die `port maps` sind mit Positional-Schnittstellenzuordnung formuliert, sodass nur die aktuellen Signale mit den in der Top-Entity deklarierten Parametern angegeben sind. Die Instanziierungen der nieder- und der höchstwertigsten Addier/Subtrahier-Komponenten sind in den Instanzen I_A und I_E separat ausgeführt. Von der `generate`-Anweisung wird die dazwischen liegende Kette von Rechenkomponenten instanziiert. Da die Indexauswertungen der zu verarbeitenden Vektorabschnitte auf statischen `integer`-Parametern beruhen, sind alle erforderlichen arithmetischen Operationen synthesefähig. Durch Einsetzen von Zahlenwerten für die Wortbreite W und die Anzahl K der Rechenkomponenten kann man sich leicht überzeugen, dass die `generate`-Anweisung jeweils aneinander anschließende Vektorabschnitte aus den Signalen A, B und SUM_I in die Schnittstellenzuordnung der `port maps` einbringt.

```
-- Addierer/Subtrahierer Strukturmodell
library IEEE;
use IEEE.std_logic_1164.all;
entity AD_SUB_2 is
generic(      W : POSITIVE := 3;    -- Wortbreite einer Komponente
              K : POSITIVE := 3);   -- Anzahl der V_AD_SUB_2-Komponenten
port(   A ,B          : in  bit_vector ((K*W) - 1 downto 0);
        OP            : in  bit;
        SUM_G         : out bit_vector (K*(W- 1) downto 0);
        OV_G, C_B_G   : out bit );
end AD_SUB_2;

architecture STRUKTUR of AD_SUB_2 is
signal C_R     : bit_vector (K - 2 downto 0);    -- Rippel-Carry
signal SUM_I   : bit_vector ((K*W) - 1 downto 0);
signal ZERO    : bit ;
component V_AD_SUB_2 -- Komponenten-Deklaration: verwendeter IC-Typ
        generic(WB          : POSITIVE );  -- Wortbreite einer Komponente
        port( A_IN ,B_IN    : in  bit_vector(WB - 1 downto 0);
              OP, C_IN      : in  bit ;
              SUM           : out bit_vector(WB - 1 downto 0);
              OV, C_B       : out bit);-- Verkettung von Modulen mit C_B
end component;
component SUM_KOMB_1
        generic(WB     : POSITIVE := W;   -- Wortbreite einer Komponente
                AK     : POSITIVE := K );-- Anzahl der V_AD_SUB_2-Komponenten
        port(  SUM_IN : in  bit_vector((AK*WB) - 1 downto 0);
               SUM_AUS : out bit_vector( AK*(WB - 1)downto 0));
end component;
        -- Konfiguration: Board wird mit Chip bestückt
for I_K: SUM_KOMB_1   use entity WORK.SUM_KOMB_1(SLICES);
for all: V_AD_SUB_2   use entity WORK.V_AD_SUB_2(VECTOR_ADD);
```

```
begin  -- Instanziierung der Komponenten: Adaptersockel-Platzierung
ZERO <= '0';
I_A : V_AD_SUB_2          generic map(WB => W)
         port map(A(W -1 downto 0), B(W -1 downto 0), OP, ZERO,
                  SUM_I(W -1 downto 0), open, C_R(0));
I_G:  for n in 1 to K - 2 generate
                 I_I: V_AD_SUB_2          generic map(WB => W)
              port map(A((W*(n+1))-1 downto (W*n)),
                       B((W*(n+1))-1 downto (W*n)),OP, C_R(n-1),
                       SUM_I((W*(n+1))-1 downto (W*n)), open, C_R(n));
      end generate;
I_E : V_AD_SUB_2          generic map(WB => W)
         port map(A((K*W -1) downto ((K-1)*W)), B((K*W -1) downto ((K-1)*W)),
                  OP, C_R(K-2), SUM_I((K*W -1) downto ((K-1)*W)), OV_G, C_B_G);
I_K : SUM_KOMB_1          generic map(WB => W, AK => K)
         port map(SUM_I, SUM_G);
end STRUKTUR;
```

Code 7-7:   Strukturmodell mit Parametrisierung und iterativer Instanziierung

Das Syntheseergebnis des Strukturmodells nach Code 7-7 mit drei Addier/Subtrahier-Komponenten und der Wortbreite WB = 3 entspricht bis auf einige Bezeichnungen interner Signale exakt der Übersicht in Bild 7-8. Die Gesamtschaltung verarbeitet zwei 9 Bit breite, vorzeichenbehaftete Zahlen und liefert ein 7 Bit Ergebnis SUM_G, das zusammen mit dem Vorzeichenbit C_B_G den Ergebnisbereich - 128 ... 127 abdeckt. Beim Verlassen wird das Bit OV_G gesetzt.

7.2.3   Kopplung von Signalen in strukturellen VHDL-Beschreibungen

Dieser Abschnitt enthält einerseits eine Zusammenfassung zu den zulässigen Kopplungen zwischen den Komponenten untereinander sowie andererseits zu den Kopplungen der Komponenten zur übergeordneten entity. Die Eigenschaften der port-Modi bedingen einige zu beachtende Einschränkungen [37], [39].

Jede direkte Kopplung zwischen Aus- und Eingängen von Komponenten untereinander erfordert ein intern deklariertes Signal. Bei der Kopplung der Komponenten zu den Schnittstellensignalen der jeweils höheren Ebene sind jedoch die in der Tabelle 7-1 aufgeführten Restriktionen zu berücksichtigen. Damit die dort mit Indizes a) bis c) gekennzeichneten Fälle erläutert werden können, sind vorab die für den port-Modus buffer geltenden vier Regeln genannt:

1. Wenn das Signal (Actual Objekt), das mit einer Komponentenklemme vom Port-Modus buffer verbunden wird, zu einer übergeordneten entity gehört, dann muss dieser Port der entity ebenfalls den Modus buffer haben.

2. Wenn ein buffer-Port einer entity als Signal (Actual) mit einem Local-Port einer Komponente verbunden wird, dann muss dieser vom Modus in oder buffer sein.

3. Ein buffer-Port darf nur eine Quelle, d.h. einen Treiber haben. Es können also nicht mehrere Quellen aufgelöst werden, um einem buffer-Port einen Pegel zuzuweisen.

4. Wenn ein Signal (Actual) mit einem `buffer`-Port einer Komponente verbunden wird, dann muss dieser Port die einzige Quelle des Signals sein. Deshalb kann ein `buffer`-Port einer Komponente nicht als einer von mehreren Treibern eines aufgelösten internen Signals wirksam werden.

`port`-Modus der Komponente	`port`-Modus der übergeordneten `entity`			
	`in`	`out`	`inout`	`buffer`
`in`	ja	nein	ja	ja [a)]
`out`	nein	ja	ja	nein [b)]
`inout`	nein	nein	ja	nein [b)]
`buffer`	nein	nein [c)]	nein [c)]	ja

Tabelle 7-1: Zulässige und nicht erlaubte `port`-Kombinationen für die Kopplung zwischen Komponenten und der übergeordneten `entity`

Erläuterung zu den gekennzeichneten `port`-Kombinationen in Tabelle 7-1:

a) Die Kopplung `buffer-in` (`entity port-component port`) ist laut Regel 2 zulässig. Der Eingangstreiber der Komponente erhält ein Signal über die `buffer`-Rückführung.

b) Regel 2 verbietet diese Kombinationen. Regel 3 ebenso, da zu den `out` bzw. `inout` Modi mehrere aufgelöste Signaltreiber vom Typ `std_logic` gehören können.

c) Diese Kombinationen werden durch Regel 1 ausgeschlossen, obwohl keine widersprüchlichen Signalflussrichtungen entstehen würden.

Die Verwendung des `port`-Modus `buffer` ist also aufgrund seiner eingeschränkten Kombinationsfähigkeit nicht zu empfehlen. In zahlreichen Beispielen wurde bisher aufgezeigt, wie der `port`-Modus `buffer` durch Einsatz des `port`-Modus `out` in Verbindung mit internen Signalen vermieden werden kann. Die übrigen in Tabelle 7-1 aufgeführten nicht zulässigen Kombinationen sind damit zu erklären, dass entweder Signaltreiber zu Kurzschlüssen gekoppelt würden oder keine Quellensignale vorhanden wären.

Offene Eingänge der Komponenten (Schnittstellensignale mit dem Modus `in`) sind mit internen Signalen zu verbinden, die innerhalb der übergeordneten Architektur durch eine Signalzuweisung initialisiert werden. Nicht benötigte Ausgänge von Komponenten sind in der Schnittstellenzuordnung (`port map`) durch das Schlüsselwort `open` zu kennzeichnen.

7.3   Blockstrukturierung in Architekturen

Als weiteres Gestaltungsmittel zur Partitionierung der Komponentenarchitekturen wird die block-Anweisung vorgestellt. Sie dient insbesondere der Kennzeichnung von einzelnen Funktionsanteilen und erleichtert damit die Lesbarkeit des Codes.

block-Anweisungen stellen einen Mechanismus dar, mit dem sich in einer Architektur zusammenhängende Abschnitte gruppieren lassen. Jeder block repräsentiert einen abgeschlossenen Bereich eines Modells. Er dient dazu, Signale, Typen und Konstanten nur lokal im block verfügbar zu halten. Natürlich können auch alle in der architecture übergeordnet deklarierten Größen verwendet werden. Blöcke können also immer dort zur hierarchischen Gliederung von Architekturen beitragen, wo eine Strukturbeschreibung durch zu starke Parzellierung den Code schlecht lesbar macht. Ebenso würden die Syntheseergebnisse beeinträchtigt, weil zu enge Komponentengrenzen die Logikoptimierung einschränken. Einen weiteren Vorteil ergeben Blöcke in der Simulation, da jeder Block als hierarchische Ebene angezeigt wird.

Die Syntax der auch hierarchisch konstruierbaren block-Anweisung lautet:

```
<Block-Name>: block
              [{<Deklarationsteil>}]
              begin
              {<Nebenläufige Anweisungen>}
              end block [<Block-Name>];
```

Im folgenden Beispiel nach Bild 7-9 und Code 7-8 wird eine Architektur in zwei Blöcke separiert, von denen der erste eine Adressdecodierung durchführt und den Moore-Automaten im zweiten block ansteuert.

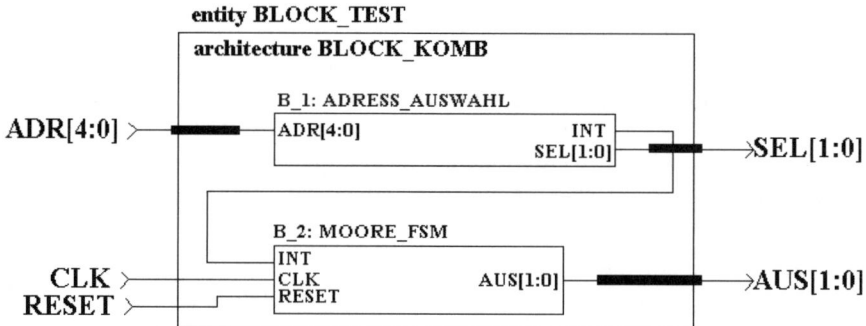

Bild 7-9:   Aufteilung einer Architektur in kombinatorische Logik und eine Schaltwerkfunktion durch
block-Anweisungen

Die Kopplung der Blöcke erfolgt über ein internes Signal INT der Architektur BLOCK_KOMB. Das Zustands- und das Folgezustandssignal des Automaten sind beide als interne Signale des Blockes MOORE_FSM deklariert, sodass sie nur dort sichtbar sind. Nur das Ausgangssignal AUS verlässt den block MOORE_FSM, da es in der übergeordneten

Architektur deklariert ist. Die Zustandsgrößen ZUSTAND und FOLGE_Z hingegen sind dort gekapselt. Eine `integer`-Variable TEMP wurde hier für die `case when`-Anweisung gewählt, da eine dezimale Darstellung von Adressen leichter überprüfbar ist. Daraus resultiert die im Code 7-8 notwendige Typkonvertierung mit der Funktion `conv_integer`.

```vhdl
-- Kopplung von Blockanweisungen
library IEEE;
use IEEE.std_logic_1164.all;
use IEEE.std_logic_unsigned.all;
entity BLOCK_1 is
generic( WB : positive:=5);
port( ADR            : in  bit_vector(WB -1 downto 0);
      CLK, RESET      : in  bit ;
      AUS, SEL        : out bit_vector(1 downto 0));
end BLOCK_1;


architecture BLOCK_KOMB of BLOCK_1 is
signal INT: bit;
begin
ADRESS_AUSWAHL: block
   begin
        process(ADR)
        variable TEMP: integer range 0 to 2**WB -1;
           begin
           TEMP := conv_integer(To_StdLogicVector(ADR(WB - 1 downto 0)));
                   case  TEMP is
                           when  28 =>     SEL <= "10"; INT <= '1';
                           when  16 =>     SEL <= "11"; INT <= '1';
                           when   2 =>     SEL <= "01"; INT <= '1';
                           when others => SEL <= "10"; INT <= '0';
                   end case;
        end process;
end  block ADRESS_AUSWAHL;

MOORE_FSM: block
type ZUSTAENDE is (START, STOP);
signal ZUSTAND, FOLGE_Z: ZUSTAENDE;
begin
   SPEICHER: process(CLK, RESET)
        begin
                if RESET = '0' then ZUSTAND <= START;
                elsif CLK'event and CLK = '1' then
                ZUSTAND <= FOLGE_Z;
                end if;
        end process SPEICHER;
   UE_AUS_SN: process(INT, ZUSTAND)
        begin
           FOLGE_Z <= START;
           case ZUSTAND is
             when START =>  AUS <= "10";
                            if INT = '1' then FOLGE_Z <= STOP;
                            end if;
             when STOP =>   AUS <= "01";
                            if INT = '1' then FOLGE_Z <= STOP;
                            end if;
           end case;
```

```
      end process UE_AUS_SN;
end block MOORE_FSM;
end BLOCK_KOMB;
```

Code 7-8:   Gliederung einer Architektur in zwei Blöcke

7.4   Strukturierung mit Unterprogrammen

Ähnlich wie in den bekannten Pogrammiersprachen C oder PASCAL können Hardware-funktionen auch mit Unterprogrammen modelliert werden:

- Eine Prozedur (`procedure`) ist ein Unterprogramm, welches mit einer Argumentliste aufgerufen wird. Dabei können mehrere Eingangs- und mehrere Ausgangsgrößen definiert werden.

- Eine Funktion (`function`) ist hingegen ein Unterprogramm, das nur Eingänge in der Argumentliste besitzt. Der einzige Rückgabewert der Funktion ist mit dem Funktions-namen verknüpft und wird bei der `return`-Anweisung angegeben.

7.4.1   Lokale Prozeduren und Funktionen

Prozeduren und Funktionen werden, wenn sie nur lokal, also innerhalb einer `architecture` verfügbar sein sollen, innerhalb des Deklarationsteils, also vor dem `begin` der Architektur deklariert. Wenn Unterprogramme für mehrere Entwurfseinheiten eines Projektes global verfügbar gemacht werden sollen, so empfiehlt es sich, die Unterprogramme in einem `package` abzulegen, welches den Entwurfseinheiten verfügbar gemacht werden muss, die es verwenden (vgl. Kap. 7.4.2).

Der Aufruf der Unterprogramme erfolgt entweder sequentiell, d.h. innerhalb eines Prozesses, oder aber nebenläufig durch Angabe des Unterprogrammnamens, gefolgt von einer geklammerten Liste der aktuellen Argumente. Ähnlich wie bei der Instanziierung von Komponenten erfolgt die Zuordnung der aktuellen Argumente entweder durch Angabe in der richtigen Reihenfolge (Positional Order) oder aber durch Angabe der formalen Argumente (Named Order). Die Aktivierung eines Unterprogramms beginnt mit der Wertänderung eines aktuellen Arguments. Sie ist also vergleichbar zur Aktivierung eines Prozesses mit Empfindlichkeitsliste.

Innerhalb von Unterprogrammen dürfen Variable verwendet werden. Allerdings wird deren Wert, im Gegensatz zu Prozessen, beim Verlassen des Unterprogramms **nicht** bis zum nächsten Aufruf gespeichert. Signaldeklarationen sind hingegen in Unterprogrammen nicht synthesefähig [20].

Unterprogramme dürfen weitere Unterprogramme aufrufen. Rekursive Aufrufe sind zwar für eine Simulation zulässig, jedoch nicht synthetisierbar. Innerhalb einer Funktion dürfen nur sequentielle Anweisungen (jedoch nicht die `wait`-Anweisung) verwendet werden, wie die Syntax der Funktionsdefinition zeigt:

```
function <Funktionsname> [( < Argumentliste mit Typangabe>)]
                    return < Rückgabetyp> is
        [<Deklarationen>]
begin
        {<Sequentielle Anweisungen, ausgenommen wait-Anweisung>}
        return <Rückgabeausdruck>;
end [function] <Funktionsname>;
```

In der Praxis wird häufig zur Bereitstellung des Rückgabewertes innerhalb der Funktion eine Variable definiert, deren Wertänderung sofort aktualisiert wird und auf die in der Funktion sofort zurückgegriffen werden kann.

Als einführendes Beispiel zeigt Code 7-9 den Entwurf eines Paritätsgenerators für ungerade Parität mit einer Funktion PARGEN.

```
-- Paritaetsgenerator fuer ungerade Paritaet mit function
---------------------------------------------------------
entity PARGEN8 is
        port ( A: in bit_vector(3 downto 0);
               B: in bit_vector(7 downto 0);
               PUA, PUB: out bit);
end PARGEN8;

architecture VERHALTEN of PARGEN8 is

--Funktionsdefinition--------------------------------
function PARGEN (AVECT : bit_vector) return bit is
variable PU_VAR: bit;
begin                          -- der Funktion
        PU_VAR := '1';
        for I in AVECT'range loop
                if AVECT(I) ='1' then
                        PU_VAR := not PU_VAR;
                end if;
        end loop;
        return PU_VAR;
end PARGEN;                    -- der Funktion


---------------------------------------------------------
begin                          -- der Architektur
        PUA <= PARGEN(A);
        PUB <= PARGEN(B);
end VERHALTEN;
```

Code 7-9: Realisierung eines Paritätsgenerators mit Hilfe einer Funktion

In dem Beispiel wird die Funktion in nebenläufigen Signalzuweisungen der Architektur am Codeende doppelt aufgerufen. Dabei wird die Parität zweier unterschiedlich langer Bitvektoren A und B gebildet. Dies ist möglich, da in der Funktionsdefinition nicht die Bitvektorlänge angegeben wurde. Durch Verwendung des Signalattributs 'range innerhalb der Funktion wird der Index der for-Schleife automatisch an die aktuelle Bitvektorbreite angepasst. Bei der Synthese werden zwei Signalpfade mit 3 bzw. 7 Antivalenzgattern generiert.

Im zweiten Beispiel, einem Ripple-Carry Addierer, werden zwei Funktionen verwendet, um in jeder Bitstufe die Summe bzw. den Übertrag (Carry) zu berechnen. Der eigentliche Addierer befindet sich in einem Prozess, der aktiviert wird, wenn sich der Wert einer der beiden Summanden A oder B ändert. Die einzelnen Stufen des Addierers werden durch eine for-Schleife generiert, innerhalb derer die beiden Funktionen SUM_FUNC und CARRY_FUNC aufgerufen werden. Durch Parametrisierung der Breite der Eingangsvektoren bzw. der internen Variablen sowie der Schleifengrenze der for-Anweisung wird im Code 7-10 ein synthetisierbarer Ripple-Carry Addierer beliebiger Bitbreite modelliert.

```
-- Generic Ripple-Carry Addierer mit functions
-----------------------------------------------------------
entity ADDERX is
        generic(BREITE: natural:=4);
        port (A, B: in bit_vector(BREITE-1 downto 0);
                CARRY_IN: in bit;
                SUM: out bit_vector(BREITE-1 downto 0);
                CARRY_OUT: out bit);
end ADDERX;
-----------------------------------------------------------
architecture STRUKT_FUNC of ADDERX is

function SUM_FUNC (AIN, BIN, CIN : bit) return bit is
begin
        return AIN xor BIN xor CIN;
end SUM_FUNC;

function CARRY_FUNC (AIN, BIN, CIN : bit) return bit is
begin
        return (AIN and BIN) or (AIN and CIN) or (BIN and CIN);
end CARRY_FUNC;
-----------------------------------------------------------
begin
process(A, B, CARRY_IN)
variable CARRY_VAR: bit_vector(BREITE downto 0);
variable SUM_VAR: bit_vector(BREITE-1 downto 0);
begin
        CARRY_VAR := (others =>'0'); -- Initialisierung
        SUM_VAR:= (others => '0');   -- Initialisierung
        CARRY_VAR(0) := CARRY_IN;
        for I in 0 to BREITE-1 loop
                SUM_VAR(I) := SUM_FUNC(A(I),B(I),CARRY_VAR(I));
                CARRY_VAR(I+1) := CARRY_FUNC(A(I),B(I),CARRY_VAR(I));
        end loop;
        SUM <= SUM_VAR;
        CARRY_OUT <= CARRY_VAR(BREITE);
end process;
end STRUKT_FUNC;
```

Code 7-10:   Realisierung eines Ripple-Carry Addierers beliebiger Bitbreite mit Hilfe von Funktionen

Im Gegensatz zu Funktionen ist es bei Prozeduren möglich, **mehrere** Ausgangswerte zurückzuliefern, da der Prozedurname nicht mit einem Datentyp verknüpft ist. Die zugehörige Syntax der Prozedurdefinition lautet:

```
procedure <Prozedurname>
        [( < Argumentliste mit Typangabe>)] is
        [<Deklarationen>]
begin
        {<Sequentielle Anweisungen>}
end [procedure] <Funktionsname>;
```

Als Argument einer Prozedur können Konstanten, Signale und Variable übergeben werden. In der Argumentliste wird neben der Angabe des Argumenttyps auch die Angabe der Datenflussrichtung vor den einzelnen Argumenten bzw. Argumentgruppen benötigt. Dies wird in Code 7-11 verdeutlicht.

```
-- Prozedurschnittstellen
---------------------------------------------------------
entity TEST_ENTITY is
        port (CLK, RESET, D: in bit;
              Q1, Q2: out bit);
end TEST_ENTITY;
---------------------------------------------------------
architecture VERHALTEN of TEST_ENTITY is

procedure TEST_PROC(  constant DELAY: in time:=2 ns;
                      signal CLKINT, RST: in bit;
                      variable DINT : in bit;
                      signal QINT1, QINT2: out bit) is
begin
--
-- Hier steht der Prozedur-Body
--
end TEST_PROC;

begin
P1:     process(CLK)
        variable D: bit;
        begin
                TEST_PROC(DELAY=>1.5 ns, CLKINT=>CLK, RST=> RESET,
                          DINT=>D, QINT1=>Q1, QINT2=>Q2);
        end process P1;
end VERHALTEN;
```

Code 7-11: Prozedurdefinition und -aufruf mit Konstanten, Variablen und Signalen

Als Beispiel der Verwendung von Prozeduren soll die Instanziierung von taktflankengesteuerten D- und JK-Flipflops vorgestellt werden. Der Code 7-12 stellt insofern einen Sonderfall dar, als er nicht durch alle Syntheseprogramme fehlerfrei synthetisierbar ist: Während z.B. FPGA-Express [5] jede Taktflankensteuerung in einem Unterprogramm verbietet, wird bei der Synthese durch Aurora [10] und PeakVHDL [4] für jede der Prozeduren ein D-Flipflop eingesetzt, im Falle der JK-Prozedur mit einem Vorschaltnetz. FPGA-Express erlaubt in Unterprogrammen hingegen keinerlei Flipflop- oder Latch-Konstrukte. In Aurora und PeakVHDL ist dagegen nur die Verwendung von Variablen im Zusammenhang mit der Taktflankensteuerung unzulässig.

Im Unterschied zu Funktionen ist innerhalb von Prozeduren eine eingeschränkte Verwendung der wait-Anweisung dann zulässig, wenn die Prozedur nicht aus einem Prozess mit Empfindlichkeitsliste heraus aufgerufen wird.

Um eine Portierbarkeit zu garantieren, empfehlen wir zusammenfassend auf Basis der heute am Markt erhältlichen Synthesewerkzeuge, VHDL-Konstrukte, die in Unterprogrammen Flipflops oder Latches erzeugen, völlig zu vermeiden.

```
-- Beispiele fuer die Inferierung von Flipflops durch Unterprogramme
-- Hinweis: Nicht mit allen Programmen synthesefaehig !!!
-----------------------------------------------------------
entity FFBEISP is
        port (CLK, RESET, D, J, K: in bit;
                Q: out bit_vector(1 downto 0));
end FFBEISP;
-----------------------------------------------------------
architecture VERHALTEN of FFBEISP is
signal Q1, Q2: bit;
procedure DFF(signal CLK, RESET, D : in bit;
                signal Q: out bit) is
begin
        if RESET='1' then
                Q <= '0';
        elsif CLK='1' and CLK'event then
                Q <= D;
        end if;
end DFF;
procedure JKFF(signal CLK, RESET: in bit;          -- Prozedurdefinition
                signal J, K: in bit;
                signal Q: inout bit) is
begin
        if RESET='1' then
                Q <= '0';
        elsif CLK='1' and CLK'event then
                if J='1' and K='1' then
                        Q <= not Q;
                elsif J='1' and K='0' then
                        Q <= '1';
                elsif J='0' and K='1' then
                        Q <= '0';
                end if;
        end if;
end JKFF;
begin                               -- der Architektur
        DFF(CLK, RESET, D, Q1);
        JKFF(CLK, RESET, J, K, Q2);
        Q <=(Q2,Q1);
end VERHALTEN;
```

Code 7-12: Synthese von D- und JK-Flipflops als Prozeduraufruf. Dieser Quellcode ist nicht mit allen Programmen synthesefähig

Die Beschreibung des JK-Flipflops verwendet für das Ausgangssignal Q einen inout Portmodus. Diese im Vergleich zu den Angaben in Tab. 2-1 zunächst ungewöhnliche Deklaration erklärt sich damit, dass für Unterprogramme die folgenden weiteren Einschränkungen gelten:

– Als Portmodus in der Signalparameterliste sind nur `in,` `out` und `inout` erlaubt.

– Im Deklarationsteil sind für die Synthese nur Variable, jedoch keine Signale erlaubt. Damit verbietet sich die in Code 2-4 vorgestellte Umgehung der Verwendung von `buffer`-Signalen durch lokale Signale.

7.4.2 Definition und Einsatz von packages

Verschiedene in einem Entwurfsprojekt gemeinsam verwendete Deklarationen und Unterprogramme sollten in einem `package` zusammengefasst werden. Obwohl dies nicht zwingend erforderlich ist, wird ein `package` üblicherweise in einer individuellen Datei abgespeichert und getrennt compiliert. Wird innerhalb einer `entity` oder `architecture` auf Elemente eines `package` zurückgegriffen, so muss es innerhalb dieser Entwurfseinheit mit Hilfe einer `use`-Anweisung deklariert sein. Selbstverständlich muss das `package` bereits in compilierter Form vorliegen, bevor es in einer Entwurfseinheit verwendet werden kann.

Ein `package` kann die nachfolgenden synthesefähigen VHDL-Objekte enthalten [6]:

– constant, type und subtype Deklarationen

– Komponentendeklarationen

– Funktionen und Prozeduren

Durch Verwendung eines `package` kann die Übersichtlichkeit eines komplexen VHDL-Entwurfs deutlich verbessert werden:

• Datentypen und Unterprogrammdeklarationen, die ohne `package` in verschiedenen Entwurfseinheiten einheitlich deklariert werden müssten, werden in einer einzigen Entwurfseinheit abgelegt.

• Es kann auf andere, bereits erfolgreich implementierte Entwurfseinheiten, ggf. auch von externen Designhäusern, zurückgegriffen werden. Als Beispiel sei hier der IEEE-Standard std_logic_1164 genannt, der ebenfalls in Form eines `package` abgelegt ist, welches alle Deklarationen der Datentypen `std_logic` und `std_ulogic` enthält.

Die Verwendung eines `package` erfordert eine `package`-Deklaration sowie ggf. einen `package body`. Während in der Deklaration die Namen bzw. Werte aller Konstanten, Datentypen und Unterprogramme mit Ihren Schnittstellen bzw. deren Typen spezifiziert werden, enthält der Körper die funktionalen Inhalte der Unterprogramme.

Die Syntax einer `package`-Deklaration lautet:

```
[<library und use Ausdrücke>]
package <Package-Name> is
      <Deklarationsliste>
end <Package-Name>;
```

Für den `package`-Body gilt:

```
[<library und use Ausdrücke>]
package body <Package-Name> is
      <Definitionsliste>
end <Package-Name>;
```

Bei der Compilation eines `package` wird der Objektcode wie der aller anderen Entwurfs-objekte in der Bibliothek mit dem logischen Namen WORK abgelegt. Da diese Bibliothek dem Simulator bzw. Synthesewerkzeug automatisch bekannt ist, ist eine `library`-Anweisung nicht erforderlich. Eine Konfiguration des `package` durch eine `use`-Anweisung wird hingegen benötigt.

Der nachfolgende Code 7-13 enthält für das `package` TEST_PACK die Deklarationen und Definitionen eines digitalen Systems zur Videosignalbearbeitung. Darin wird ein vom Datentyp `integer` abgeleiteter Datentyp BYTE definiert, der die natürlichen Zahlen von 0 bis 255 umfasst. Ferner wird ein Aufzählungstyp FARBE mit den Werten ROT, GRUEN und BLAU definiert. Ein PIXEL ist somit ein aus drei Elementen bestehendes Array, des-sen Komponenten einen Wertebereich von 0 bis 255 umfassen. Die beiden Konstanten SCREENH und SCREENW werden ebenso wie die schon aus Code 7-12 bekannten Unter-programme hier ebenfalls deklariert. Die Wertzuweisung an die Konstanten (768 bzw. 1024) muss bei den meisten Synthesewerkzeugen ebenfalls in der `package declara-tion` erfolgen. Im `package body` finden sich hier nur die Prozedurdefinitionen.

```
-- Beispiele fuer ein Package
-------------------- PACKAGE DEKLARATION --------------------
package TEST_PACK is
        subtype BYTE is integer range 0 to 255;        -- Typdeklarationen
        type FARBE is (ROT, GRUEN, BLAU);
        type PIXEL is array(ROT to BLAU) of BYTE;
        constant SCREENH: integer:=768;                -- Dekl. und Zuweisung
        constant SCREENW: integer:=1024;               -- Dekl. und Zuweisung
        procedure DFF(signal CLK, RESET, D : in bit;-- Prozedurdeklaration
                                signal Q: inout bit);
        procedure JKFF(signal CLK, RESET: in bit;     -- Prozedurdeklaration
                signal J, K: in bit;
                signal Q: inout bit);
end TEST_PACK;
-------------------- PACKAGE BODY ----------------------
package body TEST_PACK is

procedure DFF(signal CLK, RESET, D : in bit;           -- Prozedurdefinition
                signal Q: inout bit) is
begin
        if RESET='1' then
                Q <= '0';
```

```
        elsif CLK='1' and CLK'event then
                Q <= D;
        end if;
end DFF;

procedure JKFF(signal CLK, RESET: in bit;        -- Prozedurdefinition
               signal J, K: in bit;
               signal Q: inout bit) is
begin
        if RESET='1' then
                Q <= '0';
        elsif CLK='1' and CLK'event then
                if J='1' and K='1' then
                        Q <= not Q;
                elsif J='1' and K='0' then
                        Q <= '1';
                elsif J='0' and K='1' then
                        Q <= '0';
                end if;
        end if;
end JKFF;
end TEST_PACK;
```

Code 7-13: Beispiel einer Package-Deklaration und -Definition

Mit Hilfe der beiden in diesem `package` definierten Unterprogramme lässt sich der zuvor vorgestellte Code 7-12 deutlich vereinfachen, wenn das `package` TEST_PACK mit Hilfe einer `use`-Anweisung konfiguriert wird:

```
use work.TEST_PACK.all;
entity FFBEISP is
        port (CLK, RESET, D, J, K: in bit;
              Q: out bit_vector(1 downto 0));
end FFBEISP;
architecture VERHALTEN of FFBEISP is
signal Q1, Q2: bit;
begin
        DFF(CLK, RESET, D, Q1);
        JKFF(CLK, RESET, J, K, Q2);
        Q <=(Q2,Q1);
end VERHALTEN;
```

Code 7-14: Verwendung des in Code 7-13 deklarierten und definierten `package`

7.5　Herstellerspezifische Komponenten und Komponentengeneratoren

Moderne FPGA- und CPLD Bausteine besitzen Komponenten, die zwar in Strukturmodellen als Bibliothekselemente deklariert und instanziiert werden können, für die jedoch keine synthesefähigen VHDL-Beschreibungen existieren. Dazu gehören z.B. RAM- oder ROM-Komponenten sowie sehr spezifische Funktionen, wie die Unterstützung beim Programmieren des Designs bzw. des Hardwaredebuggens. Auch On-Chip Oszillatoren gehören in diese Gruppe [22]. Für den Einsatz dieser Komponenten in einer Systemsimulation müssen spezielle VHDL-Verhaltensbeschreibungen entwickelt werden.

Die großen FPGA- und CPLD-Hersteller wie z.B. XILINX, ALTERA und ACTEL haben erkannt, dass die nahezu automatisch arbeitenden VHDL-Synthesewerkzeuge in Bezug auf Chipfläche und Geschwindigkeit keine optimale Designimplementierung gewährleisten können. Im Bestreben einer großen Marktdurchdringung bieten diese Hersteller daher Generatoren für häufig verwendete Komponenten an, die von Akkumulatoren bis zu Zählern reichen und mit denen eine auf die Zielhardware optimierte Designimplementierung erreicht werden kann. Diese Generatoren sind zumeist Bestandteil der FPGA- bzw. CPLD Platzierungs- und Verdrahtungs-Software, die vom Hardwarehersteller zu beziehen ist [22], [25], [26], [30]. Sie erzeugen einerseits eine Gatternetzliste in einer vom Implementierungswerkzeug lesbaren Form sowie in den meisten Fällen ein nicht synthetisierbares Verhaltensmodell der Komponente.

In diesem Abschnitt soll erläutert werden, auf welche Weise derartige Komponenten in einen VHDL-Code eingebettet werden können.

7.5.1   Instanziierung von herstellerspezifischen Bibliothekskomponenten

Eine Einbindung herstellerspezifischer Komponenten gestaltet sich mit den meisten Synthesewerkzeugen recht einfach: Entsprechend den Angaben in der Bibliotheksdokumentation des Herstellers wird in der architecture eine Komponente mit gleichem Namen und gleichen Schnittstellenbezeichnungen deklariert. Auch auf identische Signalattribute ist zu achten. Anschließend erfolgt die übliche Instanziierung als Komponente. Dabei können, falls dies die Funktion der Bibliothekskomponente zuläßt, eventuell einige Ausgänge offen bleiben, was durch das VHDL-Schlüsselwort open gekennzeichnet wird. Da während der Synthese zu dieser Komponente keine entity existiert, wird vom Synthesewerkzeug automatisch dafür das Bibliotheksmodul ausgewählt.

In einigen Entwicklungsumgebungen existiert für das Bibliotheksmodul kein VHDL-Simulationsmodell sondern nur ein Schaltplan. In diesen Fällen sollte für Simulationszwecke ein Verhaltensmodell entworfen werden, dessen Synthese jedoch nicht sinnvoll ist. In diesem Zusammenhang wurden spezielle Attribute definiert, mit denen der Syntheseprozess gesteuert werden kann.

Das nachfolgende Beispiel zeigt den VHDL-Entwurf eines 4-Bit Zählers für ein XILINX FPGA der verschiedenen XC4000 Familien. Auf diesen Bausteinen ist ein Oszillator integriert, der wählbar mit den Frequenzen 8MHz, 500kHz, 16kHz, 490Hz oder 15Hz schwingt. Die XILINX-Modulbibliothek Produkte enthält diesen Oszillator unter dem Namen OSC4. Dieses Modul besitzt für jede der verschiedenen Frequenzen einen eigenen Ausgang.

In der in Code 7-15 angegebenen architecture VERHALTEN zur entity XIL_ZLR wird der Oszillator mit einer Frequenz von 15 Hz als Komponente C1 eingebunden. Die Signalschnittstellen zu den anderen Frequenzen bleiben offen. Der eigentliche Zähler wird als Prozess auf Basis des Datentyps unsigned realisiert. Der Code enthält neben der zu synthetisierenden Zählerarchitektur zusätzlich ein nicht synthetisierbares Verhaltensmodell der Komponente OSC4.

Im IEEE-Standard 1076.6 ist der Schalter RTL_SYNTHESIS definiert, mit dem das Einlesen des Quellcodes in das Synthesewewerkzeug durch Angabe der Schlüsselworte OFF und ON aus- und eingeschaltet werden kann [20]. Da sich dieser Standard noch nicht durchgesetzt hat, sind im Code 7-15 die in den Synthesewerkzeugen Aurora (Viewlogic) [10] und FPGA-Express (Synopsys) [5] verwendeten äquivalenten Schalter ebenfalls angegeben. Die Angabe mehrerer Schalter ist insofern nicht störend, da die für das jeweilige Syntheseprogramm unbekannten Schalter als Kommentar überlesen werden. Dies gilt selbstverständlich auch für alle VHDL-Simulatoren.

```
-- Kompletter Zaehler für XC4000 mit internem 15 Hz Takt

-----------------------------------------------------------
-- Nicht zu synthetisierendes Verhaltensmodell:
-- RTL_SYNTHESIS OFF          (lt. IEEE1076.6)
-- VIEWLOGIC TRANSLATE_OFF    (fuer Aurora)
-- PRAGMA TRANSLATE_OFF       (fuer FPGA-Express)
entity OSC4 is
        port( F8M, F500K, F16K, F490, F15: out bit);
end OSC4;
architecture VERHALTEN of OSC4 is
begin
OSC15:process
        begin
                F8M <= '1';
                wait for 33.33333 ms;         -- 15 Hz
                F8M <= '0';
                wait for 33.33333 ms;         -- 15 Hz
        end process OSC15;
end VERHALTEN;
-- RTL_SYNTHESIS ON           (lt. IEEE1076.6)
-- VIEWLOGIC TRANSLATE_ON     (fuer Aurora)
-- PRAGMA TRANSLATE_ON        (fuer FPGA-Express)
-- Ende des nicht synthetisierbaren Teils
-----------------------------------------------------
library ieee;
use ieee.std_logic_1164.all;
use ieee.std_logic_arith.all; -- Synopsys/Viewlogic
-- use ieee.numeric_std.all;  --IEEE-Standard

entity XIL_ZLR is
        port(  COUNT: out unsigned(3 downto 0));
end XIL_ZLR;

architecture VERHALTEN of XIL_ZLR is

-- Das OSC4-Modul kann direkt aus der XILINX-Bibliothek verwendet werden:
component OSC4
        port (F8M, F500K, F16K, F490, F15: out bit);
end component;

signal CLKINT: bit;                    -- Taktsignal
signal CNT_INT: unsigned(3 downto 0);  -- Internes Zaehlsignal
begin
```

```
C1: OSC4 port map (open, open, open, open, CLKINT);

ZAEHLER: process( CLKINT)
        begin
                if CLKINT'event and CLKINT='1' then
                        CNT_INT <= CNT_INT + 1;
                end if;
        end process ZAEHLER;
        COUNT <= CNT_INT;                        -- Ausgangssignal
end VERHALTEN;
```

Code 7-15: 4-Bit Zähler für ein XILINX-FPGA mit integriertem Oszillatormodul

7.5.2   Komponentengeneratoren

Die großen FPGA-Hersteller bieten in ihren Entwicklungsumgebungen spezielle Modulgeneratoren an, mit denen typische, parametrisierte Basismodule der Digitaltechnik erzeugt werden können und die sich ebenfalls recht einfach in einen VHDL-Entwurf integrieren lassen [22], [25], [26]. Dies soll anhand des Modulgenerators Logiblox der Fa. Xilinx demonstriert werden, der die nachfolgenden Ergebnisse liefert:

– Ein vorverdrahtetes Schaltungsmakro zur direkten Platzierung im FPGA (*.NGC-Datei).

– Ein VHDL-Verhaltensmodell, welches nur bei der Simulation verwendet werden sollte (*.VHD-Datei).

– Ein VHDL-Interface, welches als Muster zur Instanziierung der vorverdrahteten Komponente dient (*.VHI-Datei).

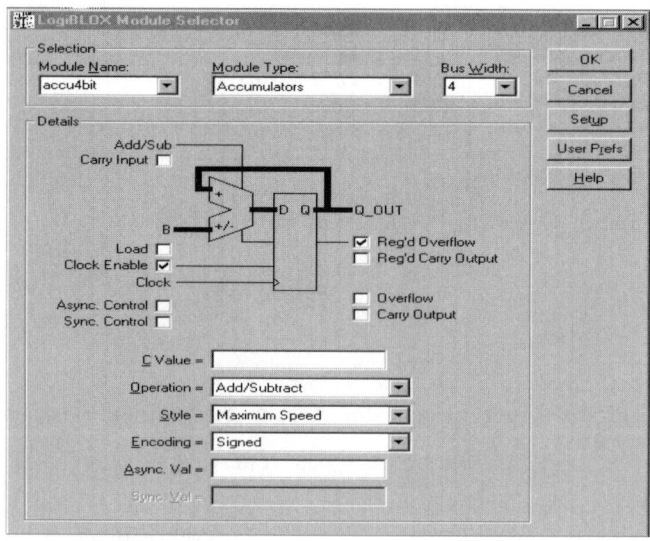

Bild 7-10:   Grafische Oberfläche des Xilinx Komponentengenerators Logiblox

Mit der grafischen Oberfläche von Logiblox soll nachfolgend ein Akkumulator für vorzeichenbehaftete, 4 Bit breite Zahlen erstellt werden (vgl. Bild 7-10). Wie die generierten
Dateien in einer VHDL-Umgebung verwendet werden können, zeigt Code 7-16: Die Architektur enthält die aus der VHI-Datei kopierte Komponentendeklaration sowie eine Komponenteninstanziierung. Nur vor der VHDL-**Simulation** des Moduls ACCUTEST muss die
vom Generator automatisch erzeugte `entity` ACCU4BIT compiliert werden, sodass sie
in der Bibliothek WORK zur Verfügung steht.

```
-- Test eines 4-Bit XILINX LogiBlox Akkumulators
-----------------------------------------------------
library ieee;
use ieee.std_logic_1164.all;

entity ACCUTEST is
port (CLK, EN, ADDSUB: in std_logic;
       DATA: in std_logic_vector(3 downto 0);
       ACCU: out std_logic_vector(3 downto 0);
       OVERFLOW: out std_logic);
end ACCUTEST;

architecture TEST of ACCUTEST is
-----------------------------------------------------
-- Komponenten Deklaration aus der *.VHI Datei
-----------------------------------------------------
component accu4bit
  PORT(
    ADD_SUB: IN std_logic;
    B: IN std_logic_vector(3 DOWNTO 0);
    CLK_EN: IN std_logic;
    CLOCK: IN std_logic;
    Q_OUT: OUT std_logic_vector(3 DOWNTO 0);
    OVFL: OUT std_logic);
end component;

begin
-----------------------------------------------------
-- Komponenten Instanziierung aus der *.VHI-Datei
-----------------------------------------------------
C1 : accu4bit port map
(ADD_SUB => ADDSUB,
 B => DATA,
 CLK_EN => EN,
 CLOCK => CLK,
 Q_OUT => ACCU,
 OVFL => OVERFLOW);
end TEST;
```

Code 7-16:   Verwendung eines Logiblox-Moduls in einer VHDL-Umgebung

Die Einbindung dieser Komponenten erfolgt erst nach der VHDL-Synthese durch die herstellerspezifischen Platzierungs- und Verdrahtungswerkzeuge. Dies kann entweder über ein
internes Netzlistenformat erfolgen (Bei Xilinx: NGC-Datei). Diese Methode wird z.B. bei
den Synthesewerkzeugen FPGA-Express [5] und PeakVHDL [4] verwendet. Alternativ

kann aber auch eine Netzliste im EDIF-Format [27] erforderlich sein. Alle Ausgabeformate werden optional von Logiblox erstellt.

Seit einiger Zeit gehen die unterstützenden Aktivitäten der führenden FPGA Hersteller jedoch noch deutlich weiter: Mit Hilfe spezieller Makrogeneratoren lassen sich auch sehr komplexe Module erzeugen, deren Anwendungen von der Implementierung digitaler Filter über Schnittstellen für die Buskommunikation bis hin zu Modulen der digitalen Bildverarbeitung reichen. Auch parametrisierbare Filterkomponenten, die spezielle Funktionen digitaler Signalprozessoren nachbilden, werden angeboten [23], [24]. In allen Fällen werden VHDL-Verhaltensmodelle sowie Implementierungsnetzlisten erzeugt. Eine weitergehende Diskussion würde jedoch den Rahmen dieses Buches sprengen.

7.5.3   Instanziierung von RAM-Zellen

In modernen, SRAM basierten FPGA- und CPLD-Technologien besteht die Möglichkeit, bestimmte Zellen (FMAPs) als RAM- oder ROM-Zellen zu allozieren. Vorteil eines solchen On-Chip RAMs ist die sehr kurze Zykluszeit im Bereich von 10ns, die es erlaubt, geringe bis mittlere Datenmengen im FPGA bzw. CPLD mit hoher Taktrate zwischenzuspeichern [22], ohne dafür Flipflop-Resourcen zu verbrauchen.

Allerdings existiert innerhalb von VHDL kein Sprachkonstrukt, welches z.B. zu RAM-Zellen synthetisiert wird [20]. Die Nutzung dieser RAM-Zellen kann jedoch entweder durch die Instanziierung von herstellerspezifischen RAM-Komponenten oder aber durch Generierung von RAM-Blöcken mit Modulgeneratoren (s.o.) erfolgen.

In nachfolgendem Beispiel soll der erste Weg beschrieben werden: Mit Hilfe zweier RAM-Zellen der Größe 16x8 Bit, die sich in der XILINX-Bibliothek unter dem Namen RAM16X8S befinden, soll ein 256x16 Bit großer synchroner SRAM-Block innerhalb eines XILINX-FPGAs aufgebaut werden. Dazu werden in Code 7-17 zunächst zwei Zellen zu einem 16x16 Bit RAM verknüpft. Dieser Quellcode enthält für Simulationszwecke als Ersatz für das Bibliotheksmodul unter gleichem Namen ein selbst entworfenes RAM-Verhaltensmodell. Es weist die gleichen Schnittstellen auf wie das Bibliotheksmodul, soll jedoch nicht synthetisiert werden. Das Modul besitzt einen 4-Bit breiten Adressbus A sowie je einen 8-Bit Dateneingangs- und -Ausgangsbus D bzw. O. Der Wert auf dem Dateneingangsbus wird bei ansteigender Flanke des Taktsignals WCLK taktsynchron in das RAM-Modul geschrieben falls WE='1' ist. Unabhängig von WE wird der Wert des gerade adressierten Bytes ausgegeben. Im Verhaltensmodell der RAM-Zelle wird vorteilhafterweise durch indizierte Feldelementzugriffe auf das RAM-Modell zugegriffen, das als `array` MEM modelliert ist. Diese Zugriffe erfordern eine Konversion des als `std_logic_vector` deklarierten Signals A in eine `integer`-Variable (vgl. Kap. 5.5).

Da die `entity` der 16x16-Bit RAM-Zelle mit etwas anderen Steuersignalen angesteuert werden soll, muss in der `architecture` eine Umsetzung der Steuersignale erfolgen:

- Das Schreibsignal WE des RAM16x8S-Moduls wird aus der UND-Verknüpfung des externen WE-Signals mit dem externen Freigabesignal EN gebildet. Dazu dient das lokale Signal WEINT, welches an die beiden Module LOW_BYTE und HIGH_BYTE übergeben wird.

– Das Freigabesignal EN steuert 16 Tri-State Treiber, die die Datenausgangsbytes O der beiden Module auf den nach außen geführten Bus DOUT legen. Auf diese Weise lassen sich die Datenausgänge eines größeren RAM-Blocks parallel schalten, wenn die höherwertigen Bits der Adresse einem Adressdecoder zugeführt werden, der die Freigabesignale erzeugt.

```vhdl
--     ram16x16.vhd
----------------------------------------------------------
-- RAM 16X8S ist nicht synthetisierbares Modul sondern
-- Verhaltensmodell der XILINX RAM Komponente RAM16X8S
-- RTL_SYNTHESIS OFF            (lt. IEEE1076.6)
-- VIEWLOGIC TRANSLATE_OFF      (fuer Aurora)
-- PRAGMA TRANSLATE_OFF         (fuer FPGA-Express)
library ieee;
use ieee.std_logic_1164.all;
use ieee.std_logic_unsigned.all;

entity RAM16X8S is
port (WE: in bit;
      D: in std_logic_vector(7 downto 0);
      WCLK: in bit;
      A: in bit_vector(3 downto 0);
      O: out std_logic_vector(7 downto 0));
end RAM16X8S;

architecture VERHALTEN of RAM16X8S is
type MEM_TYPE is array(15 downto 0) of
                            std_logic_vector(7 downto 0);
begin
P1: process(WCLK, WE, A)
      variable ADR_VAR: integer range 0 to 15;
      variable MEM: MEM_TYPE;        -- Feld von Vektoren
      begin
            ADR_VAR := conv_integer(To_StdLogicVector(A));
            -- Schreiben bei ansteigender WCLK-Flanke
            if WCLK='1' and WCLK'event then
                  if WE='1' then
                        MEM(ADR_VAR):=D;
                  end if;
            end if;
            -- Immer Ausgabe des aktuellen Datenworts
            O <= MEM(ADR_VAR);
      end process P1;
end VERHALTEN;
-- RTL_SYNTHESIS ON             (lt. IEEE1076.6)
-- VIEWLOGIC TRANSLATE_ON       (fuer Aurora)
-- PRAGMA TRANSLATE_ON          (fuer FPGA-Express)
-- Ende des nichtsynthetisierbaren Teils
----------------------------------------------------------
library ieee;
use ieee.std_logic_1164.all;

entity RAM16x16 is
port (WE, WCLK, EN: in bit;
      A: in bit_vector(3 downto 0);           -- Adresse
      DIN: in std_logic_vector(15 downto 0);  -- Dateneingang
```

```
            DOUT: out std_logic_vector(15 downto 0));    -- Datenausgang
end RAM16x16;


architecture STRUKTUR of RAM16x16 is
signal DINT: std_logic_vector(15 downto 0);
signal WEINT: bit;
component RAM16X8S     -- lt. Spec der XILINX-Bibliothek
port (WE: in bit;
           D: in std_logic_vector(7 downto 0);
           WCLK: in bit;
           A: in bit_vector(3 downto 0);
           O: out std_logic_vector(7 downto 0));
end component;
begin
           -- Nebenlaeufige Bausteinselektion:
           WEINT <= WE and EN;
           -- Instantiierung der 16x8 Bit RAM-Komponenten
LOW_BYTE: RAM16X8S
      port map( WE=>WEINT, D=>DIN(7 downto 0),
                        WCLK=>WCLK, A=>A, O=>DINT(7 downto 0));
HIGH_BYTE: RAM16X8S
      port map( WE=>WEINT, D=>DIN(15 downto 8),
                        WCLK=>WCLK, A=>A, O=>DINT(15 downto 8));
           -- Tri-State Ausgangstreiber:
           DOUT <= DINT when EN='1' else (others=> 'Z');
end STRUKTUR;
```

Code 7-17:   16x16 Bit RAM mit Tri-State Ausgangstreiber

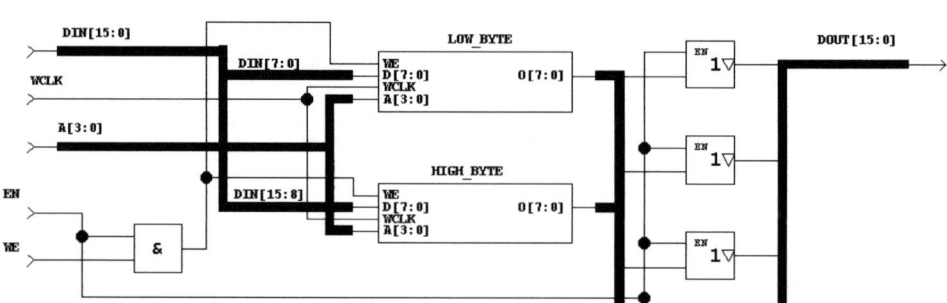

Bild 7-11:   Syntheseergebnis einer 16x16Bit RAM-Zelle. Es sind nur drei der 16 Tri-State Treiber dargestellt

Im Unterschied zu diskreten RAM-Bausteinen besitzen die FPGA-RAMs getrennte Datenbusein- und ausgänge, womit das Schreiben und Lesen gleichzeitig erfolgen kann.

Aus insgesamt 16 dieser 16x16 Bit RAM-Zellen und einem zusätzlichen Adressdecoder lässt sich nun das gewünschte 256x16 Bit RAM-Modul aufbauen. Dieses Konzept ist in Code 7-18 realisiert. Dazu die folgenden Erläuterungen:

- Die Typkonversion `conv_integer` erzeugt aus den höherwertigen 4 Bits der Adresse eine `integer`-Zahl, die im Adressdecoder verwendet wird. Diese Funktion führt zu keinerlei Hardwareaufwand.

- Die beiden Vektoren HADR und LADR enthalten jeweils die höherwertigen bzw. niederwertigen vier Bits der Speicheradresse. LADR wird direkt an die 16x16-Bit RAM-Module übergeben, HADR dient der Auswahl des jeweiligen Moduls und wird dem Adressdecoder zugeführt.

- Der Prozess P1 bildet den Adressdecoder: Der Variablenvektor ENABLE_VAR enthält alle 16 Freigabeleitungen für die RAM-Module. Dieser Vektor wird zunächst komplett mit '0' belegt, bevor anschließend die zu den höherwertigen 4 Bits gehörige Freigabevariable mit '1' überschrieben wird. Am Ende des Prozesses wird diese Variable als Freigabesignalvektor ENABLE abgespeichert. Dieser, im Vergleich zu einer `case`-Lösung sehr viel kompaktere Prozess P1 wird zu einem Decoderschaltnetz synthetisiert.

- Wesentliches Element der `architecture` ist die iterative Instanziierung der 16 RAM-Zellen (Label GEN), die jeweils durch ein unterschiedliches Element des Freigabesignalvektors ENABLE aktiviert werden. Die Eingangs- und Ausgangsdatenbusse DIN und DOUT sind alle parallel geschaltet. Dies führt auch beim Ausgangsdatenbus nicht zu Problemen da dieser hochohmig werden kann und immer nur eins der 16 RAM-Module aktiviert ist. Mit dieser Tri-State Lösung wird eine Multiplexerschaltung vermieden, die mehr Schaltnetzressourcen verbrauchen würde [48].

```
--      Synchrones SRAM 256x16 fuer XILINX 4000XL
-----------------------------------------------
library ieee;
use ieee.std_logic_1164.all;
use ieee.std_logic_unsigned.all;


entity RAM256X16 is
port (WE, WCLK: in bit;
        A: in bit_vector(7 downto 0);  -- 8-Bit Adresse
        DIN: in std_logic_vector(15 downto 0);
        DOUT: out std_logic_vector(15 downto 0));
end RAM256x16;

architecture STRUKTUR of RAM256X16 is

component RAM16X16            -- Komponentendeklaration
port (WE, WCLK, EN: in bit;
        A: in bit_vector(3 downto 0); -- 4-Bit Adresse
        DIN: in std_logic_vector(15 downto 0);
        DOUT: out std_logic_vector(15 downto 0));
end component;

signal ENABLE: bit_vector(15 downto 0);
signal HADR, LADR: bit_vector(3 downto 0);

begin
        HADR <= A(7 downto 4);          -- High Address
        LADR <= A(3 downto 0);          -- Low Address
```

```
P1: process(HADR)                              -- Addressdecoder
        variable ENABLE_VAR: bit_vector(15 downto 0);
        variable INT: integer range 0 to 15;
        begin
                ENABLE_VAR := (others=>'0');
                INT := conv_integer(To_StdLogicVector(HADR));
                ENABLE_VAR(INT) := '1';
                ENABLE <= ENABLE_VAR;
        end process P1;

GEN:    for I in 15 downto 0 generate          -- 16 RAM Blöcke
                RAM_BLOCK: RAM16X16
                port map( WE, WCLK ,ENABLE(I), LADR, DIN, DOUT);
        end generate;
end STRUKTUR;
```

Code 7-18:   Generierung eines 256x16 Bit RAM Blocks aus 16 Komponenten RAM16x16

Mit dem Xilinx Implentierungswerkzeug Foundation (Version 1.5) werden für das Syntheseergebnis dieses 256x16 Bit RAM-Blocks 152 CLBs (Konfigurierbare Logikblöcke) [22] benötigt, von denen erwartungsgemäß 128 als RAM-Zelle konfiguriert sind, da jede CLB 32 Bit speichern kann. Die restlichen CLBs werden für die Implementierung des Adressdecoders benötigt. Eine Lösung, bei der die Speicherelemente aus Flipflops bestehen, würde hingegen allein für die RAM-Zellen 2048 CLBs benötigen.

Alternativ zu der eben genannten Methode läßt sich der RAM-Block auch direkt mit Hilfe des Modulgenerators Logiblox erzeugen. In diesem Fall besteht die Möglichkeit, die Speicherzellen mit Anfangswerten zu initialisieren.

7.6   Unterstützung durch Synthesewerkzeuge

Die VHDL-Synthese wird üblicherweise vom Synthesewerkzeug in den folgenden, nacheinander ablaufenden Schritten durchgeführt:

*   **Compilation:** Analyse der syntaktischen Korrektheit aller am Design beteiligten VHDL-Module.

*   **Elaboration:** Überprüfung der Hierarchie aller Module auf Vollständigkeit und Konsistenz der Eingangs- bzw. Ausgangssignale sowie Auswertung der `generic`-Parameter.

*   **Architektur-Optimierung:** Das ist die optimierende Übersetzung einer VHDL-Verhaltensbeschreibung in eine strukturelle Beschreibung mit elementaren strukturellen Operatoren (z.B. Addition, Multiplikation etc.). Üblicherweise wird die strukturelle Beschreibung in Operationswerk (Datenpfad) und Steuerwerk (Kontrollpfad) aufgeteilt.

*   **Logik-Optimierung:** Diese ist unterteilt in die Optimierung der kombinatorischen Logik und der sequentiellen Logik (Zustandsautomaten). Bei der kombinatorischen Logik wird erstmals während des Syntheseprozesses die Zieltechnologie berücksichtigt: Für PLDs erfolgt eine zweistufige UND-ODER-Logikoptimierung während für FPGAs eine mehrstufige Logik-Optimierung angewendet werden kann.

- **Abbildung auf die Zieltechnologie:** In diesem abschließenden Schritt werden die logischen Gleichungen auf die in der Zellbibliothek vorhandenen Module abgebildet. Wenn z.B. keine Flipflops mit Freigabeeingängen zur Verfügung stehen, so müssen diese durch eine kombinatorische Vorschaltlogik nachgebildet werden.

Details zu den dabei verwendeten Verfahren würden den Rahmen dieses Buches sprengen. Der Leser sei hierzu auf die Spezialliteratur [28] und [29] verwiesen.

Bei den meisten Synthesewerkzeugen kann der Anwender auf den Syntheseprozess Einfluss nehmen. Da die Einstellungen programmabhängig sind, soll sich die Darstellung hier auf die wesentlichen Möglichkeiten beschränken:

- **Geschwindigkeit / Fläche:** Diese beiden Zielparameter eines Syntheseergebnisses müssen gegeneinander abgewogen werden, da sich üblicherweise nicht beide Ziele gemeinsam optimieren lassen. Der Anwender hat die Möglichkeit, das Syntheseergebnis entweder auf hohe Geschwindigkeit oder kleine Chipfläche zu trimmen.

- **Explizite Geschwindigkeitsanforderungen:** Bei den meisten Synthesewerkzeugen kann die mindestens zu erreichende Taktfrequenz des Syntheseergebnisses vorgegeben werden. Andere Programme erlauben es sogar, Zeitvorgaben für spezielle Signalpfade zu machen. Insbesondere bei der FPGA-Synthese sind die nach diesen Vorgaben erzielten Ergebnisse jedoch mit Vorsicht zu genießen da die für die Verdrahtung erforderliche Signallaufzeit während der VHDL-Synthese noch nicht bestimmt werden kann. Dies ist erst nach dem Platzieren und Verdrahten der Logik im FPGA möglich und erfordert unbedingt eine Timing-Simulation.

- **CPU-Aufwand:** Mit Hilfe dieses Schalters kann das Syntheseergebnis in Grenzen verbessert werden, wenn ein hoher CPU-Aufwand gewählt wird.

- **One-Hot- / Binäre-Codierung:** Bei der Synthese von Zustandsautomaten kann die Art der Zustandscodierung ausgewählt werden. Eine One-Hot Codierung kann in Einzelfällen Decodierungsaufwand (Fläche und Signallaufzeit) auf Kosten extra benötigter Flipflops ersparen, da für jeden Zustand ein eigenes Flipflop reserviert wird. Üblicherweise ist die Voreinstellung bei FPGAs (viele Flipflops vorhanden) One-Hot, während für CPLDs (weniger Flipflops) eine binäre Codierung gewählt wird.

- **Verwendung von Modulgeneratoren im Datenpfad:** Sofern für die Zieltechnologie ein Modulgenerator zur Verfügung steht, kann hier ausgewählt werden, ob dieser für die Datenpfadelemente eingesetzt werden soll. Dies ist meist empfehlenswert, da die generierten Module eine bessere Flächen- und Geschwindigkeitsperformance besitzen als individuell synthetisierte Datenpfadelemente.

- **Manipulation der Designhierarchie:** Zum Zwecke einer über mehrere VHDL-Module übergreifenden Optimierung kann die Designhierarchie vor der Logikoptimierung teilweise oder vollständig aufgelöst werden (Flattening). Die Auflösung der Designhierarchie nach der Logikoptimierung ist erforderlich, wenn z.B. erreicht werden soll, dass Tri-State Treiber, die in inneren VHDL-Modulen generiert wurden, an den Anschlusspins liegen sollen. Dies ist z.B. dann erforderlich, wenn mit externen Komponenten ein bidirektionaler Signalaustausch erfolgen soll.

- **Ressource Sharing:** Dies bedeutet die Nutzung eines Datenpfadelements für mehrere Teile eines Designs, sofern sich die Datenpfadoperationen zeitlich gegenseitig ausschliessen. Code 7-19 zeigt ein Beispiel mit zwei Additionen, bei dem jedoch nur ein 4-Bit Addierer erzeugt wird, falls dieser Schalter aktiviert ist. Die Summanden A und B bzw. C und D werden über einen durch SEL gesteuerten Multiplexer an die Eingänge des Addierers gelegt. Insbesondere in digitalen Systemen mit umfangreichen numerischen Operationen kann das Ressource Sharing zu einer erheblichen Einsparung an Chip-Fläche führen. Es erfordert jedoch eine sorgfältige Ressourcenplanung [28] und in den meisten Fällen den Entwurf eines speziellen Zustandsautomaten [41].

```
--  Ressource Sharing eines Addierers
----------------------------------------
library ieee;
use ieee.std_logic_1164.all;
use ieee.std_logic_unsigned.all;

entity RES_SHAR is
port (SEL: in bit;
      A, B, C, D: in std_logic_vector(3 downto 0);
      S1: out std_logic_vector(3 downto 0));
end RES_SHAR;

architecture TEST of RES_SHAR is
begin
P1: process( A, B, C, D, SEL)
      begin
              if SEL='1' then
                      S1 <= A+B;
              else
                      S1 <= C+D;
              end if;
      end process P1;
end TEST;
```

Code 7-19:   Bei aktiviertem „Ressource Sharing" wird nur ein Addierer verwendet

7.7   Übungsaufgaben

7.1 4-Bit Ringzähler (Johnson-Zähler)

Ein Johnson-Zähler lässt sich durch Rückkopplung des invertierten höchstwertigen Bits eines Schieberegisters auf dessen seriellen Eingang erzeugen [2], [8]. Auf Basis eines N-Bit Schieberegisters (SRG_N) ergeben sich 2N einschrittig codierte Zählzustände. Es ist ein Schieberegister-Strukturmodell (entity SRG_4) zu entwickeln, in dem 4 D-Flipflops als Komponenten diskret instanziiert werden sollen. Jede Flipflop-Komponente (entity D_FF) ist mit einem asynchronen Reseteingang auszustatten. Die Kopplung der Flipflops soll so erfolgen, dass mit jedem Takt ein Schiebevorgang nach links ausgeführt wird. Zur Rückführung des invertierten MSBs auf den Dateneingang des LSB-Flipflops ist eine Signalzuweisung auf ein internes Signal SER_I zu verwenden.

7.2 Entwurf eines 8-Bit Johnson-Zählers mit Selbstkorrektur

Jeder N-Bit Johnson-Zähler hat $2^N - 2N$ Pseudozustände, aus denen heraus keine Rückkehr in den Zählring erfolgt. Ein sicherer Zähler liegt vor, wenn mit einer NOR-Verknüpfung des LSB- und des MSB-Ausgangs ein Ladesignal L_INT erzeugt wird, das die Bitkombination (0...01) in die N Flipflops überträgt [8]. Das Strukturmodell aus Aufgabe 7.1 ist für eine variable Anzahl N von Schieberegisterstufen zu modifizieren (`entity` SRG_N) und die D-Flipflops sollen eine zusätzliche Ladefunktion erhalten (`entity` D_FF_L). Die Instanziierung der Flipflop-Stufen soll mit einer parametrisierten `generate`-Anweisung erfolgen. Die invertierte MSB-Rückführung und das Korrektur-NOR sind in einer gemeinsamen Komponente (`entity` KOR_SN) zu realisieren. Mit einer Simulation für N = 4 soll gezeigt werden, dass der Zählring aus einem Pseudozustand spätestens nach N − 1 Taktzyklen erreicht wird.

7.3 Ripple Carry Addierer mit Volladdierer-Komponenten

In einem Strukturmodell (`entity` ADD_S1) für einen N Bit Ripple Carry Addierer sollen Volladdierer-Komponenten instanziiert werden. Das Volladdierer-Verhaltensmodell (`entity` VOLL_ADD) ist zur Abbildung der zugehörigen Wahrheitstabelle mit einer `case when`-Anweisung zu formulieren. Die einzelnen Signalzuweisungen sollen im Volladdierer-Verhaltensmodell mit einer symbolischen Laufzeit DELAY = 15 ns verzögert werden. In der Top-Entity VOLL_ADD ist der entsprechende Wert mit einem `generic`-Parameter DEL an die Instanzen zu übergeben. Für die Instanziierungen ist eine parametrisierte `generate`-Anweisung zu wählen.

7.4 Ripple Carry Addierer auf Basis von Halbaddierer-Komponenten

Die Volladdierer-Komponenten des N Bit Ripple Carry Addierers sollen im nächsten Schritt mit einem Strukturmodell (`entity` V_ADD) beschrieben werden. Dieses enthält dann die Instanziierungen von Halbaddierer-Komponenten, deren Verhaltensbeschreibung (`entity` H_ADD) mit logischen Gleichungen für das Propagate- und das Generate-Signal erfolgen soll [2], [36]. Die beiden Signalzuweisungen sind mit der symbolischen Laufzeit TD = 15 ns zu verzögern. Den aktuellen Zahlenwert 15 ns soll die Top-Entity ADD_S2 des N-Bit Addierers über eine Kette von `generic map`-Zuweisungen an die Halbaddierer übertragen. Zu beachten ist, dass die Übergabe von Parametern des Typs `time` nicht von allen Synthesewerkzeugen toleriert wird. Die Ripple-Carry Eigenschaft ist mit der Simulation geeigneter Eingangssignalkombinationen aufzuzeigen.

8 Synthesefähiger VHDL-Entwurf eines Mikroprozessors

Als vollständiges Beispiel eines einfachen digitalen Systems soll in diesem Kapitel der schrittweise Entwurf eines synthesefähigen Mikroprozessors (CPU = Central Processing Unit) mit 16-Bit Daten- und 12-Bit Adressbus beschrieben werden (vgl. [19]). Da eine detaillierte Einführung in den Prozessorentwurf den Rahmen dieses Buches sprengen würde, soll hier auf die entsprechende Literatur verwiesen werden (siehe z.B. [34], [35]).

Als Testumgebung erhält der Prozessor das Verhaltensmodell eines Speicherbausteins, der mit einem beliebigen Assemblerprogramm initialisiert werden kann. Durch Definition neuer Assemblerbefehle und deren Ausführung in der Prozessorhardware können eigene Erweiterungen getestet werden. Auf Basis von Simulationen kann somit abgewogen werden, ob die Implementierung einer speziellen Aufgabenstellung unter Berücksichtigung von Geschwindigkeits- und Flächenrandbedingungen entweder als zusätzlicher Operationscode mit entsprechend zusätzlicher Hardware oder als Assemblerprogramm günstiger ist (Hardware-Software Cosimulation [28]).

Mit diesem Anwendungsbeispiel wird eine Vielzahl der in den vorangegangenen Kapiteln vorgestellten Inhalte an einer praxisnahen Aufgabenstellung erprobt. Dabei erhält der Leser Gelegenheit, die zuvor erlernten Lehrinhalte zu rekapitulieren.

8.1 Spezifikation der Prozessorfunktionen

Wesentliche Eigenschaft von RISC-Mikroprozessoren (RISC = Reduced Instruction Set Computer) ist unter anderem ein stark eingeschränkter Befehlssatz mit dem Vorteil einer schnellen Ausführung der Befehle. Zur Vereinfachung des hier vorgestellten Entwurfs soll der Prozessor nur ein Register (Akkumulator) besitzen und die Forderung, dass alle Befehle eines RISC-Prozessors in einem Takt abgearbeitet werden, fallengelassen werden [18]. Als weitere Einschränkung sollen sich arithmetische Operationen nur auf vorzeichenlose Zahlen beschränken.

Bild 8-1 zeigt, wie mit dem Prozessor ein einfacher Minicomputer aufgebaut werden kann, der dem von-Neumann Modell entspricht [34]: Ein RAM-Speicherbaustein soll der Aufnahme des Programms sowie zur Abspeicherung der Ergebnisse dienen. Das System läßt sich durch Ergänzung von EPROMs und I/O-Einheiten jederzeit erweitern. Während des Testens soll der RAM-Speicher durch ein VHDL-Verhaltensmodell ersetzt werden.

In dieser Form wird der synthetisierte Prozessor in der industriellen Praxis zwar wohl kaum betrieben. Der didaktische Nutzen besteht hingegen in der überschaubaren Struktur des Prozessors, anhand derer wesentliche Prinzipien des Entwurfs applikationsspezifischer Prozessoren (ASPs) [34] verdeutlicht werden.

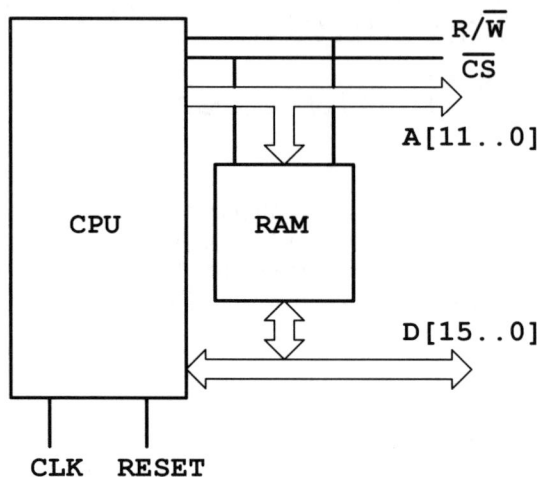

Bild 8-1: Aufbau eines Minicomputers aus CPU und Speicher

Der Prozessor soll die folgenden Ein- bzw. Ausgangssignale besitzen:

– Ein-/Ausgang: Bidirektionaler 16-Bit Datenbus D[15..0] (Tri-State Ausgänge)

– Eingänge: CLK (externer Takt), RESET

– Ausgänge: 12-Bit Adressbus A[11..0]

                        $R/\overline{W}$ ($R/\overline{W}$ =1 : Lesen des Speichers, $R/\overline{W}$ =0 : Schreiben)

                        $\overline{CS}$: Chip-Select, Freigabe des Speichers

Die folgenden drei Adressierungsarten [34] sollen unterstützt werden:

• **Unmittelbare Adressierung**: Die zu ladenden Daten liegen als 16-Bit Speicherwort im Programmspeicher hinter dem zugehörigen Operationscode. Somit kann mit der unmittelbaren Adressierung jede Konstante zwischen 0x0000 und 0xFFFF geladen werden. Diese Adressierungsart wird im Assemblercode durch das Zeichen # gekennzeichnet.

   Beispiel:

   • Durch LDA #9876 wird die angegebene hexadezimale Konstante in den Prozessor geladen.

• **Absolute Adressierung**: Die Adresse ist Bestandteil des 16 Bit breiten Codewortes. Für die Adresse werden davon die niederwertigen 12 Bit reserviert. Durch absolute Adressierung kann nur der Adressraum von 0x0000 bis 0x0FFF adressiert werden.

Beispiele:

- Der Assemblerbefehl LDA 01FF lädt das an der Adresse 0x01FF befindliche Datenwort in den Prozessor.

- Durch STA ERGEB wird ein Datenwort an der Adresse abgespeichert, die den symbolischen Namen ERGEB trägt.

- **Indirekte Adressierung**: Im Befehl ist eine 12 Bit breite Adresse enthalten. Diese Adresse stellt einen Zeiger auf die endgültige Adresse dar. Die indirekte Adressierung wird durch Klammerung gekennzeichnet.

  Beispiele:

  - Durch LDA (IND) wird die symbolische Adresse IND als Zeiger verwendet. Deren Inhalt gibt die Adresse an, von der ein Datenwort gelesen werden soll.

  - Durch STA (0AFF) wird die Adresse 0x0AFF als Zeiger auf eine Adresse verwendet, deren Inhalt anzeigt, wo ein Datenwort abgespeichert werden soll (Zu beachten ist, dass allen Adressen, die mit einem Buchstaben A...F beginnen, zur Unterscheidung von symbolischen Namen eine Null voran gestellt werden muss).

Der Prozessor soll nur ein 16 Bit breites Register (Akkumulator bzw. Akku) besitzen, dessen Inhalt einen der beiden Operanden einer arithmetischen oder logischen Operation darstellt. Bei den Operationen, die einen zweiten Operanden benötigen, wird dieser direkt unter der aktuellen Adresse aus dem Speicher geladen. Er wird in Tabelle 8-1 mit M (Memory) bezeichnet. Arithmetische Operationen sollen ausschließlich mit vorzeichenlosen Zahlen durchgeführt werden. Die vom Prozessor auszuführenden Befehle können wie folgt klassifiziert werden:

1. Lade- und Speicheroperationen, bei denen einer der Operanden immer der Akku ist und der andere Operand eine Speicheradresse ist. Beim Laden werden außerdem die drei oben angegebenen Adressierungsmodi unterschieden. Das Speichern erfolgt entweder mittels absoluter oder indirekter Adressierung.

2. Arithmetische Operationen, bei denen der eine Operand der Akku ist und der andere Operand im Speicher steht:

   - Die auf Basis vorzeichenloser Zahlen definierten Additionen und Subtraktionen.

   - Das Linksschieben aller Bits des Akku, bei dem das höchstwertige Bit in das Carry-Flag übernommen wird und eine '0' auf die niederwertigste Bitposition geschoben wird. Diese Operation entspricht einer Multiplikation mit 2.

3. Logische Operationen, bei denen der eine Operand der Akku ist und der andere Operand im Speicher steht.

4. Sprungoperationen, die entweder unbedingt oder abhängig vom Zustand von Marken (Flags) ausgeführt werden.

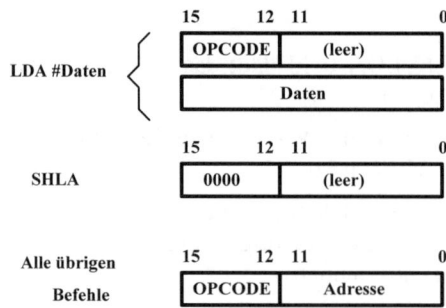

Bild 8-2:   Befehlsformate des Mikroprozessors

OPCODE			Kurzerläuterung	Flags	
Assembler	Mnemonic	Hex		CFLG	ZFLG
SHLA	SHLA	0	CFLG ← Akku ← 0 Linksschieben	*	*
STA Adr.	STAABS	1	Akku → M Absolut Speichern	-	-
STA (Adr.)	STAIND	2	Akku → (M) Indirekt Speichern	-	-
LDA (Adr.)	LDAIND	3	(M) → Akku Indirekt Laden	0	*
LDA #Daten	LDAUNM	4	Daten → Akku Unmittelbar Laden	0	*
LDA Adr.	LDAABS	5	M → Akku Absolut Laden	0	*
ADDA Adr.	ADDA	6	Akku + M → Akku Addieren	*	*
SUBA Adr.	SUBA	7	Akku - M → Akku ·Subtrahieren	*	*
ORA Adr.	ORA	8	Akku∨M → Akku Oder-Verknüpfung	0	*
ANDA Adr.	ANDA	9	Akku∧M → Akku Und-Verknüpfung	0	*
EORA Adr.	EORA	A	Akku←|→M → Akku Exklusiv-Oder-Verkn.	0	*
JMP Adr.	JMP	B	Absoluter Sprung	-	-
JE Adr.	JE	C	Sprung falls ZFLG=1	-	-
JNE Adr.	JNE	D	Sprung falls ZFLG=0	-	-
JGE Adr.	JGE	E	Sprung falls CFLG=0	-	-
JLT Adr.	JLT	F	Sprung falls CFLG=1	-	-

Bedeutung der Symbole:

M Speicher (Memory)   * : Flag gemäß dem Ergebnis geändert

                                       - : Flag unverändert

                                       0 : Flag in jedem Fall gelöscht

Tabelle 8-1:   Befehlssatz der CPU mit OPCODEs in Assembler Sprache, VHDL-Mnemonic und hexadezimalem Maschinencode

Abhängig vom Ergebnis der arithmetischen bzw. logischen Operationen werden zwei Flags gesetzt: Das Bit CFLAG zeigt an, dass die Operation einen Übertrag (Carry) erzeugt hat und das Bit ZFLAG bedeutet, dass das Ergebnis der Operation Null (Zero) ist.

Die 16 Bit eines Assembler Befehls bestehen aus einem 4 Bit breiten Operationscode (OP-CODE) und dem 12 Bit breiten Adressteil, sodass bis auf den Befehl der unmittelbaren Adressierung (LDA #Daten) alle Befehle in einem einzigen Speicherwort abgelegt werden können. Wie Bild 8-2 zu entnehmen ist, bleibt bei diesem Befehl sowie bei dem Befehl zum Linksschieben (SHLA) der Adressteil des Speicherworts leer.

Die Tabelle 8-1 zeigt den vollständigen Befehlssatz des Mikroprozessors. Darin sind neben dem Assemblerbefehl der zugehörige VHDL-Signalwert (Mnemonic), dessen hexadezimale Codierung, eine Kurzerläuterung des Befehls sowie die Auswirkung auf die Flag-Register angegeben.

Bild 8-3 zeigt ein Assembler-Testprogramm, welches weiter unten auch zur Verifikation der korrekten VHDL-Synthese verwendet werden soll. Dessen Funktion ist den Kommentaren zu entnehmen, die sich in den Zeilen jeweils rechts vom Semikolon befinden. In dem durch ORG 80H spezifizierten Speicherbereich oberhalb der Basisadresse 0x0080 liegen die Programmdaten: Durch das Schlüsselwort DW wird jeweils ein aus zwei Bytes bestehendes Datenwort für die Programmvariablen reserviert. Das eigentliche Programm befindet sich oberhalb der Basisadresse 0x0000.

Im unteren Teil von Bild 8-3 ist die mit Hilfe eines Tabellen-Assemblers [34] erzeugte Programmierdatei im Intel-HEX Format dargestellt. Diese Datei enthält neben dem Doppelpunkt nur Hexadezimalziffern. Deren Zeilen (Records) sind wie folgt zu lesen:

- Die ersten beiden Hex-Ziffern enthalten die Anzahl der zu programmierenden Bytes des Records als Hexadezimalzahl (z.B. enthält die erste Zeile 14 Programmierbytes).

- Die nächsten vier Hex-Ziffern enthalten die Anfangsadresse dieses Daten-Records (z.B. werden die 16 zu programmierenden **Bytes** der zweiten Zeile beginnend ab Adresse 0x0000 abgelegt (Anfang des Maschinencodes). Dabei ist zu beachten, dass sich die Anfangsadressen auf **Datenworte**, also je zwei Bytes, beziehen.

- Das nachfolgende Byte enthält eine Record-Kennung (00 für Daten-Records, 01 für die letzte Zeile der Datei).

- Anschließend folgen soviel Datenbytes (je zwei Hexadezimalziffern), wie zu Beginn der Zeile angegeben. Je zwei Bytes entsprechen einem 16-Bit Datenwort bzw. Maschinencode. Dabei wird zuerst das MSB und anschließend das LSB gelesen.

- Die letzten beiden Hexadezimalziffern jedes Records enthalten eine durch Summation und Zweierkomplementbildung bestimmte Kontrollsumme.

```
; code16.asm V4.0 J.R. 10.02.00 fuer 16-Bit Prozessor
;
; Programm zum Testen von Addition, Subtraktion
; indirekter Adressierung, bedingten Spruengen und Schleifen
; Achtung: bei HEX-Konstanten A-F eine 0 voranstellen
;
; Adressen und Konstanten
#SYMLIST                 ; erzeuge Symbolliste
#ASSEMBLER proc16        ; Festlegung der Assembler-Tabelle

ORG      80H             ; Basisadresse fuer Programmkonstanten
SUMD     DW 8001H        ; Summand
SUBT     DW 0AFFEH       ; Subtrahend
ERG1     DW 0000H        ; Additionsergebnis
ADR      DW 0084H        ; Adresse f. Subtr. Ergebnis
ERG      DW 0000H        ; Subtraktionsergebnis
EINS     DW 0001H        ; Konstante 1
CONST    DW 4000H        ; Konstante 4000

ORG      000H            ; Basisadresse fuer Programmcode
         LDA #08000H     ; Lade Konstante 8000h in Akku
         ADDA SUMD       ; Add: 8001h@0080h=>CFLG+0001
         STA ERG1        ; Speichern, dir. Adr.=>0001h@0082h
         LDA #0AFFFH     ; Lade Konstante afffh
         SUBA SUBT       ; Subtr: affeh@0082h=>0001h
         STA (ADR)       ; Speichern, ind. Adr.=>0001h@0084
L1       ADDA EINS       ; Add. Konstante 0001h@0085h => 0002h
         JE L1           ; kein Sprung nach L1 da ZFLG=0
         LDA CONST       ; Lade Konstante 4000h@0086h
L2       SHLA            ; Schleife: Links rotieren (2 Iterationen)
         JGE L2          ; Sprung nach L2 falls CFLG = 0
ENDE     JMP ENDE        ; Totschleife: Sprung nach ENDE

:0E0080008001AFFE00000840000000140007F
:100000004FFF8000608010824FFFAFFF708120831A
:0C000800608AC00850860FFFE00BB00D80
:00000001FF
```

Bild 8-3: Assemblerprogramm zum Testen verschiedener Funktionen des Mikroprozessors. Im unteren Teil ist die zugehörige Programmierdatei CODE16.HEX im Intel-HEX-Format angegeben

8.2   Struktur des Mikroprozessors

Der Mikroprozessor soll als synchrones Schaltwerk aufgebaut werden. Dies erfordert ein Steuerwerk, das den aktuellen OPCODE liest und die Steuersignale des Prozessors als Vorbereitungssignale, also als Freigabesignale (Enable) taktflankengesteuerter Flipflops generiert [34]. Bild 8-4 zeigt eine mögliche Strukturierung in Form eines Blockschaltbildes. Die Busleitungen verbinden die Datenpfadelemente und die Steuerleitungen stellen zusammen mit dem Steuerwerk den Steuerpfad dar.

Im Folgenden sollen die einzelnen Funktionsblöcke näher erläutert werden:

* **ALU:** Die ALU stellt die Recheneinheit für die arithmetischen und logischen Funktionen dar. Sie erzeugt aus dem aktuellen Akkumulatorwert und ggf. dem aktuellen Wert

auf dem Datenbus durch rein kombinatorische Logik das Operationsergebnis F sowie die beiden Indikatoren für einen Übertrag (C_FLG) bzw. für das Ergebnis Null (Z_FLG).

- **Akkumulator und Flag-Register:** In dieser Funktionseinheit wird das Operationsergebnis der ALU sowie die beiden Flags bei ansteigender Taktflanke in den Registern AC bzw. ZFLG und CFLG gespeichert, sofern das Vorbereitungssignal LOADAF = '1' ist. Außerdem wird der Wert des AC-Registers auf dem Datenbus ausgegeben, wenn das Steuersignal OUTDB = '1' ist. Falls dieses Signal '0' ist, wird der Datenbustreiber hochohmig.

- **Instruktionsregister:** Hier wird der aktuelle Befehl decodiert und taktsynchron auf dem OPCODE-Bus ausgegeben, falls das Freigabesignal LOADOP = '1' ist. Außerdem wird in diesem Block der Adressteil auf den internen, 12 Bit breiten Bus I gelegt, wenn das Signal LOADIA = '1' ist.

- **PC:** Das interne, 12 Bit breite, ladbare Programmzählerregister P wird taktsynchron inkrementiert, sofern das Vorbereitungssignal INCPC = '1' ist. Dies ist immer dann der Fall, wenn der im Speicher nachfolgende Befehl gelesen werden muss. Bei unbedingten Sprüngen wird das Signal LOADPC = '1' gesetzt und im Falle von bedingten Sprungbefehlen erhält LOADPC den Wert der Flags CFLG bzw. ZFLG. Dadurch wird dem Programmzähler P der Wert des internen Adressbusses I zugewiesen, falls ein Sprung ausgeführt werden soll.

- **Adr. Mux:** Der Adressmultiplexer entscheidet, ob entweder der interne Programmzähler P auf den Adressbus zu legen ist (OUTPC = '1') oder ob der Adressteil I des aktuell auszuführenden Befehls auf den Adressbus gelegt werden soll. Damit wird z.B. der zweite Operand einer arithmetisch logischen Operation auf dem Datenbus angefordert.

- **Steuerwerk:** Das getaktete Steuerwerk erzeugt, abhängig vom OPCODE, den Flags und dem aktuellen Zustand die oben genannten internen Steuersignale sowie die Steuersignale $R/\overline{W}$ und $\overline{CS}$ zur Ansteuerung des externen Speichers. Auf den Entwurf dieses Automaten wird weiter unten detailliert eingegangen.

Außer ALU und Adr. Mux werden alle Komponenten des Mikroprozessors über die ansteigende Flanke des Signals CLK gesteuert. Sie verfügen außerdem über einen asynchronen RESET. Im Bild 8-4 ist die Verteilung dieser beiden Signale der Übersichtlichkeit halber nicht enthalten.

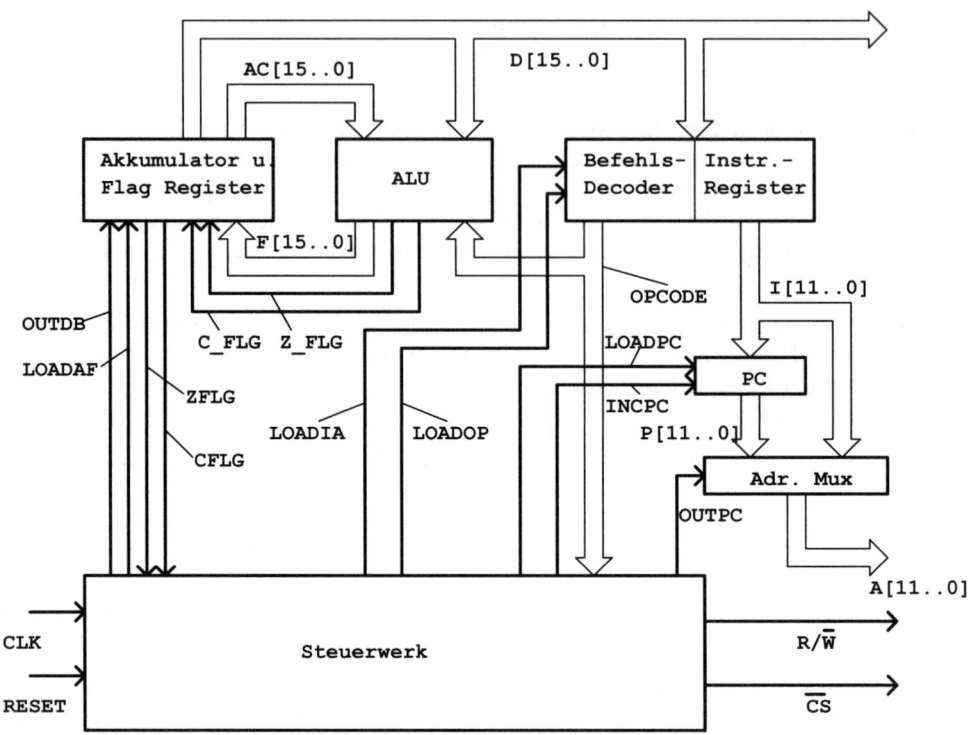

Bild 8-4: Blockschaltbild des Mikroprozessors mit Schnittstellensignalen, ohne Takt- (CLK) und RESET-Verteilung

8.3   Entwurf der VHDL-Komponenten

In diesem Abschnitt werden die einzelnen VHDL-Komponenten vorgestellt, die individuell verifiziert und abschließend als struktureller Entwurf zur CPU zusammengefügt werden.

8.3.1   Definition eines package

Zu Beginn des Codeentwurfs empfiehlt es sich, ein `package` zu definieren, das in allen Komponenten verwendet wird und gemeinsam verwendete Datentypen und Konstanten bzw. Funktionen enthält. Dies erfordert `type` bzw. `subtype` Deklarationen bzw. Konstantendeklarationen. Das `package` enthält:

- Die Adressbusbreite bzw. dessen Datentyp (A_BREITE bzw. A_TYPE)
- Die Datenbusbreite bzw. dessen aufgelöster und nichtaufgelöster Datentyp (D_BREITE bzw. DR_TYPE und DU_TYPE). Entsprechend den in Kap. 5.6 gegebenen Hinweisen soll innerhalb der CPU der Datenbus als `std_ulogic_vector`, also unidirektional

modelliert werden. Die für das Zusammenspiel mit dem Speicher erforderliche Umsetzung als bidirektionaler Bus vom Typ `std_logic_vector` erfolgt in der Komponente, die den Akkumulator und die Flag-Register enthält.

- Den Signalaufzählungstyp OPTYPE, der als Werte die einzelnen OPCODE-Mnemonics enthält, sodass die aktuelle Funktion des Prozessors während der Simulation leichter zu erfassen ist.

Eine spätere Anpassung des Mikroprozessors an geänderte Daten- und Adressbusbreiten bzw. weitere OPCODEs wird wesentlich erleichtert, wenn diese Definitionen in den einzelnen Komponentenarchitekturen durchgängig verwendet werden.

```
-- mp_pack.vhd V2.2
-- Synthesefähiges Package fuer Mikroprozessor
---------------------------------------------
library ieee;
use ieee.std_logic_1164.all;
---------------------------------------------
package MP_PACK is
-- Typdeklarationen:
type OPTYPE is (SHLA, STAABS, STAIND, LDAIND, LDAUNM,  -- OPCodes
                       LDAABS, ADDA, SUBA, ORA, ANDA, EORA,
                       JMP, JE, JNE, JGE, JLT);
subtype DR_TYPE is std_logic_vector(15 downto 0);  -- 16-Bit Daten resolved
subtype DU_TYPE is std_ulogic_vector(15 downto 0);-- 16-Bit Daten unresolved
subtype A_TYPE is std_ulogic_vector(11 downto 0);  -- 12-Bit Adressen
-- Konstantendefinitionen:
constant A_BREITE: integer := 12;             -- Adressbus
constant D_BREITE: integer := 16;             -- Datenbus
end MP_PACK;
```

Code 8-1: Definition eines gemeinsamen `package` *für die verschiedenen Komponenten des Mikroprozessors*

8.3.2 Entwurf einer arithmetisch logischen Einheit (ALU)

Die Schnittstellensignale der ALU entsprechen denen in Bild 8-4. Sie ist als rein kombinatorische Logik, also als Schaltnetz aufgebaut, d.h. alle Eingangssignale sind Element der Empfindlichkeitsliste des Prozesses. Die `entity` enthält eine `generic`-Variable DEL, die die in der Hardware etwa zu erwartende Verzögerung der Ausgangssignale modelliert. Obwohl der angegebene Zahlenwert von 10ns sicher nicht der tatsächlichen Verzögerung entspricht, so lassen sich damit jedoch die asynchronen Effekte der Schaltung bereits während der VHDL-Simulation qualitativ studieren. Einige Synthesewerkzeuge unterstützen keine Parameter vom Typ `time`, sodass die Zeiten direkt in die Signalzuweisungen einzutragen sind, wenn sie vom Synthesewerkzeug überlesen werden sollen.

Im Prozess der ALU wird als Rechenzwischengröße eine Variable FVAR definiert, die mit 0x0000 initialisiert ist, um Ausgangslatches zu vermeiden. Alle Operationen schreiben zunächst ihr Ergebnis in diese Variable, deren Wert am Ende des Prozesses als Signal F herausgeschrieben wird. Für die Verzweigung in die verschiedenen logischen bzw. arithmetischen Operationen bietet sich eine `case`-Anweisung an.

Die beiden Flag-Signale werden zu Beginn des Prozessses mit '0' initialisiert. Das Carry-Flag wird bei den arithmetischen und Schiebeoperationen abhängig vom Wert des höchstwertigen Bits des Akkumulators mit '1' überschrieben. Das Zero-Flag wird am Ende des Prozesses dadurch gebildet, dass FVAR mit 0x0000 verglichen wird.

Bei den Ladeoperationen LDAABS, LDAUNM und LDAIND wird der am Datenbus anliegende Wert in die Variable FVAR kopiert. Die logischen Operationen ORA, ANDA und EORA bilden die vektorielle logische Verknüpfung zwischen dem Akkumulator AC und dem am Datenbus anliegenden Wert. Die für SHLA erforderliche Schiebeoperation des Akkumulators AC wird hier durch eine Vektorelementzuordnung realisiert. Vor dem Schieben wird das höchstwertige Bit von AC nach einer Typumwandlung als Carry-Bit gespeichert.

Für die arithmetischen Operationen ADDA und SUBA, die zwischen dem Akkumulator AC und dem aktuellen Datenwort ausgeführt werden, müssen die Operanden AC und D zunächst in Variable vom Typ `std_logic_vector` umgesetzt werden, um arithmetische Operationen auf Basis vorzeichenloser Zahlen durchführen zu können. Anschließend wird die um ein führendes '0' Bit erweiterte arithmetische Operation ausgeführt. Die Ergebnisvariable RESULT ist ebenfalls vom Typ `std_logic_vector`. Das höchstwertige Bit wird als Carry-Flag abgelegt und die unteren 16 Bits werden als FVAR gespeichert. In diesem Zusammenhang sollte noch einmal darauf hingewiesen werden, dass die Verwendung der Zwischenvariablen FVAR und RESULT zu keinem zusätzlichen Bauteil- bzw. Verdrahtungsaufwand führt, da diese lediglich der Datentypkonversion dienen und durch das Synthesewerkzeug entfernt werden.

```
-- alu.vhd V2.2
-- Synthesefaehiges Verhaltensmodell fuer 16 Bit Alu
-------------------------------------------------
use WORK.MP_PACK.ALL;
library ieee;
use ieee.std_logic_1164.all;
use ieee.std_logic_unsigned.all;

entity ALU is
        generic (DEL: time:=10 ns);
        port (OPCODE: in OPTYPE;
               D, AC: in DU_TYPE;
               F: out DU_TYPE;
               C_FLG, Z_FLG : out BIT);
end ALU;

architecture VERHALTEN of ALU is
constant ZERO: DU_TYPE := (others=>'0');
begin
        process (D, AC, OPCODE)
        variable FVAR: DU_TYPE;
        variable DVAR, ACVAR : DR_TYPE;
        variable RESULT : std_logic_vector(D_BREITE downto 0);

        begin
        DVAR:= std_logic_vector(D);    -- Kopie von D
        ACVAR:=std_logic_vector(AC);   -- Kopie von AC
        FVAR:= ZERO;                   -- Vermeidung eines Ausgangslatches
        Z_FLG<='0' after DEL;          -- Vorinitialisierung der Flags
```

```
   C_FLG<='0' after DEL;
   case OPCODE is
           when LDAabs | LDAunm | LDAind => FVAR := D;
           when ORA=>      FVAR := AC or D;
           when ANDA=>     FVAR := AC and D;
           when EORA=>     FVAR := AC xor D;
           when SHLA=>     C_FLG<=To_Bit(AC(D_BREITE-1)) after DEL; -- MSB
                           FVAR(D_BREITE-1 downto 1)
                                    := AC(D_BREITE-2 downto 0);-- Schieben
                           FVAR(0):='0';                     -- Null->LSB
           when ADDA=>     RESULT:=('0' & ACVAR) + ('0' & DVAR);
                           FVAR:=std_ulogic_vector
                                       (RESULT(D_BREITE-1 downto 0));
                           C_FLG<=To_Bit(RESULT(D_BREITE)) after DEL;--MSB
           when SUBA=>     RESULT := ('0' & ACVAR) - ('0' & DVAR);
                           FVAR:=std_ulogic_vector
                                       (RESULT(D_BREITE-1 downto 0));
                           C_FLG<=To_Bit(RESULT(D_BREITE)) after DEL;--MSB
           when others=>   null;
   end case;

   if FVAR = ZERO then              -- Null-Vergleich
         Z_FLG <= '1' after DEL;    -- Ueberschreiben
   end if;
   F <= FVAR after DEL;             -- Ergebniszuweisung
end process;
end VERHALTEN;
```

Code 8-2: Quellcode der arithmetisch logischen Einheit ALU

8.3.3   Entwurf eines Akkumulator- und Flag-Registers

Die Schnittstellensignale der `entity` AKKU_FLG entsprechen denen in Bild 8-4. Die Funktionalität der zugehörigen Architektur wird durch die beiden Steuersignale OUTDB und LOADAF gesteuert:

• Falls LOADAF = '1' ist, so soll bei der nächsten ansteigenden Taktflanke der am Eingang F anstehende Wert, der von der ALU generiert wurde, in den Akkumulator AC gespeichert werden.

• Falls OUTDB = '1' ist, so soll der aktuelle Akkumulatorwert auf den Datenbus ausgegeben werden.

Entsprechend diesen beiden Funktionalitäten wird die Architektur in zwei Prozesse gegliedert, wobei die eigentlichen Signalzuweisungen wieder um die Zeit DEL verzögert erfolgen, um später asynchrone Effekte im Gesamtdesign studieren zu können. Der Akku wird zunächst als internes Signal AC_INT behandelt, um den Schnittstellenmodus `out` für das Signal AC verwenden zu können. AC wird am Ende der `architecture` als Kopie von AC_INT gebildet.

• Der Prozess D_OUT übergibt AC nach einer Typumwandlung an den Datenbus D, sofern das Signal OUTDB='1' ist, bzw. schaltet bei OUTDB='0' den Datenbus hochohmig.

- Der taktsynchrone Prozess LOAD generiert die flankengesteuerten Registerausgänge AC_INT , CFLG und ZFLG, die das gemeinsame Freigabesignal LOADAF besitzen. Im Falle des asynchronen Hardware-Resets wird deren Wert auf 0x0000 bzw. '0' gesetzt.

```
-- akku_flg.vhd V2.1
-- Verhaltensmodell fuer 16 Bit Akku und Flag-Register
-----------------------------------------------------
use WORK.MP_PACK.ALL;
library ieee;
use ieee.std_logic_1164.all;
entity AKKU_FLG is
        generic ( DEL: time:=10 ns);
        port (CLK, RESET: in bit;
                F: in DU_TYPE;
                AC: out DU_TYPE;
                D: out DR_TYPE;
                LOADAF, OUTDB : in bit;
                C_FLG, Z_FLG : in bit;
                CFLG, ZFLG : out bit);
end AKKU_FLG;
architecture VERHALTEN of AKKU_FLG is
signal AC_INT: DU_TYPE;
begin
D_OUT: process(OUTDB, AC_INT) -- 16 Bit Tri State Treiber
begin
        if OUTDB='1' then
                D <= To_StdLogicVector( AC_INT ) after DEL;
        else
                D <= (others=>'Z') after DEL;
        end if;
end process D_OUT;
LOAD: process(CLK, RESET) -- 16+2 Bit Register mit Reset
begin
        if RESET = '1' then
                AC_INT <= (others=>'0') after DEL;
                CFLG <= '0' after DEL;
                ZFLG <= '0' after DEL;
        elsif CLK='1' and CLK'event then
                if LOADAF='1' then
                        AC_INT <= F after DEL;
                        CFLG <= C_FLG after DEL;
                        ZFLG <= Z_FLG after DEL;
                end if;
        end if;
end process LOAD;
AC <= AC_INT;                    -- Interne Kopie des out-Signals
end VERHALTEN;
```

Code 8-3: Quellcode des Akkumulator- und Flag-Registers mit Tri-State Ausängen für den Datenbus

8.3.4   Testumgebung für ALU und Akkumulator-Flag-Register

Zu diesem Zeitpunkt empfiehlt es sich, das Zusammenspiel der beiden bisher entworfenen Komponenten durch eine Simulation zu überprüfen. Dazu werden die beiden Komponenten in einer strukturellen Architektur zusammengebunden (vgl. Code 8-4). Die Komponenten ALU und AKKU_FLG werden deklariert, konfiguriert und mit den Bezeichnern C1 bzw. C2 instanziiert.

```
-- alu_akku.vhd v2.0
-- Strukturmodell zum Testen von ALU, Akku und Flag-Register
------------------------------------------------------------
use WORK.MP_PACK.ALL;
library ieee;
use ieee.std_logic_1164.all;


entity ALU_AKKU is
            port (CLK, RESET: in bit;
                  OPCODE: in OPTYPE;
                  D: inout DR_TYPE;
                  LOADAF, OUTDB : in bit;
                  C_FLG, Z_FLG : out bit);
end ALU_AKKU;


architecture STRUKTUR of ALU_AKKU is
-- lokale Signale
signal F, AC : DU_TYPE;                         -- interne Busse
signal C_FLG_INT, Z_FLG_INT : bit;              -- interne Flagsignale


-- Komponentendeklarationen:
component ALU
        generic ( DEL: time:=10 ns);
        port (OPCODE: in OPTYPE;
              D, AC: in DU_TYPE;
              F: out DU_TYPE;
              C_FLG, Z_FLG : out bit);
end component;
component AKKU_FLG
        generic ( DEL: time:=10 ns);
        port (CLK, RESET: in bit;
              F: in DU_TYPE;
              AC: out DU_TYPE;
              D: out DR_TYPE;
              LOADAF, OUTDB : in bit;
              C_FLG, Z_FLG : in bit;
              CFLG, ZFLG : out bit);
end component;


-- Komponentenkonfiguration
for all: ALU use entity WORK.ALU(VERHALTEN);
for all: AKKU_FLG use entity WORK.AKKU_FLG(VERHALTEN);
-- Architecture Body:
begin


-- Komponenteninstanziierungen:
C1: ALU generic map(10 ns)
        port map(OPCODE, to_stdulogicvector(D),
```

```
                        AC, F, C_FLG_INT, Z_FLG_INT);
C2: AKKU_FLG generic map(10 ns)
       port map(CLK, RESET, F, AC, D, LOADAF, OUTDB,
                        C_FLG_INT, Z_FLG_INT, C_FLG, Z_FLG);
end STRUKTUR;
```

Code 8-4:   Struktureller Entwurf einer Testumgebung für die ALU und die Akkumulator- und Flag-Register

Der Test dieses strukturellen Modells kann z.B. mit einer Kommandodatei des Simulators erfolgen oder mit einem zusätzlichen Prozess, in dem die Stimuli auf geeignete Weise festgelegt werden. Exemplarisch wird in der in Bild 8-5 gezeigten Simulation zunächst die Konstante 0x8000 in den Akkumulator geladen (LDAUNM) und anschließend dazu der Wert 0x800A addiert (ADDA). Dadurch wird bei ansteigender Taktflanke der Akkumulator AC zum Zeitpunkt t=910ns auf den Wert 0x000A und das Carry-Flag auf '1' gesetzt. Zu beachten ist, dass die kombinatorische Logik der ALU zu diesem Ergebnis sofort wieder den Wert D = 0x800A addiert, womit sich nach einer Verzögerng von 10ns auf dem Ausgangsbus F der ALU das Ergebnis 0x8014 ergibt. Dieser Wert wird jedoch nicht gespeichert, da während der nachfolgenden ansteigenden Flanke bei t=1.1µs das Übernahmesignal LOADAF auf '0' liegt. Zwischen 1µs und 1.2µs wird das Additionsergebnis 0x000A auf dem Datenbus ausgegeben (OUTDB = '1'). Während des nachfolgenden Taktyklus wird OUTDB auf '0' gelegt, wodurch der Datenbus hochohmig wird.

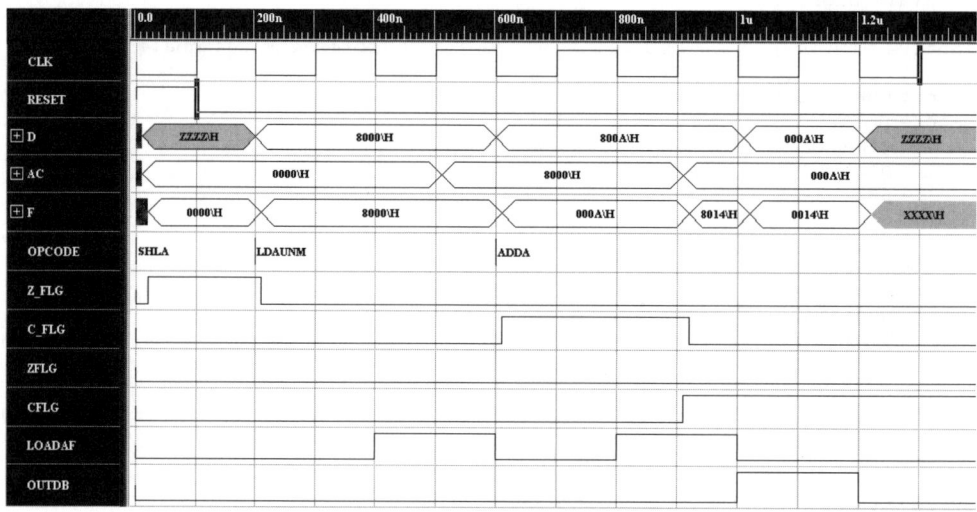

Bild 8-5:   Simulation des Zusammenspiels von ALU und Akkumulator- bzw. Flag-Registern

8.3.5 Entwurf von Instruktionsregister, Programmzähler und Adressmultiplexer

Nachdem der Teil des Datenpfads, der sich mit der Behandlung der **Daten** befasst, auf Basis zweier Komponenten modelliert wurde, soll nun der Teil des Datenpfads, der die **Adressen** bearbeitet bzw. generiert, auf andere Weise strukturiert werden: Die in Bild 8-4 im rechten Teil dargestellten Funktionsblöcke Instruktionsregister, Programmzähler (PC) und Adressmultiplexer (Adr. Mux) werden zu einer VHDL-Komponente zusammengefaßt und die funktionale Strukturierung erfolgt durch vier Prozesse:

- OPCODE_DEC stellt einen taktflankengesteuerten Befehlsdecoder mit Freigabeeingang dar. In diesem wird mit LOADOP = '1' das obere Byte des aktuellen Datenbuswertes decodiert, wobei die in Tabelle 8-1 angegebene hexadezimale Codierung angewendet wird. In der `case`-Anweisung, die das Ausgangssignal OPCODE definiert, ist eine `when others` Verzweigung erforderlich, da D vom Typ `std_logic` ist, es also mehr als 16 mögliche Kombinationen gibt. Durch diese Anweisung werden alle nicht berücksichtigten Wertkombinationen (aus z.B. 'X'- und 'Z'-Werten) auf den OPCODE SHLA abgebildet.

- LD_INSTR_ADR entspricht einem taktflankengesteuerten Register mit Freigabeeingang LOADIA. In diesem lokalen Register I werden die 3 niederwertigen Bytes, also der Adressteil des aktuellen Datenworts abgelegt, was für die absolute und indirekte Adressierung erforderlich ist.

- PROGCTR ist ein taktflankengesteuerter, 12 Bit breiter Zähler mit Vorladeeingang, dessen Register P durch einen System-Reset asynchron auf den Wert 0x000 gesetzt werden kann. Die Steuereingänge INCPC und LOADPC entscheiden, ob die aktuelle Adresse inkrementiert werden soll, bzw. ob der Adressteil des Datenworts in den Programmzähler geladen werden soll.

- MUX stellt die kombinatorische Logik eines Multiplexers dar. Mit Hilfe des Auswahlsignals OUTPC wird entschieden, ob der neue Wert des Programmzählers P oder aber der Adressteil des letzten Datenwortes auf den Adressbus gelegt werden soll.

```
-- ir_pc.vhd    V2.1
-- Verhaltensmodell fuer Instruction Register und Program Counter
--
-- Die Architektur besteht aus vier Prozessen:
-- 1. OPCODE_DEC: Dekodierung des OPCode
-- 2. LD_INSTR_ADR: Laden der Adresse fuer naechsten Befehl
-- 3. PROGCTR: Program Counter laden /inkrementieren
-- 4. MUX: MUX umschalten zwischen I und P
-- ---------------------------------------------
use WORK.MP_PACK.ALL;
library ieee;
use ieee.std_logic_1164.all;
use ieee.std_logic_unsigned.all;

entity IR_PC is
        generic ( DEL: time:=10 ns);
        port ( CLK, RESET: in BIT;
```

```vhdl
                    D: in DR_TYPE;
                    LOADOP, LOADIA, INCPC, LOADPC, OUTPC: in BIT;
                    OPCODE: out OPTYPE;
                    A: out A_TYPE);
end IR_PC;

architecture VERHALTEN of IR_PC is
signal I: A_TYPE;                                      -- Adresse im Instr.-Code
signal P: std_logic_vector(A_BREITE-1 downto 0);      -- Programmzaehler
begin
OPCODE_DEC: process (CLK, RESET)                       -- Dekodiere OPCode
   begin
      if RESET='1' then
             OPCODE <= SHLA after DEL;
      elsif CLK'event and CLK='1' then
             if LOADOP='1' then                        -- nur wenn LOADOP=1
                case D(15 downto 12) is                -- OPCode-Dekodierung
                   when "0000" => OPCODE <= SHLA after DEL;
                   when "0001" => OPCODE <= STAabs after DEL;
                   when "0010" => OPCODE <= STAind after DEL;
                   when "0011" => OPCODE <= LDAind after DEL;
                   when "0100" => OPCODE <= LDAunm after DEL;
                   when "0101" => OPCODE <= LDAabs after DEL;
                   when "0110" => OPCODE <= ADDA after DEL;
                   when "0111" => OPCODE <= SUBA after DEL;
                   when "1000" => OPCODE <= ORA after DEL;
                   when "1001" => OPCODE <= ANDA after DEL;
                   when "1010" => OPCODE <= EORA after DEL;
                   when "1011" => OPCODE <= JMP after DEL;
                   when "1100" => OPCODE <= JE after DEL;
                   when "1101" => OPCODE <= JNE after DEL;
                   when "1110" => OPCODE <= JGE after DEL;
                   when "1111" => OPCODE <= JLT after DEL;
                   -- Fuer Kombinationen aus X,Z etc.:
                   when others => OPCODE <= SHLA after DEL;
                end case;
             end if;
      end if;
   end process;
LD_INSTR_ADR: process (CLK)                            -- Befehlsadresse laden
   begin                                               -- 12 Bit Register
      if CLK'event and CLK='1' then                    -- Bei anst. Flanke
         if LOADIA='1' then                            -- Falls LOADIA=1
             I <= To_StdUlogicVector(D(A_BREITE-1 downto 0)) after DEL;
         end if;
      end if;
   end process LD_INSTR_ADR;
PROGCTR: process (CLK, RESET)                          -- Programmzaehler
   begin                                               -- 12 Bit Zaehler
      if RESET='1' then                                -- mit asynchronem Reset
             P <= (others => '0') after DEL;
      elsif CLK'event and CLK='1' then
             if LOADPC='1' then                        -- Vorladen
                 P <= To_StdLogicVector(I) after DEL;
             elsif INCPC='1' then
                 P <= P + 1;                           -- Inkrementieren
             end if;
      end if;
   end process PROGCTR;
```

```
MUX: process (OUTPC, I, P)                    -- 12 Bit MUX
   begin
        if OUTPC ='1' then                    -- PC auf Adressbus
            A <= To_StdULogicVector(P) after DEL;
        else                                  -- IR-Adressteil auf Datenbus
            A <= I after DEL;
        end if;
    end process MUX;
end VERHALTEN;
```

Code 8-5: Zusammenfassung von Instruktionsregister, Programmzähler und Adressmultiplexer in einer entity

Zur Überprüfung der Funktionen der einzelnen Prozesse empfiehlt sich auch hier eine Simulation. Das Bild 8-6 zeigt für das extern angelegte Datenwort 0xABCD zum Zeitpunkt t=700ns die Decodierung der höchstwertigen 4 Bits 0xA zum OPCODE EORA (vgl. Tabelle 8-1). Dafür muß das Signal LOADOP='1' sein. Während des nachfolgenden Taktzyklus liegt LOADPC auf '1', womit der Programmzähler P mit dem Wert 0xBCD geladen wird. Anschließend wird INCPC aktiviert, sodass zum Zeitpunkt t=1.1µs der Zähler auf den Wert 0xBCE inkrementiert wird. Bis zum Zeitpunkt t=1.2µs ist OUTPC='0', womit auf dem Adressbus der Adressteil des Datenworts, also der interne Bus I ausgegeben wird. Erst im nachfolgenden Takt wird OUTPC aktiviert und auf dem Adressbus erscheint der aktuelle Wert des Programmzählers 0xBCE.

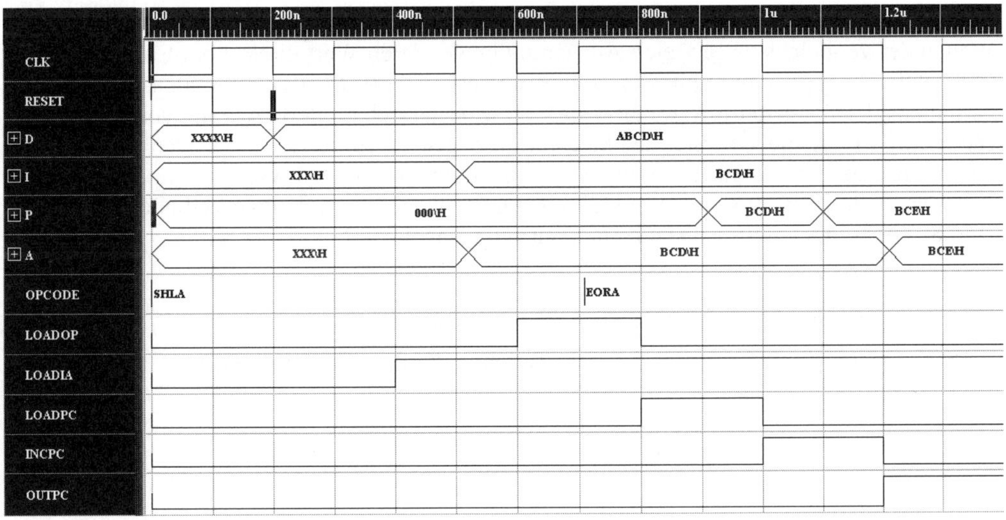

Bild 8-6: Simulationsergebnis zur Komponente IR_PC (Code 8-5)

8.3.6   Entwurf des Steuerwerks

Aufgabe des Steuerwerks ist es, die in Bild 8-4 dargestellten Steuersignale für die in Tabelle 8-1 aufgeführten OPCODEs zu generieren. Der Entwurf erfordert eine sorgfältige Analyse der einzelnen Assemblerbefehle in Bezug auf die Anzahl der einzulesenden Befehlsworte sowie der zur Ausführung benötigten Taktzyklen: In 1-Takt Befehlen kann der gerade eingelesene OPCODE ausgeführt und gleichzeitig der nachfolgende OPCODE eingelesen werden. Ein zweiter Takt ist erforderlich, wenn Befehle entweder einen zweiten Operanden aus dem Speicher benötigen, ein Datenwort aus dem Speicher lesen oder aber einen Sprung bewirken sollen. Die Befehle mit indirekter Adressierung erfordern zur Berechnung der endgültigen Speicheradresse einen eigenen Taktzyklus, womit sich 3-Takt-Befehle ergeben. Bis auf einen Befehl erfordert die Befehlsausführung nur das Einlesen eines einzigen Befehlswortes. Nur der Befehl zum unmittelbaren Laden des Akkus LDAUNM erfordert zwei Worte (vgl. Bild 8-2). Zusammenfassend existieren vier Arten von OPCODEs:

– 1-Takt-Befehl bestehend aus einem Wort   (SHLA)

– 2-Takt-Befehle bestehend aus einem Wort   (STAABS, LDAABS, ADDA,

　　　　　　　　　　　　　　SUBA, ORA, ANDA, EORA, JMP, JE, JNE, JGE, JLT)

– 3-Takt-Befehle bestehend aus einem Wort   (STAIND, LDAIND)

– 2-Takt-Befehle bestehend aus zwei Worten   (LDAUNM)

Wegen der vergleichsweise vielen Ausgangssignale, deren Wert direkt vom Eingangssignal OPCODE abhängt, empfiehlt sich zur Realisierung eine Mealy-Automatenstruktur. Ein verhaltensgleicher Moore-Automat würde eine sehr viel größere Anzahl von Zuständen erfordern, womit die Übersichtlichkeit verloren gehen würde. In der gewählten Struktur lassen sich die verschiedenen OPCODEs mit dem in Bild 8-7 vereinfacht dargestellten Automaten mit drei Zuständen ausführen. Die vollständige Schaltwerktabelle mit den in Bild 8-4 verwendeten Signalbezeichnungen zeigt Tabelle 8-2.

Die Bedeutung der Zustände läßt sich wie folgt beschreiben:

– S0: Operation ausführen. Bei 1-Takt-Befehl außerdem: Nächsten Befehl holen

– S1: Nächsten Befehl holen

– S2: Endgültige Speicheradresse ermitteln

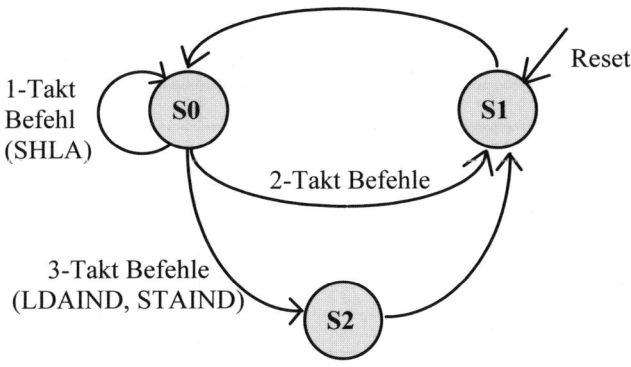

Bild 8-7: Vereinfachtes Zustandsdiagramm des Steuerwerks

STATE	OP-CODE	NEXT-STATE	OUT-PC	OUT-DB	LOAD-PC	INC-PC	LOAD-OP	LOAD-IA	LOAD-AF	READ-WRITE
S0	SHLA	S0	1	0	0	1	1	1	1	1
"	STAABS	S1	0	1	0	0	0	0	0	0
"	STAIND	S2	0	0	0	0	0	1	0	1
"	LDAIND	S2	0	0	0	0	0	1	0	1
"	LDAUNM	S1	1	0	0	1	0	0	1	1
"	LDAABS	S1	0	0	0	0	0	0	1	1
"	ADDA	S1	0	0	0	0	0	0	1	1
"	SUBA	S1	0	0	0	0	0	0	1	1
"	ORA	S1	0	0	0	0	0	0	1	1
"	ANDA	S1	0	0	0	0	0	0	1	1
"	EORA	S1	0	0	0	0	0	0	1	1
"	JMP	S1	1	0	1	0	0	0	0	1
"	JE	S1	1	0	ZFLG	0	0	0	0	1
"	JNE	S1	1	0	$\neg$ZFLG	0	0	0	0	1
"	JGE	S1	1	0	$\neg$CFLG	0	0	0	0	1
"	JLT	S1	1	0	CFLG	0	0	0	0	1

STATE	OP-CODE	NEXT-STATE	OUT-PC	OUT-DB	LOAD-PC	INC-PC	LOAD-OP	LOAD-IA	LOAD-AF	READ-WRITE
S1	-	S0	1	0	0	1	1	1	0	1
S2	SHLA	S1	-	-	-	-	-	-	-	-
"	STAABS	S1	-	-	-	-	-	-	-	-
"	STAIND	S1	0	1	0	0	0	0	0	0
"	LDAIND	S1	0	0	0	0	0	0	1	1
"	LDAUNM	S1	-	-	-	-	-	-	-	-
"	LDAABS	S1	-	-	-	-	-	-	-	-
"	ADDA	S1	-	-	-	-	-	-	-	-
"	SUBA	S1	-	-	-	-	-	-	-	-
"	ORA	S1	-	-	-	-	-	-	-	-
"	ANDA	S1	-	-	-	-	-	-	-	-
"	EORA	S1	-	-	-	-	-	-	-	-
"	JMP	S1	-	-	-	-	-	-	-	-
"	JE	S1	-	-	-	-	-	-	-	-
"	JNE	S1	-	-	-	-	-	-	-	-
"	JGE	S1	-	-	-	-	-	-	-	-
"	JLT	S1	-	-	-	-	-	-	-	-

Tabelle 8-2:   Schaltwerktabelle für das Steuerwerk

Der Mealy-Automat wird im Code 8-6 als Zweiprozessautomat beschrieben:

- Im Prozess SPEICHER erfolgt die taktsynchrone Übernahme des Folgezustandssignals NEXT_STATE als Zustandssignal STATE. Ein asynchroner RESET versetzt das Steuerwerk in den Anfangszustand S1 (nächsten Befehl holen).

- Der Prozess S_NETZE beinhaltet die kombinatorische Logik zur Berechnung der Ausgangssignale sowie des Folgezustands. Zu Beginn des Prozesses werden alle Ausgangssignale mit '0' initialisiert. Abhängig von den einzelnen Zuständen und OPCODEs werden die Ausgangssignale nachträglich mit '1' überschrieben (vgl. Tabelle 8-2). Die Grundstruktur dieses Prozesses besteht aus einer äußeren `case`-Anweisung, die die drei Zustände S0, S1 und S2 abfragt:

  - Im Zustand S0 (Befehl ausführen) wird mit einer inneren `case`-Anweisung in die verschiedenen Befehlsgruppen verzweigt, die gleichen Ausgangssignalen und Folgezuständen entsprechen. In der Gruppe der Sprungbefehle wird außerdem abhängig vom OPCODE und dem Wert der Statussignale CFLG bzw. ZFLG das Steuersignal LOADPC gesetzt bzw. gelöscht. Wie oben erwähnt, wird bei LOADPC = '1' der Programmzähler mit dem Adressteil des letzten Befehls geladen, womit ein Programmsprung erzwungen wird.

- Der Zustand S1 (Nächsten Befehl holen) ist dadurch gekennzeichnet, dass die Ausgangssignale sowie dessen Folgezustand S0 für alle OPCODEs identisch sind.

- Der nur bei indirekter Adressierung verwendete Zustand S2 entscheidet durch eine if-Abfrage, ob gelesen oder geschrieben werden soll. Dadurch werden die Signale OUTDB, LOADAF und READWRITE in unterschiedlicher Weise gesetzt.

Wichtig bei der Formulierung des kombinatorischen Prozesses S_NETZE ist, dass alle in den case- und if- Abfragen verwendeten Signale Bestandteil der Empfindlichkeitsliste sind, damit sichergestellt ist, dass dieser Prozess immer dann aktiviert wird, wenn sich eins der Eingangssignale ändert.

```
-- st_werk.vhd V2.2
-- SPEICHER Zustandsregister
-- S_NETZE enthaelt 2 geschachtelte case-Ebenen fuer
-- Uebergangs- bzw.Ausgangsschaltnetz
-----------------------------------------------------
use WORK.MP_PACK.ALL;                -- System Package
-----------------------------------------------------
entity ST_WERK is
        generic ( DEL: time:=10 ns);
        port (CLK, RESET: in bit;
              OPCODE: in OPTYPE;
              CFLG, ZFLG: in bit;
              READWRITE, LOADAF, OUTDB, LOADOP,
              LOADIA, INCPC, LOADPC, OUTPC: out bit);
end ST_WERK;

architecture FSM of ST_WERK is
type STATE_TYPE is (S0, S1, S2);
signal STATE, NEXT_STATE : STATE_TYPE;

begin

SPEICHER: process(CLK, RESET)
        begin
                if RESET= '1' then
                        STATE <= S1 after DEL;        -- Naechsten Befehl lesen
                elsif CLK'event and CLK='1' then
                        STATE <= NEXT_STATE after DEL;-- Zustandsuebernahme
                end if;
        end process SPEICHER;

S_NETZE: process(STATE, OPCODE, CFLG, ZFLG)
        begin
                OUTPC <='0' after DEL;        -- Vorinitialisierung
                OUTDB <='0' after DEL;        -- aller Ausgangssignale
                LOADPC <='0' after DEL;       -- mit '0'
                INCPC <='0' after DEL;
                LOADOP <='0' after DEL;
                LOADIA <='0' after DEL;
                LOADAF <='0' after DEL;
                READWRITE <='0' after DEL;
```

```
case STATE is
when S0 =>                                      -- Befehl ausfuehren
        case OPCODE is
        when SHLA =>
                OUTPC <='1' after DEL;
                INCPC <='1' after DEL;
                LOADOP <='1' after DEL;
                LOADIA <='1' after DEL;
                LOADAF <='1' after DEL;
                READWRITE <='1' after DEL;
                NEXT_STATE <= S0 after DEL;   --1 Tkt/1 Wort
        when LDAabs | ADDA | SUBA | ORA | ANDA | EORA =>
                LOADAF <='1' after DEL;
                READWRITE <='1' after DEL;
                NEXT_STATE <= S1 after DEL;   --2 Tkt/1 Wort
        when LDAunm =>
                OUTPC <='1' after DEL;
                INCPC <='1' after DEL;
                LOADAF <='1' after DEL;
                READWRITE <='1' after DEL;
                NEXT_STATE <= S1 after DEL;   -- 2 Tkt/1 Wort
        when LDAind | STAind =>
                LOADIA <='1' after DEL;
                READWRITE <='1' after DEL;
                NEXT_STATE <= S2 after DEL;   -- 3 Tkt/1 Wort
        when STAabs =>
                OUTDB <='1' after DEL;
                NEXT_STATE <= S1 after DEL;   -- 2 Tkt/1 Wort
        when JMP | JE | JNE | JGE | JLT =>
                OUTPC <='1' after DEL;
                READWRITE <='1' after DEL;
                NEXT_STATE <= S1 after DEL;   -- 2 Tkt/1 Wort
                case OPCODE is -- LOADPC abh. v. den Flags
                when JMP =>
                        LOADPC <='1' after DEL;
                when JE =>
                        if ZFLG ='1' then
                                LOADPC <='1' after DEL;
                        end if;
                when JNE =>
                        if ZFLG ='0' then
                                LOADPC <='1' after DEL;
                        end if;
                when JGE =>
                        if CFLG ='0' then
                                LOADPC <='1' after DEL;
                        end if;
                when JLT =>
                        if CFLG ='1' then
                                LOADPC <='1' after DEL;
                        end if;
                when others => null;
                end case;
        end case;

when S1 =>
        NEXT_STATE <= S0 after DEL; -- Naechsten Befehl lesen
        OUTPC <='1' after DEL;
        INCPC <='1' after DEL;
```

```
                    LOADOP  <='1' after DEL;
                    LOADIA  <='1' after DEL;
                    READWRITE <='1' after DEL;

          when S2 =>
                    NEXT_STATE <= S1 after DEL;    -- Endg.Adr. ermitteln
                    if OPCODE = LDAind then
                          LOADAF <='1' after DEL;
                          READWRITE <='1' after DEL;
                    elsif OPCODE = STAind then
                          OUTDB <='1' after DEL;
                    end if;
          end case;
     end process S_NETZE;
end FSM;
```

Code 8-6: Steuerwerk für den Mikroprozessor, realisiert als Mealy-Automat mit zwei Prozessen

Die dem Code 8-6 zu entnehmende Komplexität des Steuerwerks erfordert eine individuelle Simulation, in der die Wirkung der einzelnen OPCODEs auf die Ausgangssignale und Zustände der Reihe nach getestet wird. Bild 8-8 zeigt das Ergebnis für einige OPCODEs. Deutlich erkennbar sind darin die asynchronen Änderungen des Folgezustands (NEXT_STATE), die entweder als Folge veränderter OPCODEs am Eingang oder als Folge von Zustandsänderungen mit 10ns Verzögerung erscheinen. Bei ansteigender Flanke des CLK-Signals wird der zu diesem Zeitpunkt gültige Folgezustand zum aktuellen Zustand (STATE) gemacht. Die Ausgangssignale entsprechen den Angaben in Tabelle 8-2 .

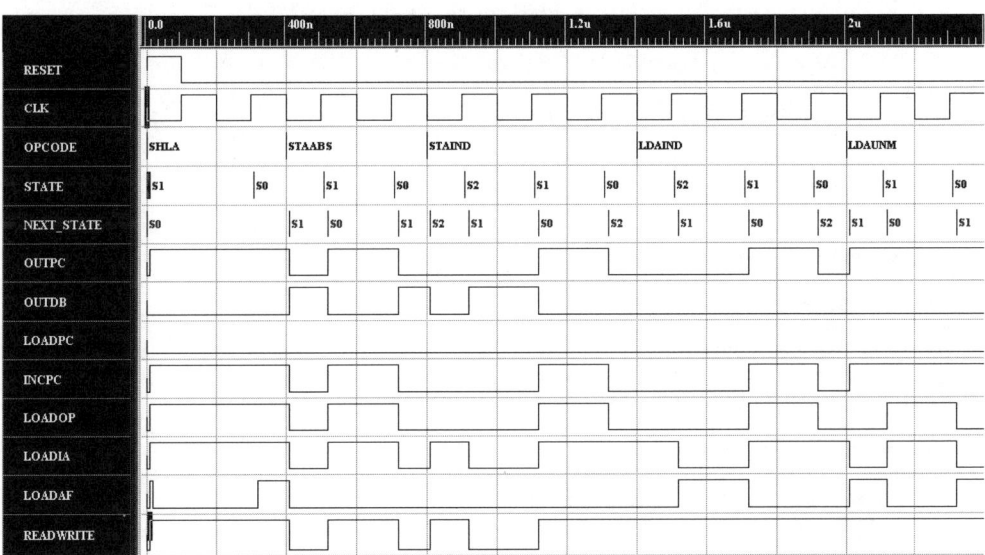

Bild 8-8: Simulation des Steuerwerks für einige OPCODEs

8.4   Struktureller Entwurf der CPU

Nachdem nun alle erforderlichen Komponenten entworfen sind, kann der eigentliche Mikroprozessor als struktureller VHDL-Entwurf realisiert werden. Dazu müssen alle im Bild 8-4 verwendeten internen Signale als lokale Signale der Architektur definiert werden. Die bisher entworfenen Entwurfseinheiten werden als Komponenten eingebunden, wobei strikt darauf geachtet wird, dass die in den `entity`-Deklarationen angegebenen Datentypen auch in den Komponentendeklarationen verwendet werden. Die Komponentenkonfigurationen verweisen auf die bereits übersetzten Architekturen der Komponenten. Jede Komponente wird einmal instanziiert, wobei die Zuordnung der aktuellen Signale durch die Reihenfolge in der Komponentendeklaration vorgegeben ist (Positional Order).

```
-- cpu.vhd      V2.1
-- Strukturmodell fuer einen Mikroprozessor
-------------------------------------------------------
--
-- Verwendete Komponenten:
-- Funktions- und Typenpackage        mp_pack.vhd
-- Steuerwerk:                        st_werk.vhd
-- Befehlsregister / Progzaehler:     ir_pc.vhd
-- Alu:                               alu.vhd
-- Akkumulator und Flag-register      akku_flg.vhd
-------------------------------------------------------
use WORK.MP_PACK.ALL;            -- System Package
library ieee;
use ieee.std_logic_1164.all;  -- STD_LOGIC Bibliothek
-------------------------------------------------------

entity CPU is
            port (CLK, RESET: in bit;
                  D: inout DR_TYPE;
                  A: out A_TYPE;
                  READWRITE: out bit);
end CPU;

architecture STRUKTUR of CPU is

-- lokale Signale:
signal AC, F: DU_TYPE;
signal OPCODE: OPTYPE;
signal LOADOP, LOADIA, INCPC, LOADPC, OUTPC, OUTDB, LOADAF: bit;
signal C_FLG, Z_FLG, CFLG, ZFLG : bit;

-- Komponentendeklarationen:
component ST_WERK
      generic ( DEL: time:=10 ns);
      port (CLK, RESET: in bit;
            OPCODE: in OPTYPE;
            CFLG, ZFLG: in bit;
            READWRITE, LOADAF, OUTDB, LOADOP,
            LOADIA, INCPC, LOADPC, OUTPC: out bit);
end component;

component IR_PC
```

```
        generic ( DEL: time:=10 ns);
        port (CLK, RESET: in BIT;
                D: in DR_TYPE;
                LOADOP, LOADIA, INCPC, LOADPC, OUTPC: in BIT;
                OPCODE: out OPTYPE;
                A: out A_TYPE);
end component;

component ALU
        generic ( DEL: time:=10 ns);
        port (OPCODE: in OPTYPE;
                D, AC: in DU_TYPE;
                F: out DU_TYPE;
                C_FLG, Z_FLG : out bit);
end component;

component AKKU_FLG
        generic ( DEL: time:=10 ns);
        port (CLK, RESET: in bit;
                F: in DU_TYPE;
                AC: out DU_TYPE;
                D: out DR_TYPE;
                LOADAF, OUTDB : in bit;
                C_FLG, Z_FLG : in bit;
                CFLG, ZFLG : out bit);
end component;

-- Komponentenkonfigurationen:
for all: ST_WERK use entity WORK.ST_WERK(FSM);
for all: IR_PC use entity WORK.IR_PC(VERHALTEN);
for all: ALU use entity WORK.ALU(VERHALTEN);
for all: AKKU_FLG use entity WORK.AKKU_FLG(VERHALTEN);

-- Architecture Body besteht aus:
-- Komponenteninstanziierungen:
begin
U_ST_WERK:      ST_WERK generic map(20 ns)
  port map( CLK, RESET, OPCODE, CFLG, ZFLG, READWRITE,
                LOADAF, OUTDB, LOADOP, LOADIA, INCPC, LOADPC, OUTPC);
U_IR_PC:        IR_PC generic map(20 ns)
  port map( CLK, RESET, D, LOADOP, LOADIA, INCPC, LOADPC, OUTPC, OPCODE, A);
U_ALU: ALU generic map(20 ns)
  port map(OPCODE, To_StdUlogicVector(D), AC, F, C_FLG, Z_FLG);
U_AKKU_FLG:     AKKU_FLG generic map(20 ns)
  port map(CLK, RESET, F, AC, D, LOADAF, OUTDB, C_FLG, Z_FLG, CFLG, ZFLG);
end STRUKTUR;
```

Code 8-7: Strukturelles Modell des Mikroprozessors

8.5   Entwurf einer Testumgebung

Eine Simulation der synthesefähigen Struktur ist recht aufwendig, da das Zusammenspiel zwischen dem Daten- und Adressbus sowie dem Takt entweder in einer Testumgebung definiert werden muss oder aber, je nach verwendetem Simulator, durch Anweisungen an den Simulator vorgegeben werden muss. Leichter und realistischer hingegen ist die Simulation, wenn das Verhalten eines RAM-Bausteins, der den Quellcode enthält, durch ein VHDL-Verhaltensmodell mitsimuliert wird. Auf diese Weise entsteht ein Modell, welches auch ein Hardware-Software Codesign [28], [34] ermöglicht.

8.5.1   Verhaltensmodell eines RAMs

Das VHDL-Modell des RAM-Bausteins im Code 8-8 besitzt die beiden folgenden Funktionalitäten:

- Bei ansteigender Flanke des Steuersignals PROG wird die vorbereitete Datei „CODE16.HEX" (vgl. Bild 8-1) in das RAM-Modell geladen. Dies entspricht einer externen Initialisierung des RAMs mit einem Programm. Zur Umwandlung der ASCII-Daten dieser Datei in hexadezimale Daten wurde im RAM-Modell eine Funktion HEXSTRING_TO_INT definiert.

- Die üblichen RAM-Funktionen, also das Lesen bzw. Schreiben der Daten D auf dem Addressbus ADDRESS, werden durch die Steuersignale

  - NCS = Low aktive Bausteinaktivierung (Chip Select)

  - RNW = Lesen falls RNW='1', Schreiben falls RNW='0'

  - NOE = Low aktive Signalausgabe (Output Enable)

  gesteuert.

Der Kern des RAM-Modells ist ein Feld (`array`) von Datenworten. Die Anzahl der Speicherworte (Speichertiefe) wird durch die Konstante MEM_TIEFE vorgegeben, die ihrerseits abhängig von der Adressbusbreite ist. Jedes Datenwort besteht aus einem `std_logic_vector` mit der Breite des Datenbusses. In der `architecture` wird zunächst der Datentyp des Speichers (MEM_TYPE) und anschließend das Signal MEM definiert. Alle Speicherstellen werden bei der Deklaration mit '0' initialisiert. Da es sich bei diesem Signal um ein `std_logic_vector array` handelt, muss die dabei verwendete „`others=>`"-Anweisung zweifach geschachtelt sein.

Die `architecture` VERHALTEN des RAMs besteht aus einem Prozess, der aktiviert wird, sofern sich entweder die Adresse, das Freigabesignal NCS oder das Programmiersignal ändert.

```
-- ram.vhd      V3.1
-----------------------------------------------------------------
use WORK.MP_PACK.ALL;              -- System Package
use std.textio.all;                -- File I/O Package
library ieee;
use ieee.std_logic_1164.all;       -- STD_LOGIC
use ieee.std_logic_arith.all;      -- Vektorarithmetik
entity RAM is
        generic ( DEL: time:=10 ns);
        port (D: inout DR_TYPE;
              ADDRESS: in A_TYPE;
              NCS, RNW, NOE: in bit;
              PROG : in bit);
```

```
end RAM;


-------------------------------------------------------------------

architecture VERHALTEN of RAM is
-------------------------------------------------------------------
function HEXSTRING_TO_INT (ZKETTE : in string) return integer is
.... -- Hier steht Block 2 (Code 8-10)
end HEXSTRING_TO_INT;
-------------------------------------------------------------------
-- RAM-Speicher als Signal-array:
constant MEM_TIEFE : integer := 2**A_BREITE-1;
type MEM_TYPE is array (0 to MEM_TIEFE) of DR_TYPE;
signal MEM: MEM_TYPE :=(others =>(others =>'1')); -- mit '1' initialisieren
begin
SPEICHER: process (PROG, NCS, RNW, NOE, ADDRESS, D)
        file SRCFILE: text is in "CODE16.HEX";      -- Quellcode-Filename
        variable SRC_LINE: line;                    -- Zeilenpuffer
        variable VALID: boolean;
        variable FIRST_CHAR: character;
        subtype BYTE_TYPE is string (positive range 1 to 2); -- 2-ASCIIs
        subtype WORD_TYPE is string (positive range 1 to 4); -- 4-ASCIIs
        variable BYTE : BYTE_TYPE;
        variable WORD : WORD_TYPE;
        variable NO_OF_BYTES, D_BYTE, ID_CODE: integer range 0 to 255;
        variable ADDR, PROGWORD: integer range 0 to 65535;  --Addr./Prog.wort

        begin
            D <= (others =>'Z') after DEL; -- Default: Datenbus hochohmig
            if PROG='1' and PROG'event then
            .... -- Hier steht Block 1 (Code 8-9)
            elsif NCS = '0' then  -- Speicher selektiert?
            .... -- Hier steht Block 3 (Code 8-11)
            end if;
        end process SPEICHER;
-------------------------------------------------------------------
end VERHALTEN;
```

Code 8-8:   Übersicht zum Aufbau des RAM-Modells

Im Folgenden sollen die drei Funktionsblöcke des VHDL-Codes näher erläutert werden:

Block 1: Initialisieren des RAMs:

Die Datei „CODE16.HEX" wird bei ansteigender Flanke des PROG-Signals eingelesen. Die ASCII-Datei wird entsprechend der Spezifikation des Intel-HEX Formats der Datei in Bild 8-3 durch Code 8-9 bearbeitet. Dieser Codeauszug stellt den Block 1 in Code 8-8 dar. Das letzte Byte jeder Zeile (Kontrollsumme) wird nicht ausgewertet. Es ist vorgesehen, dass Zeilen, die mit einem Semikolon beginnen, als Kommentarzeilen überlesen werden.

```
while not endfile(SRCFILE) loop
        readline(SRCFILE, SRC_LINE);
        read (SRC_LINE, FIRST_CHAR, VALID);
        if not VALID and FIRST_CHAR /= ';' then
            exit; -- Format-/Lesefehler
        end if;
```

```
        -- Kommentarzeilen, die mit ";" anfangen, ueberlesen
    if FIRST_CHAR /= ';' then
            read (SRC_LINE, BYTE, VALID);          -- Anzahl der Datenbytes
            if not VALID then exit; end if;
            NO_OF_BYTES := HEXSTRING_TO_INT(BYTE);
            read (SRC_LINE, WORD, VALID);          -- Anfangsaddresse
            if not VALID then exit; end if;
            ADDR := HEXSTRING_TO_INT(WORD);
            read (SRC_LINE, BYTE, VALID);          -- Record Kennung
            if not VALID then exit; end if;
            ID_CODE := HEXSTRING_TO_INT(BYTE);     -- Keine Auswertung
            while NO_OF_BYTES > 0 loop
                    read (SRC_LINE, WORD, VALID); -- Datenwort (16-Bit)
                    if not VALID then exit; end if;
                    PROGWORD := HEXSTRING_TO_INT(WORD);
                    MEM(ADDR) <= conv_std_logic_vector(PROGWORD, D_BREITE);
                    ADDR := ADDR + 1;              -- naechste Adresse
                    NO_OF_BYTES := NO_OF_BYTES-1   -- Bytezaehler dekr.
            end loop;
        end if;
end loop;
assert VALID report"--- Dateilesefehler ---" severity error;
assert not endfile(SRCFILE)
report"--- Einlesen beendet/ Datenbus hochohmig ---" severity note;
```

Code 8-9: Einlesen eines Assemblerlistings in das RAM-Modell

Auf die hier verwendeten, nicht synthetisierbaren VHDL-Dateioperationen soll nur flüchtig eingegangen werden. Weitere Ausführungen dazu finden sich z.B. in [6], [7] oder [12]: Beim Einlesen der Textdatei werden die folgenden Funktionen verwendet. Dazu ist die Standardbibliothek std.textio in Code 8-8 einzubinden:

- endfile() : Zur Überprüfung des Dateiendes der Datei SRCFILE

- readline() : Zum Einlesen einer kompletten Zeile in den internen, selbstdefinierten Zeilenpuffer SRC_LINE.

- read() : Zum Umsetzen der jeweils nächsten Information des Zeilenpuffers in geeignete VHDL-Signale. Im Zeilenpuffer stehen nach dem führenden Doppelpunkt bzw. Semikolon (FIRST_CHAR) ASCII-Strings, die entweder aus zwei (BYTE) oder vier Zeichen bestehen (WORD). Die Umsetzung der ASCII-Ziffern in Hexadezimalzahlen erfolgt mit der nachstehend erläuterten Funktion HEXSTRING_TO_INT.

Mögliche Lesefehler sowie das Dateiende werden durch eine assert-Anweisung auf der Simulationskonsole angezeigt. Mit dieser Anweisung kann allgemein eine bestimmte Bedingung überprüft werden und ein bestimmter Text auf der Konsole ausgegeben werden, falls die Bedingung **nicht** wahr ist. Die Syntax der assert-Anweisung lautet [37]:

```
assert <Bedingung> report "<Text>" severity <severity_level>
```

Hinter dem Schlüsselwort severity wird eine der vier möglichen Fehlerklassen angegeben: note, warning, error, failure. Bei den ersten beiden Fehlerarten wird die Simulation fortgesetzt, während die beiden letzten Fehlerklassen die Ausführung des Simulators beenden.

Block 2: Umsetzung eines vierstelligen ASCII-Strings in eine `integer`-Zahl

Da die eingelesenen Hexadezimalzahlen in Form zwei- bzw. vierstelliger ASCII-Zeichenketten vorliegen, müssen diese zunächst mittels der selbsterklärenden Funktion HEXSTRING_TO_INT in `integer`-Format umgesetzt werden.

```
function HEXSTRING_TO_INT (ZKETTE : in string) return integer is
        variable ERGEBNIS : integer range 0 to 65535;
        variable ZIFFER : integer range 0 to 15;      -- erlaubte Ziffern
        variable FEHLER : boolean;

begin
        ERGEBNIS :=0;                            -- Initialisierung
        FEHLER := false;
        for I in ZKETTE'range loop               -- Schleife ueber Stringlaenge
                case ZKETTE(I) is
                        when ' ' => ZIFFER:=0;
                        when '0' => ZIFFER:=0;-- Umsetzung in unsigned
                        when '1' => ZIFFER:=1;
                        when '2' => ZIFFER:=2;
                        when '3' => ZIFFER:=3;
                        when '4' => ZIFFER:=4;
                        when '5' => ZIFFER:=5;
                        when '6' => ZIFFER:=6;
                        when '7' => ZIFFER:=7;
                        when '8' => ZIFFER:=8;
                        when '9' => ZIFFER:=9;
                        when 'A' => ZIFFER:=10;
                        when 'B' => ZIFFER:=11;
                        when 'C' => ZIFFER:=12;
                        when 'D' => ZIFFER:=13;
                        when 'E' => ZIFFER:=14;
                        when 'F' => ZIFFER:=15;
                        when 'a' => ZIFFER:=10;-- Kleinschreibung erlaubt
                        when 'b' => ZIFFER:=11;
                        when 'c' => ZIFFER:=12;
                        when 'd' => ZIFFER:=13;
                        when 'e' => ZIFFER:=14;
                        when 'f' => ZIFFER:=15;
                        when others => FEHLER:=true;-- Fehlererkennung
                end case;
                assert not FEHLER
                report "!!! Fehler in der Eingabedatei" severity error;
                -- Hex-Akkumulation des Ergebnisses:
                ERGEBNIS := ERGEBNIS + (ZIFFER * 16**(ZKETTE'high - I));
        end loop;
        return ERGEBNIS;
end HEXSTRING_TO_INT;
```

Code 8-10: Umsetzung eines vierstelligen ASCII-Strings in eine `integer`-Zahl

Block 3: Schreib-/Lesefunktion des RAMs

Die Schreib- /Lesefunktion des RAMs erfolgt im Block 3. Dieser wird nur aktiviert, falls das $\overline{CS}$ -Signal NCS = '0' ist. Falls das $\overline{WE}$ -Signal RNW den Wert '1' hat und die Datenausgänge durch $\overline{OE}$ aktiviert sind (NOE = '0'), wird das an der aktuellen Adresse befindliche Datenwort mit der Verzögerung DEL auf den Datenbus geschrieben. Für RNW= '0' wird das auf dem Datenbus befindliche Datenwort an die aktuelle Speicheradresse geschrieben. Falls der Baustein nicht selektiert ist (NCS = '1'), so wird der Datenbustreiber durch die Defaultzuweisung in Code 8-8 hochohmig. Damit kann der Prozessor auf den Datenbus schreibend zugreifen.

Um den indizierten Zugriff auf das Speicher-Array zu ermöglichen, muss die Adresse als `unsigned` interpretiert werden und anschließend mit `conv_integer` in eine `inte-ger`-Zahl umgesetzt werden.

```
elsif NCS = '0' then                        -- Speicher selektiert?
    if RNW ='1' then                        -- Lesen?
        if NOE='0' then                     -- Ausgabe freigegeben?
            -- Verwende Konversion unsigned -> Integer,
            -- Dafuer ADDRESS als unsigned interpretieren:
            D <=  MEM(conv_integer(unsigned(ADDRESS))) after DEL;
        end if;
    else
        MEM(conv_integer(unsigned(ADDRESS))) <= D after DEL;
    end if;
```

Code 8-11: Im Block 3 erfolgt die Schreib- / Leseoperation des RAMs bzw. das Abschalten des Datenbustreibers

8.5.2   Test des Gesamtsystems

Das Zusammenspiel des synthetisierbaren Mikroprozessors mit dem RAM-Verhaltensmodell wird in einer Testumgebung analysiert. In diesem gemischten Modell werden die Komponenten CPU als Strukturbeschreibung und der RAM-Baustein mit einer Verhaltensbeschreibung instanziiert.

Dabei ist zu beachten, dass beim RAM der Systemtakt CLK auf den Low aktiven Speicherfreigabeeingang NCS gelegt wurde, womit bei fallender Taktflanke die adressierten Speicherdaten auf dem Datenbus liegen, die bei steigender Taktflanke vom Prozessor bearbeitet werden können.

Zusätzlich enthält die Testumgebung einen 5 MHz Taktgenerator, der als Prozess ohne Empfindlichkeitsliste entworfen wurde, sowie drei nebenläufige Anweisungen:

- NOE='0' sorgt dafür, dass der RAM-Speicherbaustein immer ausgabebereit ist.

- Der 10 ns lange H-Pegel am PROG-Signal bewirkt, dass zu Beginn der Simulation der RAM-Baustein mit der im Arbeitsverzeichnis zur Verfügung stehenden Datei CODE16.HEX geladen wird.

- Das H-aktive RESET-Signal für die CPU wird erst nach etwas mehr als einer Periode des 5MHz Takts, nämlich nach 220ns deaktiviert. Dadurch wird sichergestellt, dass der im RAM an der Adresse 0x0000 befindliche Maschinencode auf dem Datenbus bereitsteht und nicht etwa undefinierte oder hochohmige Signale in den Prozessor geladen werden.

```vhdl
-- cpu_t.vhd   V2.1
-- Testbench für 16 Bit Prozessor
-- bestehend aus CPU und RAM
-------------------------------------------------
use WORK.MP_PACK.ALL;
library ieee;
use ieee.std_logic_1164.all;

entity CPU_T is
end CPU_T;

architecture TESTBENCH of CPU_T is

-- Lokale Signale
signal CLK: bit :='1';
signal RESET, PROG: bit;
signal D: DR_TYPE;
signal A: A_TYPE;
signal RNW, NOE: bit;

-- Komponentendeklarationen:
component CPU
        port (CLK, RESET: in bit;
                D: inout DR_TYPE;
                A: out A_TYPE;
                READWRITE: out bit);
end component;

component RAM
        generic ( DEL: time:=10 ns);
        port (D: inout DR_TYPE bus;
                ADDRESS: in A_TYPE;
                NCS, RNW, NOE: in bit;
                PROG : in bit);
end component;

-- Komponentenkonfiguration:
for all: CPU use entity WORK.CPU(STRUKTUR);
for all: RAM use entity WORK.RAM(VERHALTEN);

begin
-- Komponenteninstanziierung:
U_CPU: CPU       port map(CLK, RESET, D, A, RNW); -- aktiv bei CLK=1
U_RAM: RAM       generic map(20 ns)
                 port map(D, A, CLK, RNW, NOE, PROG);-- aktiv bei CLK=0

-- Taktgenerator:
TAKTGEN: process                 -- 5 MHz Takt
        begin
                CLK <= '1';
```

```
        wait for 100 ns;
        CLK <='0';
        wait for 100 ns;
   end process TAKTGEN;

-- Initialisierungsstimuli:
     NOE <= '0';              -- Outp. Enab. f. Speicher immer aktiv
     PROG <='1', '0' after 10 ns;  -- Einlesen der Prog.Datei
-- Prozessorstart fruehestens nach einem Taktzyklus, damit sichergestellt
-- ist, dass mindestens eine fallende CLK-Flanke anlag und die RAM-Daten
-- bei A=0x0000 anliegen!!!
     RESET<='1', '0' after 220 ns; -- Prozessor Start nach 220 ns
end TESTBENCH;
```

Code 8-12:   Testumgebung für das Zusammenspiel von CPU und RAM

Für die Simulation des in Bild 8-3 angegebenen Assemblerprogramms werden ca. 6 µs benötigt. Das Zeitverhalten der wesentlichen Signale während der ersten 1.8 µs zeigt Bild 8-9. Diesem Bild ist u.a. zu entnehmen, dass der Datenbus beim Lesen während CLK='1' hochohmig wird. Während der Schreiboperation STAABS zum Zeitpunkt 1.2 µs ist die hochohmige Phase deutlich verkürzt, da die CPU nun Zugriff auf den Speicher hat (OUTDB='1') und diese den Akkumulatorwert AC=0001\H auf den Datenbus D legt. Dieser Wert wird im RAM unter der aktuellen Adresse A=082\H abgelegt. Deutlich zu erkennen sind auch die nichtlinearen Speicherzugriffe auf dem Addressbus A, die hier z.B. eine Folge der absoluten Adressierung sind.

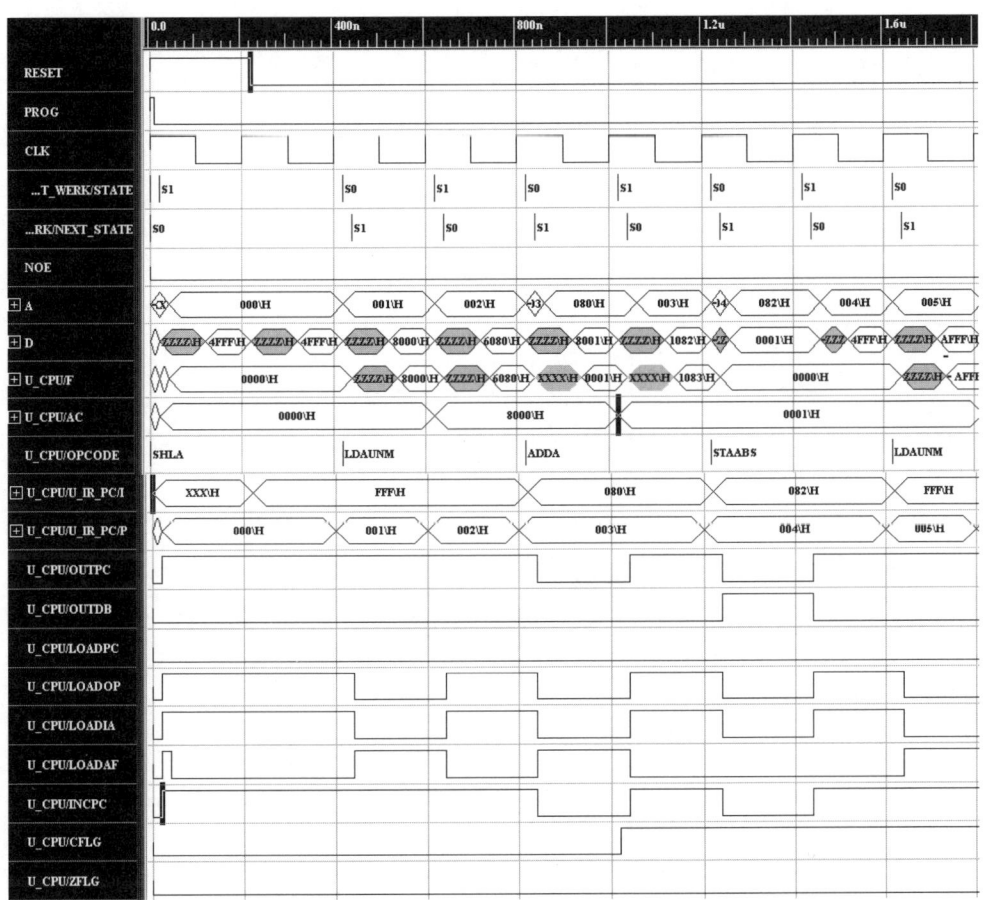

Bild 8-9: Simulation des Zusammenspiels von RAM und CPU am Beispiel der ersten Befehle des Assemblerprogramms in Bild 8-3

9 Anhang

9.1 Hinweise zur Verwendung des Simulators ModelSim XE Starter

Der Simulator ModelSim XE Starter der Fa. Mentor Graphics [59] enthält einen VHDL-Quellcode Editor mit Debugger sowie einen ereignisgesteuerten Simulator, bei dem schrittweise Veränderungen von Eingangssignalen über die grafische Menueoberfläche vorgegeben werden können. Umfangreichere Simulationssequenzen lassen sich mit Kommandodateien (*.do Dateierweiterung) reproduzierbar gestalten. Die Komplexität der Version XE 5.6a[1] reicht aus, um alle in den Kap. 2 bis 8 vorgestellten Entwürfe und Aufgabenstellungen analysieren zu können. Mit ModelSim können VHDL und Verilog Codes simuliert werden. Außerdem lassen sich VHDL basierte Postlayout Timingsimulationen durchführen, die auf Implementierungsergebnissen von CPLD Design Fittern bzw. FPGA Place and Route Werkzeugen beruhen. Für die jeweilige Ziel-Hardware liefern diese Werkzeuge die zum implementierten Design gehörenden Laufzeitparameter im Standard Delay Format (*.SDF Datei) [60], die in ein strukturelles VHDL-Modell der implementierten Schaltung eingebunden werden.

9.1.1 Übersicht zur Verfügbarkeit

Die Starter Version ModelSim XE 5.6a ist Bestandteil des Xilinx WebPACK ISE Pakets und über das Internet unter der URL: http://www.xilinx.com zu erreichen. Im WebPACK wird von der Fa. Xilinx ein frei verfügbares Softwarepaket für Simulation und Implementierung von CPLD und FPGA basierten digitalen Systemen angeboten. Der Downloadbereich ist zur Zeit über folgende Schritte erreichbar:

***Products* ⇒*ISE Design Tools Center*⇒*ISE Logic Design Tools*⇒*Free ISE WebPack*.**

Nutzer des Xilinx ISE WebPACK müssen sich vor dem Download registrieren lassen. Im Downloadbereich stehen die Komponenten des ISE WebPack als Gesamtpaket oder als Einzelmodule zur Auswahl. Die Starter-Version ist unter Windows 2000/XP lauffähig und benötigt im extrahierten Zustand ca. 160 MB Festplattenspeicherplatz. Für den Betrieb des

---

[1] Die zum Zeitpunkt der Drucklegung aktuelle Version 5.6 steht hier exemplarisch für nachfolgende Versionen.

Simulators ist eine Lizenzdatei **license.dat** erforderlich, die beim ersten Start von Model-Sim über den Schritt ***Submit License Request*** automatisch bei Xilinx angefordert wird, wenn der Internetzugang geöffnet ist. Die per Email rückübermittelte **license.dat** Datei ist in den Installationspfad C:/Modeltech_xe_5.6a/win32xoem zu kopieren. (Dabei wurde bei der Installation der 5.6a Version der Default-Installationspfad akzeptiert). Wenn bei der Installation kein direkter Internetzugang zur Verfügung steht, so ist die im Installationsverzeichnis automatisch erstellte Datei **lic_request.txt** nachträglich an die in dieser Datei angegebene Email- oder FAX-Adresse zu senden.

9.1.2   Hilfesystem

Modelsim XE Starter bietet ein umfangreiches Hilfesystem, zu dem ein „User's Manual", eine „Comand Reference" sowie ein „Tutorial" gehören. Als Einführung gibt das „Tutorial" zur Projekteröffnung, zur Simulation und zum Debugging eine kompakte Übersicht. Zur Vertiefung der Simulatorhandhabung sind die Kapitel 2 (Projects) Kapitel 4 (VHDL-Simulation) und 7 (Graphic Interface) des „User's Manual" zu empfehlen.

9.1.3   Entwicklungsablauf

Die wesentlichen Arbeitsschritte beim VHDL-Entwurf mit ModelSim sind nachfolgend aufgeführt:

1.   Start des Programms ModelSim XE Starter

2.   Anlegen eines Projekts   (Dateierweiterung *.MPF)

3.   Hinzufügen bzw. Erstellen der VHDL-Dateien   (Dateierweiterung *.VHD)

4.   Compileroptionen einstellen

5.   Compilation und Fehleranalyse der VHDL-Dateien

6.   Ausführbares Design laden

7.   Simulation des Designs, ggf. Korrektur des VHDL-Codes

8.   Simulation von strukturellen Designs

9.   Arbeitsschritte mit dem Workspace

Exemplarisch sollen die einzelnen Schritte anhand des in Kapitel 2 vorgestellten Multiplexers (vgl. Code 2-1) und mit dem strukturellen Entwurf eines Prioritätsencoders aus Kapitel 7 (vgl. Code 7-1 u. 7-4) detailliert erläutert werden. Dabei sind die jeweiligen Menue-Eingaben ***kursiv fett*** gedruckt. Der Übergang zu einer untergeordneten Menue-Hierarchie wird durch das Zeichen $\Rightarrow$ gekennzeichnet. Die Eingaben erfolgen in unterschiedlichen Menue-Fenstern, die jeweils fett gedruckt und mit einem Unterstrich versehen sind. Die Schritte 1. bis 8. des Entwicklungsablaufs beziehen sich auf die Menue-Auswahl über das ModelSim Konsolenfensters **ModelSim XE/Starter 5.6**. Der Workspace ist ein zusätzliches Fenster links vom Konsolenfenster, aus dem heraus alle Arbeitsschritte auch über die rechte Maustaste selektiert werden können.

1. Starten Sie das Programm ModelSim XE Starter unter Windows 2000/XP. Zuerst wird der **New ModelSim Features Rahmen** angezeigt, in dem aktualisierte Merkmale aufgeführt sind und ein Übergang auf einen Schnellstart mit *Jump Start* angeboten wird. In dem Sie *Close* anwählen wird dieser Rahmen geschlossen und das vorher parallel geöffnete Konsolenfenster **ModelSim XE/Starter 5.6** wird sichtbar. Das Konsolenfenster protokolliert alle Menue-Vorgänge einer Entwicklungssitzung mit den entsprechenden Konsolenkommandos und zeigt insbesondere auch die Fehlermeldungen des VHDL-Compilers an. Alle im Konsolenfenster dargestellten Menuebefehle lassen sich dort auch direkt über die Tastatur eingeben.

2. Zu Beginn ist ein Projekt zu eröffnen, dessen Eingabe mit *File⇒New⇒Project* im Konsolenfenster **ModelSim XE/Starter 5.6** erfolgt. Im **Create Project** Fenster ist ein bereits existierendes Verzeichnis ins Tastenfeld *Project Location* einzutragen und der Projektname muss im Feld *Project Name* angegeben werden (vgl. Bild 9-1). Dadurch wird im Home-Verzeichnis ein Unterverzeichnis mit dem neuen Projektnamen angelegt. In diesem Projektverzeichnis wird automatisch ein Default-Unterverzeichnis ...\WORK erzeugt, in das die compilierten VHDL-Codes eingetragen werden. Ebenso wird eine Projektdatei **<Projekt_Name>.mpf** im Home-Verzeichnis angelegt. Nach Abschluss mit *OK* wird das **Add itemes to the Project** Fenster geöffnet.

3. Mit einem Standard-Texteditor im ASCII-Format erstellte VHDL-Codes sind über die Auswahl von *Add Existing File* in das Projektverzeichnis zu importieren. Im Fenster **Add file to Project** sollte der Dateityp im Eintrag *Add file as type* auf VHDL eingestellt und eine Kopie der Datei ins neue Projektverzeichnis veranlasst werden.

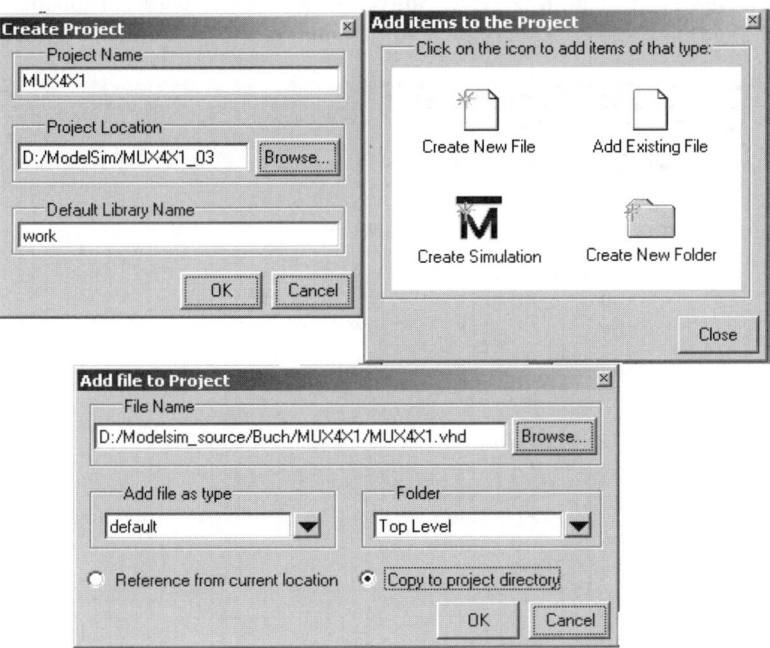

Bild 9-1: ModelSim-Fenster zum Editieren eines Projektes und zur Auswahl der VHDL-Codes

4. Ausgehend vom Konsolenfenster **ModelSim XE/Starter 5.6** sollten mit *Compile*⇒ *Compile* im **Compile HDL Source Files** Fenster über *Default Options* folgende Compiler-Grundeinstellungen ausgewählt werden:

    -   Use 1993 Language Syntax

    -   Use explicit declarations only

    -   Show source lines with errors

    -   Check for: Synthesis

    -   Optimize for: StdLogic 1164

    -   Alle Report Warnings On

Die Übernahme der Einstellungen erfolgt nur mit dem Abschluss durch *Apply* und *OK*.

Zur Erläuterung dieser Compileroptionen: Explizite Deklarationen beziehen sich auf den Einsatz von Bibliotheken, die Arithmetikfunktionen beinhalten. Da zahlreiche Operatoren in der Bibliothek StdLogic 1164 überladen sind, wird der Compiler angewiesen, nur die Funktionsdeklarationen zu berücksichtigen, die in der jeweils zusätzlich eingebundenen Bibliothek enthalten sind (vgl. Kap. 5). Der Compiler wird außerdem angewiesen, nur den synthesefähigen VHDL-Syntaxumfang zuzulassen und die Optimierung auf Basis der StdLogic 1164 Bibliothek durchzuführen. Der Vital-Standard [61] ist eine Industrievereinbarung zur Timingsimulation von ASICs: Es werden bei der Designimplementierung SDF-Dateien (Standard Delay Format) erzeugt, die die Timinginformationen der Zielhardware beinhalten.

Mit *Edit Source* im **Compile HDL Source Files** Fenster wird der Quellcode im **edit** Fenster angezeigt, sodass Änderungen vorgenommen werden können (vgl. Bild 9-2).

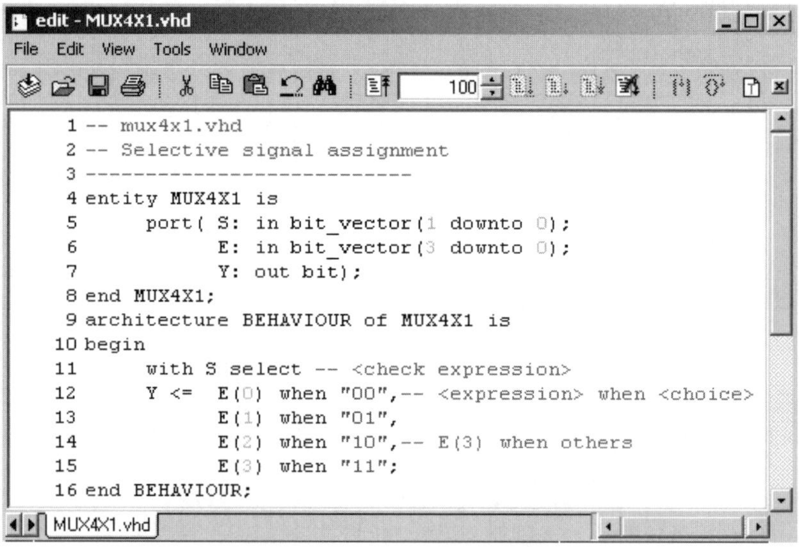

```
1 -- mux4x1.vhd
2 -- Selective signal assignment
3 ---------------------------
4 entity MUX4X1 is
5       port( S: in bit_vector(1 downto 0);
6             E: in bit_vector(3 downto 0);
7             Y: out bit);
8 end MUX4X1;
9 architecture BEHAVIOUR of MUX4X1 is
10 begin
11      with S select -- <check expression>
12      Y <= E(0) when "00",-- <expression> when <choice>
13           E(1) when "01",
14           E(2) when "10",-- E(3) when others
15           E(3) when "11";
16 end BEHAVIOUR;
```

Bild 9-2: Darstellung des Quellcodes nach Anwahl von Edit Source

5. Zur Compilation des VHDL-Codes im **Compile HDL Source Files** Fenster ist die entsprechende VHDL-Datei (*.VHD) zu selektieren und mit *Compile* wird die Über-setzung gestartet. Das Konsolenfenster zeigt den Compilerstatus und ggf. die Fehler-meldungen an. In Bild 9-3 sind beispielhaft die Meldungen zu einem fehlerhaften Quellcode dargestellt. Durch Selektion der ersten Fehlermeldung mit Doppelklick im Konsolenfenster wird die betreffende Zeile im VHDL-Code farblich hervorgehoben (vgl. Bild 9-4). Sofern das **edit** Fenster vorher geschlossen worden ist, wird es nun au-tomatisch geöffnet. Alle Fehlerkorrekturen sind dort mit *File⇒Save* zu sichern. Nach erfolgreichem Abschluss der Korrektur/Compilations-Zyklen wird das **Compile HDL Source Files** Fenster mit *Done* geschlossen. Das **edit** Fenster kann nun mit *Fi-le⇒Close* ebenfalls geschlossen werden.

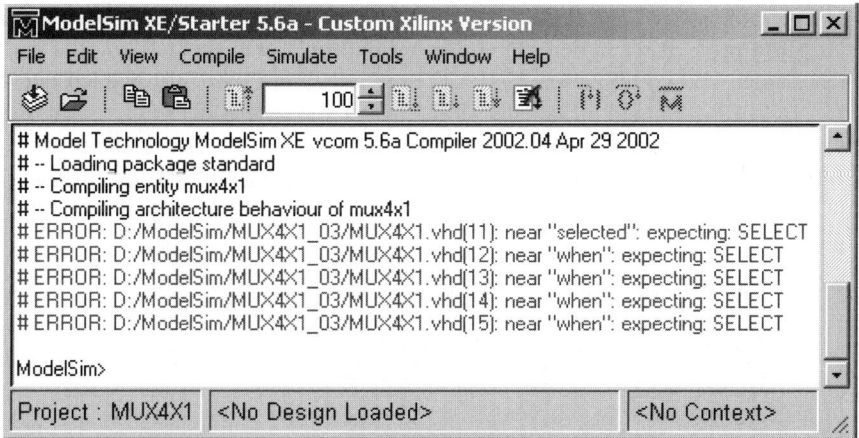

Bild 9-3: Compiler-Fehlermeldungen im Konsolenfenster mit Hinweis auf fehlerhafte Codezeilen

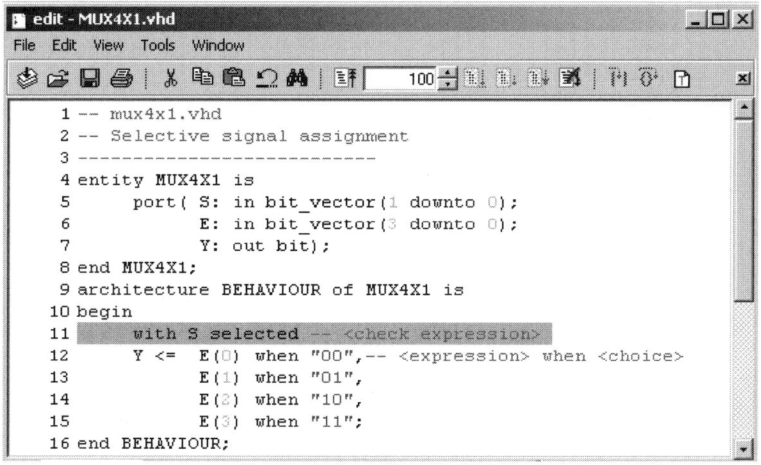

Bild 9-4: Fehlerhafte Codezeile

6. Im Konsolenfenster ist mit *Simulate⇒Simulation Options* als nächster Schritt unter *Defaults* im **Simulation Options** Fenster eine Auswahl der Simulationsparameter zu treffen, die mit *Apply* und *OK* zu bestätigen ist:

Default Radix: Hexadecimal   Eingabeformat der Signalstimuliwerte

Default Run: 100 ns   Simulationsschrittweite

Default Force Type: Freeze   Treiberstärke der Eingangsstimuli

Die Treiberstärke der Eingangsstimuli wird für unresolved Signaltypen (bit und std_ulogic) als jeweils einzige Treiber mit Freeze und für den resolved Signaltyp (std_logic) mit Drive festgelegt (vgl. Kap. 4).

Die Simulation des compilierten VHDL-Codes ist durch eine Auswahl aus den vorhandenen Dateien der Library Work vorzubereiten. Mit *Simulate⇒Simulate* öffnet sich das **Simulate** Fenster in dem unter *Design* und im Verzeichnis *Work* alle zum Projekt gehörenden und compilierten VHDL-Codes mit ihrem `entity`-Namen und den `architecture`-Namen aufgelistet sind. Die zu analysierende `entity` ist zu selektieren, sodass die entsprechende Zeile farbig hinterlegt wird. Der Ladevorgang wird mit *Add* und *Load* gestartet und als Folge schließt das **Simulate** Fenster. Im Konsolenfenster erscheint danach der VSIM-Prompt und am unteren Rand wird der Status der Simulation angegeben.

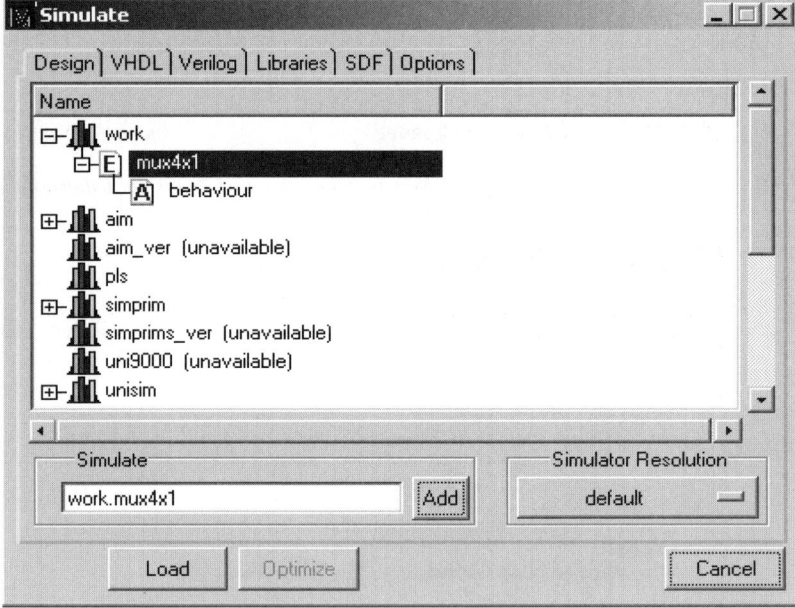

Bild 9-5: Auswahl des compilierten VHDL-Codes im Verzeichnisbaum des Simulate Fensters

7. Für die Simulation müssen im einfachsten Fall zwei Fenster geöffnet werden, die die Schnittstellen- und internen Signale auflisten sowie die Simulationszeitverläufe darstellen. Zuerst ist im Konsolenfenster *View⇒Signals* anzuwählen, sodass das **signals** Fenster die Eingang-, Ausgangs- und ggf. die internen Signale mit ihrem Initialisierungswert aufführt (vgl. Bild 9-6) . Nachdem alle Signale selektiert sind, wird über *Add⇒Wave* im **signals** Fenster nun das **wave** Fenster geöffnet, wobei in diesem Fall die Signalauswahl mit *Selected Signals* getroffen wird.

Das Eingabefenster für Signalstimuli wird für einzeln selektierte Eingangssignale im **signals** Fenster über *Edit⇒Force* erreicht. Im **Force Selected Signal** Fenster erfolgt die jeweilige Wertzuweisung unter *Value* mit einem hexadezimalen Eintrag (vgl. Bild 9-6).

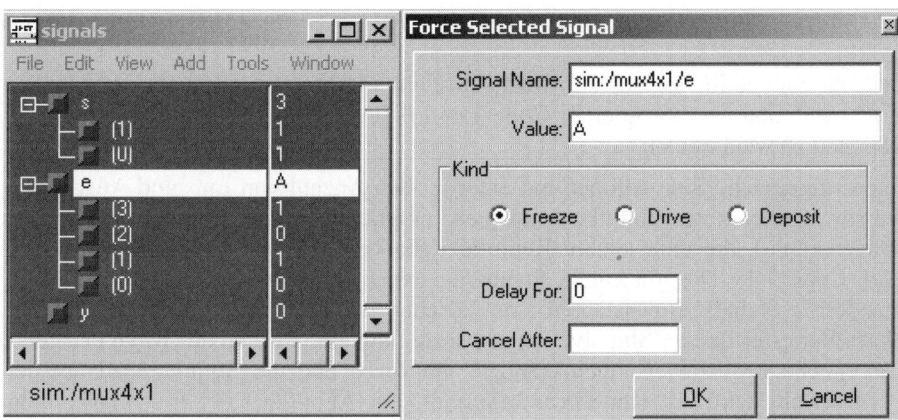

Bild 9-6: Signalselektion und Wertzuweisung

Im Fall von periodischen Taktsignalen für Flipflops ist der Weg *Edit⇒Clock* zu wählen. Dabei ist es sinnvoll, im **Define Clock** Fenster den Beginn des Signals mit der fallenden Flanke festzulegen, damit die Pegeländerungen der Flipflop-Dateneingänge nicht mit der steigenden Flanke des Taktsignals zusammenfallen. Dadurch wird ein reales asynchrones Verhalten der Eingangsignale nachgebildet, das die für die reale Hardware relevanten Setup-/Holdtime Anforderungen von postiv-taktflankengesteuerten Flipflops berücksichtigt.

Nach vollständiger Definition aller Eingangssignale wird die Simulation für einen Simulationsschritt mit *Simulate⇒Run⇒Run 100ns* aus dem Konsolenfenster heraus gestartet. In Bild 9-7 ist der Simulationszeitverlauf für E = A_{Hex} und drei Pegelzuweisungen an das Selektionssignal S = 1_{Hex}, 2_{Hex}, 3_{Hex} abgebildet. Der Gesamtzeitbereich von 300ns wird mit *View⇒Zoom ⇒Zoom Full* im **wave** Fenster dargestellt. Zusätzlich sind mit *Insert⇒Cursor* zwei Cursor platziert worden. Die Signalpegel an der Position des selektierten linken Cursors bei t=100ns werden in der Wertespalte des **wave** Fensters angezeigt.

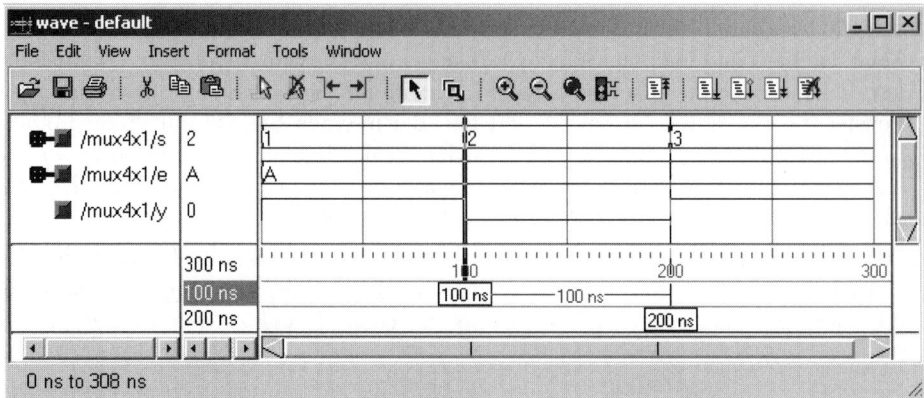

Bild 9-7: Drei Simulationsschritte des Multiplexers mit Cursor-Positionen bei 100ns und 200ns

Falls die Simulation logische Entwurfsfehler im VHDL-Code aufdeckt, sind die Schritte 5 (Compilation des korrigierten Codes) und 6 (Ladevorgang des übersetzten Designs) komplett zu wiederholen.

Für umfangreiche Simulationen mit einer großen Anzahl von Ein- und Ausgangssignalen sowie einer langen Simulationssequenz empfiehlt sich der Einsatz von Kommandodateien (*.do), die eine leichte Reproduzierbarkeit der Simulationsergebnisse sichern (vgl. Code 9-1). Die mit einem Standard-Texteditor im ASCII-Format erstellte Kommandoliste enthält Anweisungen zum Löschen der Simulationskurven (**restart**), zum Darstellungsformat der Signalvektoren (**radix**) und zum Öffnen des **wave** Fensters (**add wave**). Die Pegelzuweisungen erfolgen mit **force** und die Simulationsdauer der Sequenzschritte wird mit **run xxxns** bestimmt. Zur Abbildung der Eingangskombinationen einer Wahrheitstabelle eignet sich die im zweiten Abschnitt von Code 9-1 aufgeführte schrittweise Wertzuweisung auf einzelne Vektorelemente: Es wird jeweils ein

```
# Dies ist eine Kommentarzeile
restart
radix hex
add wave sim:/mux4x1/*
force e 5
force s 0
run 100ns
force s 1
run 100ns
force s 2
run 100ns
force s 3
run 100ns
#
# Die gleiche Pegelfolge als Wahrheitstabelle
#       Wert Zeitpunkt, Wert Zeitpunkt, Wiederholung alle xxxns
force s(0)  0    0,        1    100ns          -repeat 200ns
force s(1)  0    0,        1    200ns          -r 400ns
run 400ns
```

Code 9-1: Kommandodatei MUX4X1.do mit Einzelzuweisungen und periodischer Zuweisung

Paar aus einer Wertzuweisung mit dem Zeitpunkt der Wertzuweisung gebildet und die Wiederholrate wird angegeben. Diese Zuweisungsart für periodische Vorgänge ist auch für Taktsignale zu wählen. Die Ausführung der Kommanddatei *.do wird über **Tools⇒Execute Macro** im Konsolenfenster **ModelSim XE/Starter 5.6** eingeleitet. Im Fenster **Execute Do File** ist die entsprechende Kommandodatei zu selektieren, die vom Anwender im Projektverzeichnis platziert werden sollte. Das **Restart** Fenster kann mit **Restart** geschlossen werden. Ohne einen **Restart** schließen die Simulationsläufe zeitlich aneinander an. In Bild 9-8 ist das Ausführungsergebnis der Kommandodatei nach Code 9-1 mit drei Cursor-Einträgen dargestellt.

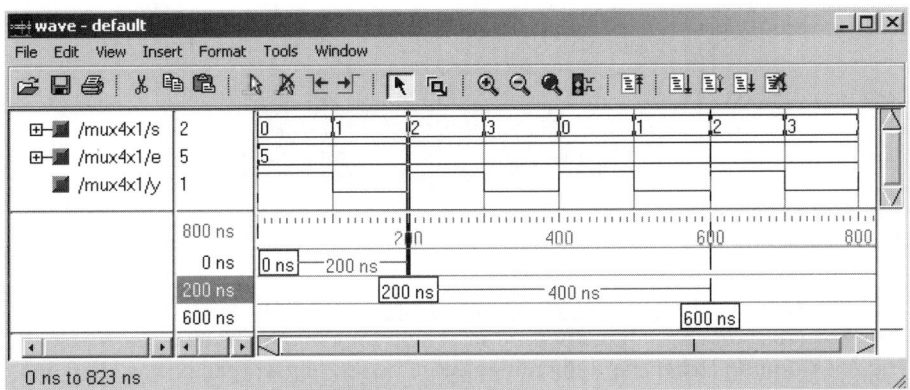

Bild 9-8: Simulation des Multiplexers MUX4X1.VHD mit der Kommandodatei MUX4X1.do

8. Zur Simulation eines strukturellen Designs sind alle Komponenten und die Topentity (Strukturmodell) in ein neu angelegtes Projekt zu importieren (vgl. Schritt 2. und 3.). Die weiteren Schritte des Entwicklungsablaufs sollen für den 4 zu 2 Prioritätsencoder nach Bild 7-4 und Code 7-1 erläutert werden. Da die Komponenten OR_2, OR_4 und AND_2 im Kapitel 7 nicht mit einem VHDL-Code aufgelistet sind, ist der interessierte Leser, der dieses Beispiel direkt nachvollziehen will, aufgefordert, die entsprechenden Codes selbst zu formulieren. Die Compilation aller *VHD Dateien wird mit ***Compile⇒Compile*** aus dem Konsolenfenster **ModelSim XE/Starter 5.6** heraus eingeleitet (vgl. Schritt 5.). Im **Compile HDL Source Files** Fenster sind die Komponenten beginnend bei der niedrigsten Hierarchieebene nacheinander zu compilieren (vgl. Bild 9-9). Die Top-Entity ENCODER_4_2 sollte erst an letzter Stelle compiliert werden, um Compiler-Warnungen zu nicht kompatiblen Schnittstellen zwischen Komponenten und Top-Entity zu ermöglichen. Zum anschließenden Ladevorgang (Schritt 6.) gehört nämlich ein sogenannter Elaborationsvorgang, bei dem die Komponenteninstanziierungen in einem Strukturmodell durch die entsprechenden Entitys mit den zugehörigen Architekturen ersetzt werden, um ein komplett simulationsfähiges Modell ENCODER_4_2 zu schaffen. Dieser Elaborationsschritt ist nur fehlerfrei durchführbar, wenn die Komponenten vorab in einen simulationsfähigen Code mit korrekten Schnittstellenbreiten und –typen umgesetzt worden sind. Aus dieser Abhängigkeit geht hervor, dass nach Änderungen in einer Komponente die Top-Entity zur Prüfung der Konsistenz erneut compiliert werden sollte.

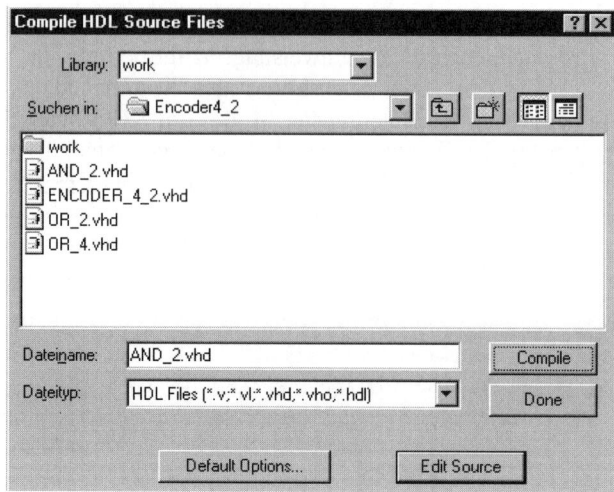

Bild 9-9: Compilation der Komponenten und der Top-Entity ENCODER_4_2

Bild 9-9 zeigt das **Compile HDL Source Files** Fenster mit allen *.VHD Dateien des Projektverzeichnisses. Alternativ dazu lässt sich im *Compile* Menue des Konsolenfensters mit *Compile Order* die Reihenfolge des Übersetzungsvorgangs einstellen und dann direkt *Compile All* anwählen, wobei keine Warnungen zu inkompatiblen Schnittstellen ausgegeben werden.

Der VHDL-Code des UND-Gatters mit einem vorgeschalteten Inverter (AND_2) ist in Bild 9-10 dargestellt. Der Inverter ist über ein internes Signal an das UND-Gatter angeschlossen.

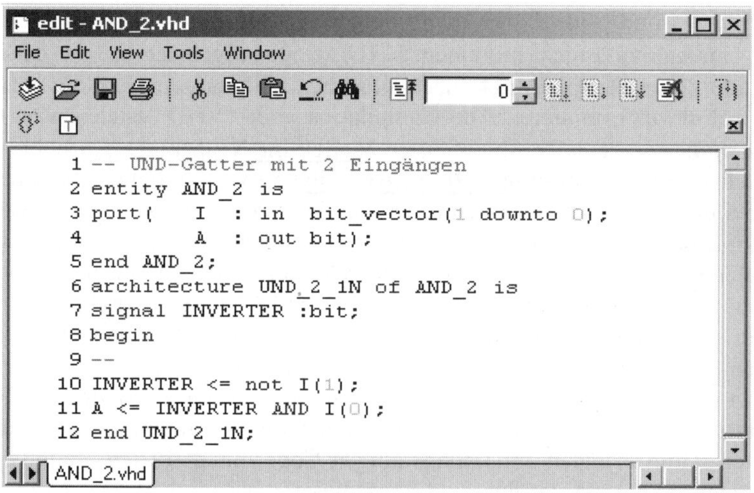

```
1 -- UND-Gatter mit 2 Eingängen
2 entity AND_2 is
3 port(  I : in  bit_vector(1 downto 0);
4        A : out bit);
5 end AND_2;
6 architecture UND_2_1N of AND_2 is
7 signal INVERTER :bit;
8 begin
9 --
10 INVERTER <= not I(1);
11 A <= INVERTER AND I(0);
12 end UND_2_1N;
```

Bild 9-10: Quellcodefenster mit der Datei AND_2.VHD

Im nächsten Schritt ist das simulationsfähige Design zu laden (Schritt 6.). Dazu wird mit *Simulate⇒Simulate* das **Simulate** Fenster geöffnet und nur die Top-Entity ENCO-DER_4_2 selektiert und mit *Load* geladen. Die Simulation der Top-Entity ENCO-DER_4_2 erfolgt mit der Kommandodatei in Code 9-2 nach Schritt 7. Alle Eingangs-signalkombinationen des Vektors I_E von 0 bis F$_{Hex}$ werden realisiert. Um das interne Signal INVERTER der Komponente AND_2 im **wave** Fenster sichtbar zu machen, enthält die Kommandodatei eine **add wave** Anweisung, die den Instanzennamen I_O der Komponente angibt. Die Darstellung von in der Struktur verborgenen Signalen wird umso wichtiger, je komplexer die Hierarchie des Entwurfes ist.

```
# Prioritätsencoder ENCODER_4_2 (vgl. Code 7-1)
# Eingangsignale mit allen Kombinationen der Wahrheitstab. nach Bild 7-4
restart
radix hex
# Die Top-Entity wird simuliert
add wave sim:/ENCODER_4_2/*
# Internes Signal der Komponente AND_2 hinzufügen
add wave /ENCODER_4_2/I_0/INVERTER
#          Wahrheitstabelle
#          Wert Zeitpunkt, Wert Zeitpunkt  Wiederholung alle xxxns
force I_E(0) 0      0,      1    100ns       -repeat 200ns
force I_E(1) 0      0,      1    200ns       -r 400ns
force I_E(2) 0      0,      1    400ns       -r 800ns
force I_E(3) 0      0,      1    800ns       -r 1600ns
run 1800ns
```

Code 9-2: Kommandodatei ENCODER_4_2.do

Die Zusammensetzung eines compilierten Strukturmodells lässt sich im Konsolenfens-ter über *View⇒Structure* mit einem **structure** Fenster anzeigen, in dem die Kompo-nenten mit dem Instanzennamen und dem Architekturbezeichner aufgelistet sind. Zu jeder selektierten Instanz oder Top-Entity gibt ein mit *View⇒Signals* parallel geöffne-tes **signals** Fenster alle zugehörigen Signale an (vgl. Bild 9-11).

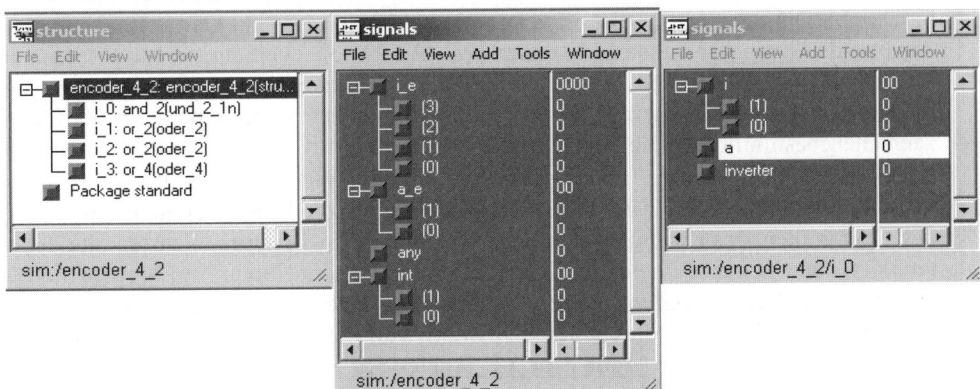

Bild 9-11: Übersicht zur Zusammensetzung eines strukturellen Designs

Mit *Tools⇒Execute Macro* und der Selektion von ENCODER_4_2.do im **Execute Do File** Fenster wird die Simulation nach Bild 9-12 erzeugt. Neben den Signalen der Top-Entity ist das interne Signal INVERTER der Komponente AND_2 enthalten. Im Zeit-punkt t=1600ns beginnt der periodische Ablauf der Eingangssignalsequenz wieder bei 0_{Hex} und endet mit dem Ende des Simulationsintervalls bei 1800ns. Die Funktion des Prioritätsencoders wird deutlich, da der Ausgang A_E immer den Index der jeweils ge-setzten, höchstwertigsten Eingangsleitung anzeigt.

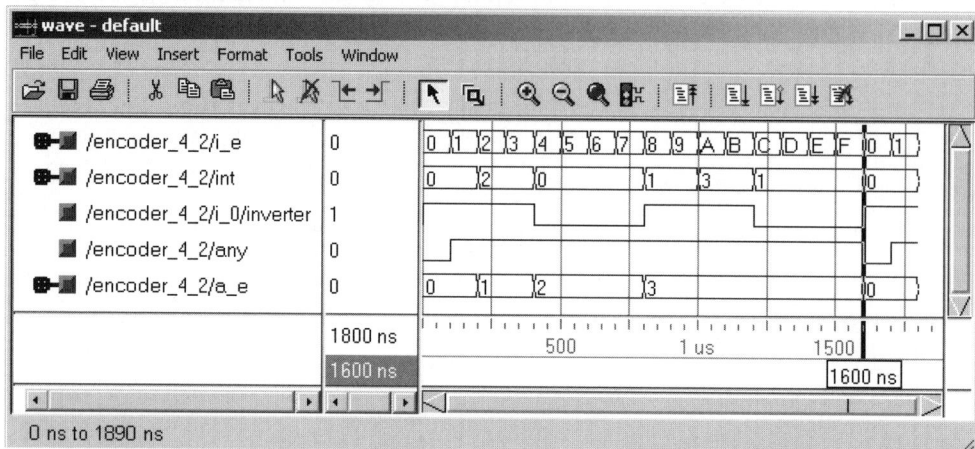

Bild 9-12: Simulation des Prioritätsencoders ENCODER_4_2.VHD mit der Kommandodatei ENCODER_4_2.do

Ein weiteres Beispiel demonstriert die Simulation von internen Signalen, die zu Kom-ponenten gehören, welche durch eine iterative Instanziierung eingebunden werden. Da-zu wird der Code 7-4 herangezogen, der den 4 zu 2 Prioritätsencoder auf Basis des UND-Gatters (AND_2) und der Mehrfach-Instanziierung eines ODER-Gatters (OR_2) beschreibt. Die für eine Simulation erforderliche Syntax der *.do Datei lässt sich durch Analyse des **structure** Fensters erkennen (vgl. Bild 9-13). Die Schritte 1. bis 7. sind da-zu für den Code 7-4 wie beschrieben durchzuführen. Das **structure** Fenster zeigt, dass die Kennzeichnung der internen Signale einer Komponente durch eine Kette der Instan-zennamen bestimmt ist. Die Mehrfach-Instanziierung mit der generate-Anweisung führt dazu, dass der äußere Instanzenname (I_G) zur Unterscheidung mit dem Parame-ter K durchgezählt wird. Eine vollständige Übersicht zur Kennzeichnung der Signale des strukturellen Designs ergibt sich, indem man dazu im **structure** Fenster eine der in-teressierenden Instanzen selektiert, das betreffende interne Signal im **signals** Fenster auswählt und dort mit *add⇒wave⇒selected signals* eine Auswahl für das *wave* Fenster durchführt. Als Protokoll dieser Signalauswahl wird die gesuchte Syntaxzeile der *.do Datei ins Konsolenfenster **ModelSim XE/Starter 5.6** geschrieben. Z. B. für das Aus-gangssignal A der selektierten Instanz I_G_2 :

add wave sim:/encoder_4_2_2/i_g_2/or_m/i_m/a.

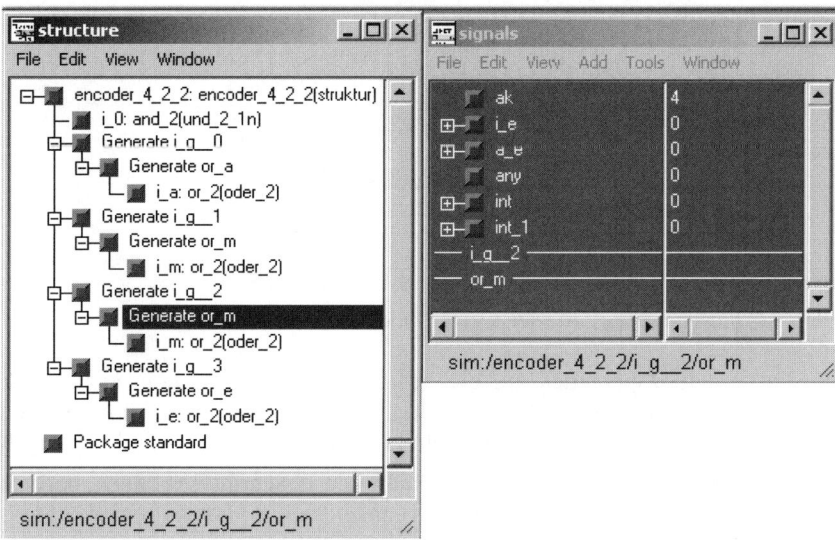

Bild 9-13: Übersicht zur Kennzeichnung der Instanzen in einer iterativen Instanziierung

9. Der Workspace ist ein zusätzliches Fenster, das in der linken Hälfte des Konsolenfensters den Fortschritt des VHDL-Entwurfes mit Projektübersichten **Project**, **Library** und **sim** dokumentiert:

-   Project: Auflistung der zum Projekt hinzugefügten VHDL-Codes

-   Library: Verzeichnis der compilierten Quellcodes

-   sim: Top-Entity mit Liste der eingebundenen Instanzen

Da die Anwendung der Schritte 1. bis 8. geradliniger abläuft und detailliertere Rückmeldungen direkt im Konsolenfenster protokolliert werden, empfiehlt sich die Nutzung des Workspace erst für den geübten Anwender der Schritte 1. bis 8..

Im Konsolenfester **ModelSim XE/Starter 5.6** erfolgt die Anwahl mit *View⇒Show Workspace*, wodurch das zusätzliche Fenster mit der *Library* Kennzeichnung geöffnet wird. Als Inhalt ist der Verzeichnisbaum wie in Bild 9-5, jedoch noch ohne Work-Verzeichnis angegeben. Ausgehend hiervon ist als Beispielanwendung in Bild 9-14 das Ergebnis der Arbeitsschritte 1. bis 3. für den Prioritätsencoder nach Code 7-4 dargestellt.

Die nächsten Schritte zur Compilierung der VHDL-Codes können nun wie in 4. und 5. beschrieben über die Menues des Konsolenfensters angestoßen werden, oder direkt durch Selektion der VHDL-Codes im Fenster mit der Kennzeichnung **Project** und Auswahl des Arbeitsschrittes mit der rechten Maustaste. Im letzteren Fall wird allerdings das **Complie HDL source files** Fenster nicht geöffnet (vgl. Bild 9-9). Liegen Syntaxfehler vor, so wird im Konsolenfenster ohne Fehlerspezifikation auf die Fehleranzahl hingewiesen und der Status des VHDL-Codes mit einem roten Kreuz gekennzeichnet.

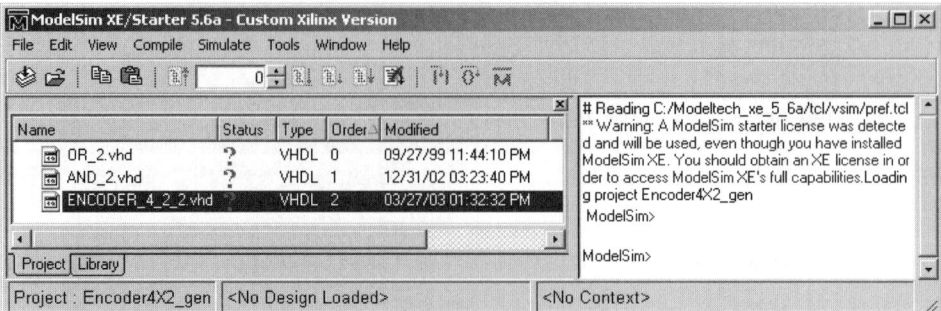

Bild 9-14: Workspace mit Liste der VHDL-Codes des Projektes

Erst mit einem Doppelklick auf die Fehlermeldung erfolgt eine Fehlererklärung mit Angabe der Zeilennummer. Danach kann wie in Schritt 5. verfahren werden und ein fehlerfreier VHDL-Code wird mit einem grünen Haken im Statusfeld angegeben.

Das Laden eines compilierten Designs kann wie in Schritt 7. erfolgen, oder auch durch Anwahl des Fensters mit der *Library* Kennzeichnung, das nun ein Work-Verzeichnis mit den compilerten VHDL-Codes enthält. Die Top-Entity ist zu selektieren und mit der rechten Maustaste wird eine Auswahl geöffnet, die mit *simulate* den Ladevorgang initiiert (vgl. Bild 9-15). Simulationsparameter müssen wie in Schritt 7. über *Simulate⇒Simulate Options* separat eingestellt werden.

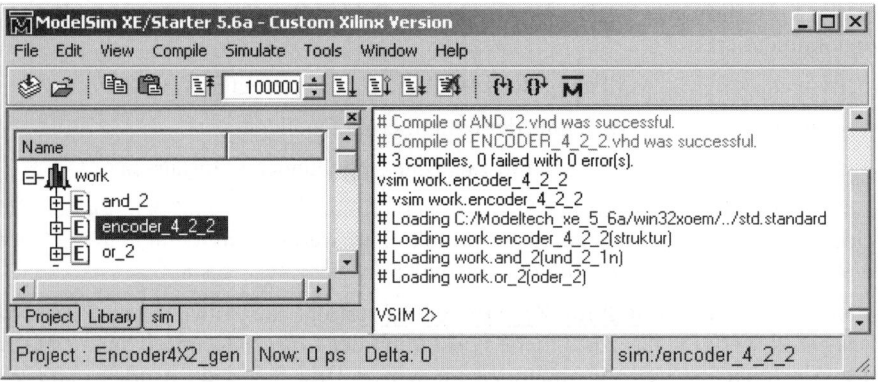

Bild 9-15: Auswahl der compilerten Top-Entity im Fenster mit der Library Kennzeichnung

Parallel zum Ladevorgang wird das dritte Fenster mit der Kennzeichnung *sim* erstellt, das eine Strukturdarstellung der Top-Entity mit den instanziierten Komponenten enthält. Sofern schon eine komplette Stimuli *.do Datei vorliegt, kann diese mit *Tools⇒Execute Macro* ohne weitere Selektionen ausgeführt werden (vgl. Bild 9-16).

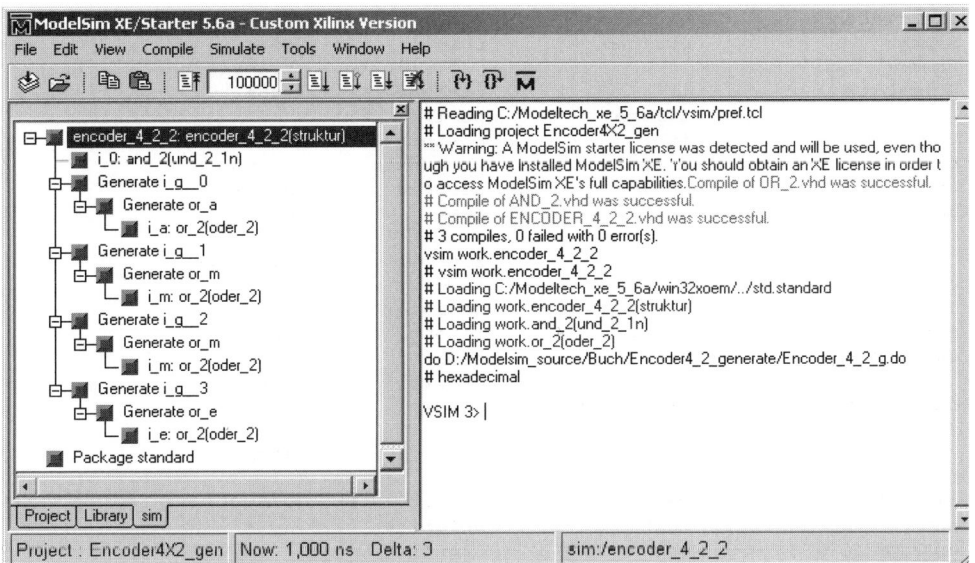

Bild 9-16: Strukturliste der Top-Entity im Fenster mit der Kennzeichnung sim als Ergebnis des Ladevorgangs. Status der Simulation nach Ausführung einer *.do Datei

Eine Einzelsignalsteuerung ohne *.do Datei ist wie in Schritt 7. durchzuführen, indem mit ***View⇒Signals*** das **signals** Fenster geöffnet wird und die Signale ausgewählt, editiert und in ein **wave** Fenster übernommen werden. Durch Selektion der jeweiligen Instanzen in der Übersicht nach Bild 9-16 sind die zugehörigen Signale im **signals** Fenster verfügbar. Auch bei dieser Vorgehensweise wird jeder Schritt ***add⇒wave⇒selected signals*** in der rechten Hälfte des Konsolenfensters protokolliert und zeigt die Instanzenkette der ins **wave** Fenster übernommenen Signale an.

9.2 Liste der VHDL-Schlüsselworte

Die nachfolgenden VHDL-Schlüsselworte dürfen im Quellcode nicht als Bezeichner verwendet werden. Sie entsprechen dem Standard IEEE 1076-1993 [32]. Im vorliegenden, vorwiegend Synthese orientierten Lehrbuch werden jedoch nicht alle Schlüsselworte verwendet. Eine vollständigere Erläuterung mit Beispielen findet der Leser z.B. in [6], [11] und [12].

abs	file	null	sla
access	for		sll
after	function	of	sra
alias		on	srl
all	generate	open	subtype
and	generic	or	

architecture	group	others	then
array	guarded	out	to
assert			transport
attribute	if	package	type
	impure	port	
begin	in	postponed	unaffected
block	inertial	procedure	units
body	inout	process	until
buffer	is	pure	use
bus			
	label	range	variable
case	library	record	
component	linkage	register	wait
configuration	literal	reject	when
constant	loop	rem	while
		report	with
disconnect	map	return	
downto	mod	rol	xnor
		ror	xor
else	nand		
elsif	new	select	
end	next	severity	
entity	nor	signal	
exit	not	shared	

9.3 Lösungen zu den Übungsaufgaben

Die in diesem Abschnitt angegebenen VHDL-Codes zu den Entwurfsaufgaben stellen nur exemplarische Musterlösungen dar. Naturgemäß existiert bei Verwendung unterschiedlicher Syntaxkonstrukte eine Vielfalt gleichwertiger Lösungen. In jedem Fall wird, auch wenn dies nicht explizit angegeben ist, empfohlen, Syntax und Semantik der selbst entworfenen Codes mit einem VHDL-Simulator zu überprüfen. Dateien mit Quellcodes für Beispiellösungen sowie weitere Informationen zu diesem Buch finden Sie unter dem URL: http://users.etech.haw-hamburg.de/users/reichardt/

9.3.1 Lösungen zu den Aufgaben in Kap. 2.5

2.1

a) Hilfe   Korrekt

b) help   Korrekt

c) 2ter_Versuch   Falsch: Ziffer am Anfang

d) Case   Falsch: VHDL Schlüselwort

e) Zweiter_Versuch   Korrekt

f) Dieser_Bezeichner_ist_lang_aber_ist_er_auch_gueltig

                             Korrekt, wird aber bei der Synthese abgeschnitten

2.2

a) Mein_Name , MeinName : Unterschiedlich

b) nummer , NUMMER, : Nicht unterschiedlich

c) Nummer , Nummern : Unterschiedlich

d) two , too : Unterschiedlich

2.3

```
-- Kombinatorische Logik
--------------------------
entity LOGIK is
        port(   E1, E2, E3: in bit;
                Y1, Y2: out bit);
end LOGIK;
architecture VERHALTEN of LOGIK is
begin
        Y1 <=   (E1 and E2) or E3;
        Y2 <=   (E1 or E2) and E3;
end VERHALTEN;
```

2.4

```
-- 8 zu 1 Decoder
--------------------------
entity DECODER1X8 is
        port(   S: in bit_vector(2 downto 0);
                Y: out bit_vector (7 downto 0));
end DECODER1X8;
architecture VERHALTEN1 of DECODER1X8 is
begin
        with S select
        Y <=    "00000001" when "000",
                "00000010" when "001",
                "00000100" when "010",
                "00001000" when "011",
                "00010000" when "100",
                "00100000" when "101",
                "01000000" when "110",
                "10000000" when "111";
end VERHALTEN1;
architecture VERHALTEN2 of DECODER1X8 is
begin
        Y <=    "00000001" when S="000" else
                "00000010" when S="001" else
                "00000100" when S="010" else
                "00001000" when S="011" else
                "00010000" when S="100" else
                "00100000" when S="101" else
                "01000000" when S="110" else
                "10000000" ;
end VERHALTEN2;
```

2.5

```
-- Programmierbare kombinatorische Logik
```

```
--------------------------------------------------------
entity LOGIK1 is
        port(   E, S: in bit;
                Y: out bit);
end LOGIK1;
architecture VERHALTEN of LOGIK1 is
begin
        with S select
        Y <=    E when '0',
                not E when '1';
end VERHALTEN;
```

Synthetisierte Gleichung:

$Y = E \leftarrow + \rightarrow S;$

2.6
```
-- Look-Up Tabelle
--------------------------------------------------------
entity LUT is
        port( S: in bit_vector(1 downto 0);
                A, B: in bit;
                Y: out bit);
end LUT;
architecture VERHALTEN of LUT is
begin
        Y <=            A and B when S="00"
                else    A or B when S="01"
                else    A nand B when S="10"
                else    A nor B;
end VERHALTEN;
```

Synthetisierte Gleichungen:

$n0b = B \lor A;$

$n0c = \neg B \lor \neg A;$

$Y = (S\_1 \land \neg S\_0 \land n0c) \lor (\neg S\_1 \land S\_0 \land n0b) \lor (\neg S\_1 \land \neg n0c) \lor (S\_1 \land \neg n0b);$

9.3.2 Lösungen zu den Aufgaben in Kap. 3.7

3.1

a) B"1010_0101_1001"   Länge: 12,   Wert: A59\h = 2649

b) B"1001-0011"   Falsch: Enthält Minuszeichen

c) b"1111_000"   Länge 7, Wert: 78\h = 120

d) "11110000"   Länge 8, Wert: F0\h = 240

e) x"B5_CD"   Länge 16   Wert: B5CD\h = 46541

f) X"3HA4"   Falsch: Enthält Zeichen „H"

g) o"123"   Länge 9, Wert: 53\h = 83

h) O"123_678"   Falsch: Zeichen „8" ist keine erlaubte Oktalzahl

3.2
```
-- FPGA-CLB
----------------------------------
entity FPGA_CLB is
        port( A, B, CLK, RESET : in bit;
                S: in bit_vector(2 downto 0);
                Y: out bit);
end FPGA_CLB;

architecture VERHALTEN of FPGA_CLB is
signal TEMP0, TEMP1: bit;
begin
-- Lookup-Tabelle als Prozess
LUT: process(A, B, S(1 downto 0))
        begin
                case S(1 downto 0) is
                        when "00" => TEMP0 <= A and B;
                        when "01" => TEMP0 <= A or B;
                        when "10" => TEMP0 <= not(A and B);
                        when "11" => TEMP0 <= not (A or B);
                end case;
end process LUT;

-- Flipflop als Prozess
FF: process( CLK, RESET)
        begin
                if RESET='1' then
                        TEMP1 <= '0';
                elsif CLK'event and CLK='1' then
                        TEMP1 <= TEMP0;
                end if;
end process FF;

-- Multiplexer als nebenlaeufige Anweisung
with S(2) select Y <= TEMP0 when '0', TEMP1 when '1';
end VERHALTEN;
```

3.3
```
-- Halbsubtrahierer mit Wahrheitstabelle
-- B  A  I Y COUT
-- ------I-------
-- 0  0  I 0  0
-- 0  1  I 1  0
-- 1  0  I 1  1
-- 1  1  I 0  0
----------------------------------------------------------
entity HALBSUB is
        port( B, A: in bit;
                Y, COUT: out bit);
end HALBSUB;
architecture TABELLE of HALBSUB is
signal TEMP_IN, TEMP_OUT: bit_vector(1 downto 0);    -- Temp-Signale
begin
        TEMP_IN <= B & A;             -- Temporaeres Eingangssignal
        Y <= TEMP_OUT(1);             -- Ausgangssignal
        COUT <= TEMP_OUT(0);          -- Ausgangssignal
```

```
            with TEMP_IN select
            TEMP_OUT <=   "00" when "00",
                          "10" when "01",
                          "11" when "10",
                          "00" when "11";
end TABELLE;
```

3.4
```
-- Code-Umsetzer Gray-Code-> Binaercode
----------------------------------------
entity GRAY is
      port( G: in bit_vector(3 downto 0);
            B: out bit_vector(3 downto 0));
end GRAY;
architecture VERHALTEN of GRAY is
begin
P1: process( G )
      begin
            case G is
                  when x"0" => B <= x"0";
                  when x"1" => B <= x"1";
                  when x"3" => B <= x"2";
                  when x"2" => B <= x"3";
                  when x"6" => B <= x"4";
                  when x"7" => B <= x"5";
                  when x"5" => B <= x"6";
                  when x"4" => B <= x"7";
                  when x"C" => B <= x"8";
                  when x"D" => B <= x"9";
                  when x"F" => B <= x"A";
                  when x"E" => B <= x"B";
                  when x"A" => B <= x"C";
                  when x"B" => B <= x"D";
                  when x"9" => B <= x"E";
                  when x"8" => B <= x"F";
            end case;
      end process P1;
end VERHALTEN;
```

3.5
```
-- Paritaetschecker fuer gerade Paritaet
----------------------------------------
entity PAR_CHECK is
      generic( N : integer :=4);
      port(   D: in bit_vector(N downto 0);
            OK: out bit);
end PAR_CHECK;
architecture VERHALTEN of PAR_CHECK is
begin
PARGEN: process( D )
      variable PAR: boolean;
      begin
            PAR:= false;                      -- Var. initialisieren
            for I in N-1 downto 0 loop        -- Alle Bits ausser MSB
                  if D(I) = '1' then          -- Falls '1'
                        PAR := not PAR;        -- Toggeln
                  end if;
            end loop;
```

```
                if ((PAR and D(N)='1') or
                        (not PAR and D(N)='0'))       -- mit MSB vergleichen
                then
                        OK <= '1';
                else
                        OK <= '0';
                end if;
        end process PARGEN;
end VERHALTEN;
```

3.6

```
-- Testbench fuer
-- 3-Bit Johnson-Zähler mit 1:2 u. 1:6 Frequenzteiler
entity TEST_TEIL is
  port ( COUNT: out bit_vector (2 downto 0); -- Johnson-Zaehlbits
         FTEIL: out bit_vector (1 downto 0) );      -- MSB: 2:1, LSB: 6:1
end TEST_TEIL;
architecture ARCH1 of TEST_TEIL is
signal CLK, RESET: bit;                  -- lokale Signale
signal TEMP: bit_vector (2 downto 0);
begin
--------------------------
RESET <= '1', '0' after 100 ns;      -- nebenlaeuf. Reset-Impuls am Anfang
--------------------------
TAKT: process                         -- Taktprozess
begin
        CLK <='0';
        wait for 100 ns;
        CLK <= '1';
        wait for 100 ns;
end process TAKT;
--------------------------
P1: process (CLK, RESET)              -- Johnson-Zaehler
begin
    if RESET='1' then
TEMP <= "000";
FTEIL <= "11";
    elsif CLK='1' and CLK'event then
        case TEMP is
                when "000"  => TEMP <= "001";
                               FTEIL <= "01";
                when "001"  => TEMP <= "011";
                               FTEIL <= "10";
                when "011"  => TEMP <= "111";
                               FTEIL <= "00";
                when "111"  => TEMP <= "110";
                               FTEIL <= "10";
                when "110"  => TEMP <= "100";
                               FTEIL <= "00";
                when "100"  => TEMP <= "000";
                               FTEIL <= "11";
                when others => TEMP <= "111";
                               FTEIL <= "11";
        end case;
    end if;
end process P1;
COUNT <= TEMP;
end ARCH1;
```

3.7

```vhdl
-- Flipflop-Varianten
entity FF_TEST is
  port ( CLK, RESET, PRESET, ENABLE, DATEN: in bit;
         Q_A, Q_B, Q_C: out bit);
end FF_TEST;
architecture VERHALTEN of FF_TEST is
begin
A:      process(CLK, RESET, PRESET)
        begin
                if RESET='1' then
                        Q_A <= '0';
                elsif PRESET='1' then
                        Q_A <= '1';
                elsif CLK'event and CLK='0' then
                        Q_A <= DATEN;
                end if;
        end process A;
B:      process(CLK, RESET)
        begin
                if RESET='1' then
                        Q_B <= '0';
                elsif CLK'event and CLK='0' then
                        if PRESET='1' then
                                Q_B <= '1';
                        else
                                Q_B <= DATEN;
                        end if;
                end if;
        end process B;
C:      process(CLK, RESET)
        begin
                if RESET='1' then
                        Q_C <= '0';
                elsif CLK'event and CLK='0' then
                        if PRESET='1' then
                                Q_C <= '1';
                        elsif ENABLE='0' then
                                Q_C <= DATEN;
                        end if;
                end if;
        end process C;
end VERHALTEN;
```

3.8

```vhdl
-- 4-Bit Schieberegister mit Parallelausgang
-------------------------------------------
entity SREG4BIT is
        port( DIN, CLK, RESET: in bit;
                DOUT: buffer bit_vector(3 downto 0));
end SREG4BIT;
architecture VERHALTEN of SREG4BIT is
begin
P1:     process(CLK, RESET)
        begin
                if RESET='1' then
                        DOUT <="0000";                  -- Loeschen
                elsif CLK='1' and CLK'event then        -- Schieben
```

```
                            DOUT(3)  <= DOUT(2);
                            DOUT(2)  <= DOUT(1);
                            DOUT(1)  <= DOUT(0);
                            DOUT(0)  <= DIN;
                 end if;
          end process P1;
end VERHALTEN;
```

3.9

```
-- Primzahlgenerator
entity PRIM_GEN is
  port ( CLK, RESET: in bit;
          Q: out bit_vector(3 downto 0));
end PRIM_GEN;
architecture VERHALTEN of PRIM_GEN is
signal Q_INT: bit_vector(3 downto 0);
begin
P1:      process(CLK, RESET)
         begin
                 if RESET='1' then
                      Q_INT <= x"1";
                 elsif CLK'event and CLK='0' then
                      case Q_INT is
                          when x"1" => Q_INT <= x"2";
                          when x"2" => Q_INT <= x"3";
                          when x"3" => Q_INT <= x"5";
                          when x"5" => Q_INT <= x"7";
                          when x"7" => Q_INT <= x"B";
                          when x"B" => Q_INT <= x"D";
                          when x"D" => Q_INT <= x"1";
                          when others => Q_INT <= x"1"; -- Reset Zustand
                      end case;
                 end if;
          end process P1;
          Q <= Q_INT;
end VERHALTEN;
```

3.10

FEHLER_A:

- Die Variable TEMP wurde unzulässigerweise in der `architecture` deklariert.
- Der Prozess P1 enthält eine unzulässige nebenläufige, bedingte Signalzuweisung.
- Die Variable wird unzulässigerweise außerhalb des taktsynchronen Umfelds gelesen.
- Das Signal SEL befindet sich nicht in den Empfindlichkeitslisten beider Prozesse.
- Im Prozess P2 darf keine Variable in der Empfindlichkeitsliste stehen.

FEHLER_B:

- Die im Prozess P1 deklarierte Variable TEMP ist im Prozess P2 unbekannt.
- In der Empfindlichkeitsliste von Prozess P2 fehlt SEL und TEMP darf nicht enthalten sein.

- Die `architecture` enthält eine sequentielle `if`-Anweisung außerhalb eines Prozesses.

3.11

Das Ausgangssignal ist konstant '0'.

Begründung: SIG (und damit SIGOUT) wird mit '0' initialisiert. Während CLK='1' ist durchläuft der Simulator zwar die unbedingte Anweisung SIG <= '1'. Diese würde allerdings, falls dann noch gültig, erst am Ende des Prozesses ausgeführt. In der `if`-Abfrage wird somit nicht der `then`- sondern der `else`-Zweig durchlaufen. In diesem Zweig wird SIG aus der Antivalenz von CLK und SIG gebildet, diese ist aber '0', da CLK='1' und SIG='0' ist. Somit bleibt unverändert SIG='0'.

3.12

```
entity TEST is
port( CLK, A1, A2, A3: in bit;
      S: buffer bit_vector(3 downto 0));
end TEST;
architecture UEBUNG of TEST is
begin
P0:      process (A1, A2, A3)
         variable VAR: bit;
         begin
               if A1 ='1' then
                     VAR := A2 and A3;        -- Latch oder komb. Logik
                     S(0) <= VAR;             -- Latch
               end if;
         end process P0;
P1:      process (A1)
         variable VAR: bit;
         begin
               VAR:='0';
               S(1)<='0';
               if A1 ='1' then
                     VAR := VAR or A2;        -- komb. Logik
                     S(1) <= VAR and A3;      -- komb. Logik
               end if;
         end process P1;
P2:      process (CLK)
         variable VAR: bit;
         begin
               if CLK'event and CLK='1' then
                     VAR := VAR and A1;       -- Flipflop
                     S(2) <= VAR and A3;      -- Flipflop
               end if;
         end process P2;
P3:      process (CLK)
         variable VAR: bit;
         begin
               if CLK'event and CLK='1' then
                     VAR := S(3) and A1;      -- komb. Logik
                     S(3) <= VAR;             -- Flipflop
         end if;
         end process P3;
end UEBUNG;
```

9.3.3 Lösungen zu den Aufgaben in Kap. 4.6

4.1

a) vgl. Tabelle 4-1

b) vgl. Kap. 4.1 und Tabelle 5-3

4.2

```
-- Tri-State Logik
---------------------------------
library ieee;
use ieee.std_logic_1164.all;
entity TS_LOGIK is
        port( EN, A, B, C : in bit;
                Y: out std_ulogic);
end TS_LOGIK;
architecture VERHALTEN of TS_LOGIK is
begin
        process(EN, A, B, C)
        begin
                if EN='1' then
                        Y <=    to_stdulogic(( A and B and C) or
                                ( A or B or not C));
                else
                        Y <= 'Z';
                end if;
        end process;
end VERHALTEN;
```

Die Synthese erfordert zwei Gatter sowie einen Tri-State Treiber:

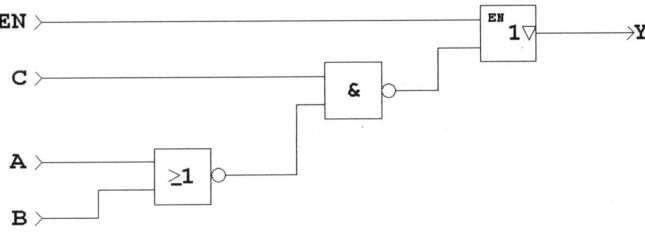

4.3

Der Prozess wird aktiviert, sofern sich eins der Eingangssignale ändert. Es werden zunächst alle Signale hochohmig gesetzt. In einer geschachtelten `if`-Abfrage wird zunächst das Freigabesignal abgefragt. Wenn dieses '1' ist, so wird der zum Wert des Signals SEL gehörige Ausgang mit dem Eingang DIN verbunden und somit der Z-Wert überschrieben.

```
-- 1 zu 4 Demultiplexer
---------------------------------
library ieee;
use ieee.std_logic_1164.all;
```

```vhdl
entity DEMUX is
        port( DIN, EN: in std_ulogic;
                SEL: in bit_vector(1 downto 0);
                DOUT0, DOUT1, DOUT2, DOUT3: out std_ulogic);
end DEMUX;
architecture VERHALTEN of DEMUX is
begin
P1:     process(SEL, DIN, EN)
        begin
                DOUT0<='Z'; DOUT1<='Z'; DOUT2<='Z'; DOUT3<='Z'; -- Alle Z
                if EN = '0' then                        -- Falls Enable
                        if SEL = "00" then              -- jeweiligen
                                DOUT0 <= DIN;           -- Ausgang
                        elsif SEL= "01" then            -- durchschalten
                                DOUT1 <= DIN;
                        elsif SEL= "10" then
                                DOUT2 <= DIN;
                        else
                                DOUT3 <= DIN;
                        end if;
                end if;
        end process P1;
end VERHALTEN;


4.4
-- PLD-Ausgangszelle
----------------------------------
library ieee;
use ieee.std_logic_1164.all;
entity PLD_CELL is
        port( PROD_TERM, CLK, RESET : in bit;
                S: in bit_vector(2 downto 0);
                IO_PAD: inout std_logic;
                FEEDBACK: out bit);
end PLD_CELL;
architecture VERHALTEN of PLD_CELL is
signal TEMP0, TEMP1: bit;
signal TEMP2_V: bit_vector(0 downto 0);
signal FEEDBACK_V: bit_vector(0 downto 0);
signal IO_PAD_V: std_logic_vector(0 downto 0);

begin
-- Polaritaetsumkehr durch Antivalenz-Gatter:
TEMP0 <= PROD_TERM xor S(2);

-- Flipflop als Prozess
FF: process( CLK, RESET)
        begin
                if RESET='1' then
                        TEMP1 <= '0';
                elsif CLK'event and CLK='1' then
                        TEMP1 <= TEMP0;
        end if;
end process FF;


-- Multiplexer als nebenlaeufige Anweisung
with S(1) select TEMP2_V(0)<= TEMP0 when '0', TEMP1 when '1';
```

```
-- Tri-State Treiber
TS: process(TEMP2_V(0), S(0))
        begin
                if S(0)='1' then
                        IO_PAD_V <= To_StdLogicVector(TEMP2_V);
                else
                        IO_PAD_V(0) <-'Z';
                end if;
        end process;

-- IO-Pad als Ausgang:
IO_PAD <= IO_PAD_V(0);

-- IO-PAD als Eingang:
FEEDBACK_V <= To_bitvector(IO_PAD_V);
FEEDBACK <= FEEDBACK_V(0);
end VERHALTEN;
```

4.5

```
-- Code-Umsetzer in den Aiken Code
----------------------------------------------------------
library ieee;
use ieee.std_logic_1164.all;
entity AIKEN is
        port( E: in bit_vector(3 downto 0);
                Y: out std_ulogic_vector(3 downto 0));
end AIKEN;
architecture VERHALTEN of AIKEN is
begin
P1:     process(E)
        begin
                case E is
                when "0000" => Y <= "0000";
                when "0001" => Y <= "0001";
                when "0010" => Y <= "0010";
                when "0011" => Y <= "0011";
                when "0100" => Y <= "0100";
                when "0101" => Y <= "1011";
                when "0110" => Y <= "1100";
                when "0111" => Y <= "1101";
                when "1000" => Y <= "1110";
                when "1001" => Y <= "1111";
                when others => Y <= "----";
                end case;
        end process P1;
end VERHALTEN;
```

4.6

```
-- Wahrheitstab. mit Don't-Care Ein- und Ausgaengen
--------------------------------------------------------
library ieee;
use ieee.std_logic_1164.all;
entity WAHRTAB is
        port( E: in bit_vector(2 downto 0);
                Y: out std_ulogic_vector(2 downto 0));
end WAHRTAB;
architecture VERHALTEN of WAHRTAB is
begin
```

```
P1:     process(E)
        begin
                case E is
                when "000" | "001" => Y <= "11-";
                when "010" => Y <= "101";
                when "011" => Y <= "100";
                when "100" | "101" => Y <= "01-";
                when "110" => Y <= "001";
                when "111" => Y <= "000";
                end case;
        end process P1;
end VERHALTEN;
```

Wenn der Quellcode zu drei Invertern (je einer für die drei Eingänge) synthetisiert wurde und keine anderen Gatter verwendet werden, so hat eine Minimierung stattgefunden.

9.3.4   Lösungen zu den Aufgaben in Kap. 5.7

5.1
```
-- Multiplikation zweier 3 Bit Zahlen
----------------------------------------------
library ieee;
use ieee.std_logic_1164.all;
use ieee.std_logic_unsigned.all;      -- Synopsys/Viewlogic
--use ieee.numeric_std.all;           -- IEEE/PeakVHDL
-- Bei Verwendung der numeric_std Bibliothek muessen anstatt
-- der "std_logic_vector" Signale "unsigned" Signale verwendet
-- werden!

entity MULT is
        port( A, B: in std_logic_vector(2 downto 0);
                Y: out std_logic_vector(5 downto 0));
end MULT;
architecture VERHALTEN of MULT is
begin
        Y <= A * B;
end VERHALTEN;
```

Syntheseergebnisse:

- FPGA-Express inferiert einen 3x3 Bit Multiplizierer Funktionsblock

- PeakVHDL generiert ebenfalls ein 3x3 Multiplizierer Schaltnetz

5.2
```
-- Absolutwertbildung
----------------------------------------------
library ieee;
use ieee.std_logic_1164.all;
use ieee.std_logic_signed.all;        -- Synopsys/Viewlogic
--use ieee.numeric_std.all;           -- IEEE/PeakVHDL
-- Bei Verwendung der numeric_std Bibliothek muessen anstatt
-- der "std_logic_vector" Signale "signed" Signale verwendet
```

```
-- werden!
entity ABSWERT is
        port( A: in std_logic_vector(2 downto 0);
                Y: out std_logic_vector(2 downto 0));
end ABSWERT;
architecture VERHALTEN of ABSWERT is
begin
        Y <= abs(A);
end VERHALTEN;
```

Einige Synthesewerkzeuge setzen die Absolutwertbildung recht aufwendig um. Z.B. generiert Aurora der Fa. Viewlogic einen 3-Bit Subtrahierer in Zusammenhang mit einem Schaltnetz. PeakVHDL z.B. generiert ein weniger aufwendiges Ergebnis. Grundlage für die einfachen Lösungen ist die Tatsache, dass das Zweierkomplement aus der Inversion aller Bitstellen mit anschliessender Addition von '1' gebildet wird [2].

5.3

```
-- 4-Bit ALU
---------------------------------
library ieee;
use ieee.std_logic_1164.all;
use ieee.std_logic_unsigned.all;              -- Viewlogic / Synopsys
-- use ieee.numeric_std.all;                   -- IEEE1076.3/ PeakVHDL
entity ALU4 is
        port( A, B: in std_logic_vector(3 downto 0);    --4-Bit Operanden
              OPCODE: in bit_vector(1 downto 0);        --2-Bit OPCODE
              RESULT: out std_logic_vector(3 downto 0); --4-Bit Ergebnis
              CFLAG, ZFLAG: out bit);                   --Carry/Zero Flag
end ALU4;


architecture ALGO of ALU4 is
begin
P1:     process( A,B,OPCODE )
        -- 5-Bit Temporaere Variable
        variable TEMP_RESULT, TEMPA, TEMPB: std_logic_vector(4 downto 0);
        begin
                CFLAG <= '0';              -- Vorbelegung mit 0
                TEMPA := '0'& A;           -- MSB anfuegen
                TEMPB := '0'& B;           -- MSB anfuegen
                case OPCODE is
                        when "00" =>   TEMP_RESULT := TEMPA + TEMPB;
                                         if TEMP_RESULT(4)='1' then
                                               CFLAG <= '1';
                                         end if;
                        when "01" =>   TEMP_RESULT := TEMPA - TEMPB;
                                         if TEMP_RESULT(4)='1' then
                                               CFLAG <= '1';
                                         end if;
                        when "10" =>   TEMP_RESULT := TEMPA or TEMPB;
                        when "11" =>   TEMP_RESULT := TEMPA and TEMPB;
                end case;
                if TEMP_RESULT(3 downto 0) = "0000" then
                        ZFLAG <= '1';
                else
                        ZFLAG <= '0';
                end if;
                RESULT <= TEMP_RESULT(3 downto 0);
```

```vhdl
        end process P1;
end ALGO;
```

5.4

```vhdl
-- N-Bit Vorwärts-/Rückwärtszähler
---------------------------------
library ieee;
use ieee.std_logic_1164.all;
use ieee.std_logic_signed.all;        -- Synopsys / Viewlogic
--use ieee.numeric_std.all;           -- IEEE / PeakVHDL

entity VRZLR is
        generic( N: natural:=4);
        port( CLK, RESET, UND: in bit;
                Q: out std_logic_vector(N-1 downto 0));
end VRZLR;

architecture VERHALTEN of VRZLR is
signal Q_INT : std_logic_vector(N-1 downto 0);      -- internes Signal
begin
P1:     process(CLK, RESET)
        begin
                if RESET='1' then                   -- Asynchron
                        Q_INT <= (others=>'0');      -- loeschen
                elsif CLK='1' and CLK'event then     -- Synchron zaehlen
                        if UND ='1' then
                                Q_INT <= Q_INT+1;    -- Aufwaerts
                        else
                                Q_INT <= Q_INT-1;    -- Abwaerts
                        end if;
                end if;
        end process P1;
        Q <= Q_INT;                                  -- Ausgangssignal
end VERHALTEN;
```

5.5

```vhdl
-- gesteuerter Zaehler
----------------------------
library ieee;
use ieee.std_logic_1164.all;
use ieee.std_logic_signed.all;        -- Synopsys / Viewlogic
--use ieee.numeric_std.all;           -- IEEE / PeakVHDL
entity ZLR1 is
        port( CLK, RESET: in bit;
                MODE: in bit_vector(1 downto 0);
                Q: out std_logic_vector(3 downto 0));
end ZLR1;

architecture VERHALTEN of ZLR1 is
signal Q_INT : std_logic_vector(3 downto 0);         -- internes Signal
begin
P1:     process(CLK)
        begin
                if CLK='1' and CLK'event then        -- Synchron
                        if RESET='1' then
                                Q_INT <= (others=>'0');-- loeschen
```

```
                        elsif MODE = "00" then
                               Q_INT <= Q_INT+1;        -- um eins
                        elsif MODE = "01" then
                               Q_INT <= Q_INT+2;        -- um zwei
                        elsif MODE = "10" then
                               Q_INT <= Q_INT+3;        -- um drei
                        elsif MODE = "11" then
                               Q_INT <= Q_INT+4;        -- um vier
                        end if;
                end if;
        end process P1;
        Q <= Q_INT;                                     -- Ausgangssignal
end VERHALTEN;
```

5.6

```
-- Programmierbarer Frequenzteiler 2..15
----------------------------------------
entity TEILER is
        port( CLK, RESET: in bit;
                N: in integer range 2 to 15;
                TC: out bit);
end TEILER;

architecture VERHALTEN of TEILER is
signal Q: integer range 0 to 15;
begin
ZLR:    process(CLK, RESET)
        begin
                if RESET='1' then Q <= 0;
                elsif CLK='1' and CLK'event then
                        if Q >= N-1 then
                                Q <= 0;           -- Ruecksetzen
                                TC <= '1';        -- Ausgangssignal setzen
                        else
                                Q <= Q + 1;       -- Zaehlen
                                TC <= '0';        -- Ausgangssignal loeschen
                        end if;
                end if;
        end process ZLR;
end VERHALTEN;
```

5.7

```
-- Ladbarer N-Bit Zaehler mit Enable
-----------------------------------
library ieee;
use ieee.std_logic_1164.all;
use ieee.std_logic_unsigned.all;
entity GEN_CTR is
        generic( BITS: natural := 4);
        port(  CLK, RESET, LOAD, ENABLE: in bit;
                D: in std_logic_vector (BITS-1 downto 0);
                Q: out std_logic_vector (BITS-1 downto 0));
end GEN_CTR;

architecture VERHALTEN of GEN_CTR is
signal QINT: std_logic_vector(BITS-1 downto 0);
```

```
begin
CTR:    process (CLK, RESET)
        begin
                if RESET ='1' then
                        QINT <= (others => '0');
                elsif CLK='1' and CLK'event then
                        if ENABLE='1' then
                                if LOAD = '1' then
                                        QINT <= D;
                                else
                                        QINT <= QINT + 1;
                                end if;
                        end if;
                end if;
        end process CTR;
        Q <= QINT;               -- Kopie an den Ausgang
end VERHALTEN;
```

5.8

a) 199   Korrekt

b) 8#AFFE#   Falsch, da HEX-Konstanten bei Oktaler Basis

c) 2#1011_1010#Korrekt

d) 16#ABCD#   Korrekt

e) 5#224_33#   Korrekt

5.9

```
-- Pixeladressierung
--------------------
library ieee;
use ieee.std_logic_1164.all;
use ieee.std_logic_unsigned.all;
entity PIX_ADR is
        port( CLK, RESET: in bit;
                Z_IND, SP_IND: in bit_vector(6 downto 0);
                RNW: in bit;
                D: inout std_logic);
end PIX_ADR;

architecture VERHALTEN of PIX_ADR is
signal MEM: std_logic_vector(0 to 16383);
begin
P1:     process(CLK, RESET)
        variable Z_IND_VAR, SP_IND_VAR: integer range 0 to 127;
        variable INDEX: integer range 0 to 16383;
        begin
                if RESET='1'then
                        MEM <= (others=>'0');
                elsif CLK'event and CLK='1' then
                        Z_IND_VAR := conv_integer(To_StdLogicVector(Z_IND));
                        SP_IND_VAR := conv_integer(To_StdLogicVector(SP_IND));
                        INDEX := 128 * Z_IND_VAR + SP_IND_VAR; --Index
                        if RNW='1' then
                                D <= MEM(INDEX);        -- Speicher lesen
```

```
                              else
                                  MEM(INDEX)  <=  D;          -- Speicher schreiben
                              end if;
                        end if;
                  end process P1;
end VERHALTEN;
```

9.3.5   Lösungen zu den Aufgaben des Kapitels 6.6

Hinweis: Einige Synthesewerkzeuge unterstützen keine Parameter vom Typ `time`, sodass die Zeiten direkt in die Signalzuweisungen einzutragen sind, wenn sie vom Synthesewerkzeug überlesen werden sollen.

6.1

```
-- FSM 2 Prozesse:
entity FSM_2_ME is
generic(      TD1 : time := 10 ns;
              TD2 : time := 20 ns);
port(  CLK, RESET, ENABLE  : in  bit;          -- sekundäre Eingangssignale
       X            : in  bit;
       Y            : out bit );
end FSM_2_ME;


architecture SEQUENZ of FSM_2_ME is
type ZUSTAENDE is (ZA, ZB, ZC, ZD);            -- Aufzählungstyp
attribute ENUM_ENCODING: STRING;
attribute ENUM_ENCODING of ZUSTAENDE: type is "00 01 11 10";
signal ZUSTAND,FOLGE_Z: ZUSTAENDE ;
begin
Z_SPEICHER: process(CLK, RESET) -- Zustandsaktualisierung
   begin
        if  RESET = '1'  then
                      ZUSTAND <= ZA after TD1;
        elsif CLK = '1' and CLK'event then
                      if ENABLE = '1' then
                             ZUSTAND <= FOLGE_Z after TD1;
                      end if;
        end if;
end process Z_SPEICHER;
UE_AUS_SN: process(X, ZUSTAND)-- Folgezustands- u. Ausgangsberechnung
   begin
        FOLGE_Z <= ZB after TD2;     -- Defaultzuweisung
        Y <= '0' after TD2;
        case ZUSTAND is
                  when ZA =>      if   X = '1' then
                                  FOLGE_Z<= ZD after TD2;
                                  Y <= '1'after TD2;
                                  end if;
                  when ZB =>      if   X= '0' then
                                  FOLGE_Z<= ZC after TD2;
                                  Y <= '1'after TD2;
                                  end if;
                  when ZC =>      if   X= '1' then
                                  FOLGE_Z<= ZA after TD2;
                                  end if;
                  when ZD =>      if   X= '1' then
```

```
                                    FOLGE_Z<= ZC after TD2;
                                    Y <= '1'after TD2;
                                    end if;

        end case;
end process UE_AUS_SN;
end SEQUENZ;


6.2

-- FSM 3 Prozesse:
entity FSM_3_MO is
generic(        TD1 : time := 10 ns;   -- D-FF Laufzeit
                TD2 : time := 20 ns;   -- Schaltnetzlaufzeit
                TD3 : time := 30 ns); -- Kette aus TD1 und TD2
port(  CLK, RESET, ENABLE  : in  bit;       -- sekundäre Eingangssignale
       X                : in  bit;
       Y                : out bit );
end FSM_3_MO;


architecture SEQUENZ of FSM_3_MO is
type ZUSTAENDE is (ZA, ZB, ZC, ZD);            -- Aufzählungstyp
attribute ENUM_ENCODING: STRING;
attribute ENUM_ENCODING of ZUSTAENDE: type is "00 01 11 10";
signal ZUSTAND,FOLGE_Z: ZUSTAENDE ;
signal X_S: bit;                         -- Synchronisiertes Eingangssignal
begin
SYNC: process(CLK, RESET)
   begin
        if RESET = '1'          then
             X_S <= '0' after TD1;
             Y   <= '0' after TD1;
        elsif CLK = '1' and CLK'event then
             X_S <= X after TD1;     -- Eingangssignalsynchronisation
             Y <= '0' after TD3;     -- Default-Zuweisung
             case FOLGE_Z is
                  when ZD => Y <= '1' after TD3;-- Unabhängig von X_S
                  when ZC => Y <= '1' after TD3;
                  when others => null;
             end case;
        end if;
   end process SYNC;
Z_SPEICHER: process(CLK, RESET) -- Zustandsaktualisierung
   begin
        if  RESET = '1'  then
                     ZUSTAND <= ZA after TD1;
        elsif CLK = '1' and CLK'event then
                     if ENABLE = '1' then
                          ZUSTAND <= FOLGE_Z after TD1;
                     end if;
        end if;
   end process Z_SPEICHER;
UE_SN: process(X_S, ZUSTAND)-- Folgezustandsberechnung
   begin
        FOLGE_Z <= ZB after TD2;       -- Defaultzuweisung
        case ZUSTAND is
                  when ZA =>     if   X_S = '1' then
                                 FOLGE_Z<= ZD after TD2;
                                 end if;
                  when ZB =>     if   X_S= '0' then
```

```
                                       FOLGE_Z<= ZC after TD2;
                                       end if;
              when ZC =>               if   X_S= '1' then
                                       FOLGE_Z<= ZA after TD2;
                                       end if;
              when ZD =>               if   X_S= '1' then
                                       FOLGE_Z<= ZC after TD2;
                                       end if;

        end case;
end process UE_SN;
end SEQUENZ;
```

6.3

```
-- FSM 3 Prozesse: Paritäts-Checker
entity FSM_CHECK is
generic(       TD1 : time := 10 ns;  -- D-FF Laufzeit
               TD2 : time := 20 ns); -- Schaltnetzlaufzeit
port(  CLK, RESET, ENABLE    : in  bit;      -- sekundäre Eingangssignale
       X                     : in  bit;
       Y_S                   : out bit );
end FSM_CHECK;


architecture SEQUENZ of FSM_CHECK is
type ZUSTAENDE is (ZA, ZB, ZC, ZD, ZE, ZF, ZG, ZH); -- Aufzählungstyp
attribute ENUM_ENCODING: STRING;
attribute ENUM_ENCODING of ZUSTAENDE: type is "000 100 110 111 101 001 010
011";
signal ZUSTAND,FOLGE_Z: ZUSTAENDE ;
signal X_S: bit;                          -- Synchronisiertes Eingangssignal
signal Y: bit;
begin
SYNC: process(CLK, RESET)
   begin
        if RESET = '1'          then
                X_S    <= '0' after TD1;
                Y_S    <= '0' after TD1;
        elsif CLK = '1' and CLK'event then
                X_S    <=  X after TD1; -- Eingangssignalsynchronisation
                Y_S    <=  Y after TD1; -- Ausgangssignalsynchronisation
        end if;
   end process SYNC;
Z_SPEICHER: process(CLK, RESET) -- Zustandsaktualisierung
   begin
        if  RESET = '1'  then
                        ZUSTAND <= ZA after TD1;
        elsif CLK = '1' and CLK'event then
                if ENABLE = '1' then
                        ZUSTAND <= FOLGE_Z after TD1;
                end if;
        end if;
   end process Z_SPEICHER;
UE_AUS_SN: process(X_S, ZUSTAND)-- Folgezustands- u. Ausgangsberechnung
   begin
        FOLGE_Z <= ZA after TD2;      -- Defaultzuweisung
        Y <= '0' after TD2;
        case ZUSTAND is
                        when ZA =>    if    X_S = '0' then
                                      FOLGE_Z<= ZB after TD2;
```

```
                            else
                                    FOLGE_Z<= ZE after TD2;
                            end if;
                when ZB =>  if    X_S= '0' then
                                    FOLGE_Z<= ZC after TD2;
                            else
                                    FOLGE_Z<= ZD after TD2;
                            end if;
                when ZC =>  if    X_S= '1' then
                                    y <= '1' after TD2;
                            end if;
                when ZD =>  if    X_S= '0' then
                                    y <= '1' after TD2;
                            end if;
                when ZE =>  if    X_S= '0' then
                                    FOLGE_Z<= ZD after TD2;
                            else
                                    FOLGE_Z<= ZC after TD2;
                            end if;
                when others => null;
        end case;
end process UE_AUS_SN;
end SEQUENZ;
```

9.3.6   Lösungen zu Aufgaben des Kapitels 7.7

7.1

```
--Johnson-Zähler mit Schieberegister SRG_4.
entity SRG_4 is
port(   RESET, CLK      : in bit; -- D_PL       : in bit_vector (3 downto 0);
        Q               : out bit_vector (3 downto 0));
end SRG_4;


----- als Komponente verwendet: ------------
entity D_FF is
        port(   RESET, CLK   : in  bit;
                D_IN         : in  bit;
                Q_OUT               : out bit );
end D_FF;


architecture VERHALTEN of D_FF is
begin
process(CLK, RESET) -- Zustandsaktualisierung
        begin
        if RESET = '1' then
                Q_OUT <= '0';
        elsif CLK = '1' and CLK'event then
                Q_OUT <= D_IN ;
        end if;
end process;
end VERHALTEN;
-------------------------------------------
architecture STRUK of SRG_4 is
component D_FF
port(   RESET, CLK   : in  bit;
        D_IN         : in  bit;
        Q_OUT               : out bit );
```

```
end component;
signal SER_IN   : bit;
signal Q_INT : bit_vector(3 downto 0);
for all: D_FF use entity WORK.D_FF(VERHALTEN);
begin
SER_IN <= not Q_INT(3);
Q <= Q_INT;
I_0: D_FF
port map(RESET => RESET, CLK => CLK, D_IN => SER_IN, Q_OUT => Q_INT(0));
I_1: D_FF
port map(RESET => RESET, CLK => CLK, D_IN => Q_INT(0), Q_OUT => Q_INT(1));
I_2: D_FF
port map(RESET => RESET, CLK => CLK, D_IN => Q_INT(1), Q_OUT => Q_INT(2));
I_3: D_FF
port map(RESET => RESET, CLK => CLK, D_IN => Q_INT(2), Q_OUT => Q_INT(3));
end STRUK;
```

7.2

```
--Johnson-Zähler mit Schieberegister SRG_N.
entity SRG_N is
generic(N : positive := 4);
port(   RESET, CLK    : in bit;
        D_PL          : in bit_vector (N - 1 downto 0);
        Q             : out bit_vector (N - 1 downto 0));
end SRG_N;
----- als Komponenten verwendet: ----------
entity KOR_SN is
        port(   I  : in  bit_vector (1 downto 0);
                A  : out bit_vector (1 downto 0));
end KOR_SN;

architecture VERHALTEN of KOR_SN is
begin
A(0)  <= not I(1);
A(1)  <= I(0) NOR I(1);
end VERHALTEN;


entity D_FF_L is
        port(   RESET, CLK, LOAD, D_IN, D_L   : in  bit;
                Q_OUT                          : out bit );
end D_FF_L;

architecture VERHALTEN of D_FF_L is
begin
process(CLK, RESET) -- Zustandsaktualisierung
        begin
        if RESET = '1' then
                Q_OUT <= '0';
        elsif CLK = '1' and CLK'event then
                if LOAD = '1' then
                        Q_OUT <= D_L;
                else
                        Q_OUT <= D_IN;
                end if;
        end if;
end process;
end VERHALTEN;
------------------------------------------
architecture STRUK of SRG_N is
```

```
component D_FF_L
port( RESET, CLK, LOAD, D_IN, D_L    : in  bit;
                 Q_OUT                       : out bit );
end component;
component KOR_SN
port(  I  : in  bit_vector (1 downto 0);
         A  : out bit_vector (1 downto 0));
end component;
signal SER_I, L_INT   : bit; -- Serieller Eingang, Ladefunktion
signal Q_INT : bit_vector(N downto 0);
for all: D_FF_L use entity WORK.D_FF_L(VERHALTEN);
for I_0: KOR_SN use entity WORK.KOR_SN(VERHALTEN);
begin
Q <= Q_INT;
I_0:   KOR_SN port map(I(0) => Q_INT(0), I(1) => Q_INT(N - 1),A(0) => SER_I,
A(1) => L_INT );
I_K:    for K in 0 to N - 1 generate
          I_A:    if K = 0 generate
                  I_D:    D_FF_L
                  port map(RESET => RESET,  CLK => CLK, LOAD => L_INT, D_IN =>
SER_I, D_L => D_PL(K), Q_OUT => Q_INT(K));
                  end generate I_A;
          I_R:    if K > 0 generate
                  I_D: D_FF_L
                  port map(RESET, CLK, L_INT, Q_INT(K - 1), D_PL(K), Q_INT(K));
                  end generate I_R;
          end generate I_K;
end STRUK;
```

7.3

Hinweis: Einige Synthesewerkzeuge unterstützen keine Parameter vom Typ `time`, sodass die Zeiten direkt in die Signalzuweisungen einzutragen sind, wenn sie vom Synthesewerkzeug überlesen werden sollen.

```
-- 4-Bit Volladdierer Strukturmodell
entity ADD_S1 is
        generic(WB : POSITIVE :=4;    -- Wortbreite
                DEL: TIME      := 15 ns);
        port( A, B: in  bit_vector(WB-1 downto 0);
               SUM : out  bit_vector(WB   downto 0));
end ADD_S1;

architecture STRUKTUR of ADD_S1 is
signal RIPPLE_CARRY: bit_vector (WB-2 downto 0);
signal ZERO     : bit ;
component VOLL_ADD     -- Komponenten-Deklaration: verwendeter IC-Typ
        generic( DELAY : TIME);
        port( C_IN, IN1, IN2 : in  bit ;
              S, C_OUT                 : out bit );
end component;
               -- Konfiguration: Board wird mit Chip bestückt
for all: VOLL_ADD use entity WORK.VOLL_ADD(VERHALTEN);
begin          -- Instanziierung der Komponente: Adaptersockel-Platzierung
ZERO <= '0';
VA_LSB: VOLL_ADD
               generic map(DELAY => DEL)
               port map(      C_IN        => ZERO,
                              IN1         => A(0),
```

```
                         IN2             => B(0),
                         S               => SUM(0),
                         C_OUT   => RIPPLE_CARRY(0));
VA_K: for N in 1 to  WB-2 generate
        VA_I: VOLL_ADD
              generic map(DELAY => DEL)
              port  map(RIPPLE_CARRY(N-1),    A(N),    B(N),    SUM(N),   RIPP-
LE_CARRY(N));
        end generate;
VA_MSB: VOLL_ADD
              generic map(DELAY => DEL)
              port  map(RIPPLE_CARRY(WB-2),   A(WB-1),   B(WB-1),   SUM(WB-1),
SUM(WB));
end STRUKTUR;


-- Volladdierer mit Wahrheitstafel: Aufgabe 7.3
-- Aggregat mit BIT-Elementen zur Array-Bildung
entity VOLL_ADD is
        generic( DELAY : TIME := 15 ns);
        port( C_IN,IN1 ,IN2: in  BIT;
             S, C_OUT      : out BIT );
end VOLL_ADD;


architecture VERHALTEN of VOLL_ADD is
begin
process(C_IN,IN1,IN2)
subtype BV3_TYPE is BIT_VECTOR (2 downto 0);
begin
-- Der Type-Qualifier BIT_VECTOR' kennzeichnet den Typ des Aggregates
-- auf der rechten Seite.
        case   BV3_TYPE'(C_IN,IN1,IN2) is     --Aggregat nur mit Type-Qualif.
              when "001" => (C_OUT,S) <= BIT_VECTOR'("01")after DELAY;
              when "010" => (C_OUT,S) <= BIT_VECTOR'("01")after DELAY;
              when "011" => (C_OUT,S) <= BIT_VECTOR'("10")after DELAY;
              when "100" => (C_OUT,S) <= BIT_VECTOR'("01")after DELAY;
              when "101" => (C_OUT,S) <= BIT_VECTOR'("10")after DELAY;
              when "110" => (C_OUT,S) <= BIT_VECTOR'("10")after DELAY;
              when "111" => (C_OUT,S) <= BIT_VECTOR'("11")after DELAY;
              when others => (C_OUT,S) <= BIT_VECTOR'("00")after DELAY;
-- In den Ausgangszuordnungen wird der Type-Qualifier erforderlich, damit
-- der BIT_VECTOR-String von einem Character-String unterschieden wird.
        end case;
end process;
end VERHALTEN;


7.4
-- 4-Bit Volladdierer Strukturmodell
entity ADD_S2 is
        generic(WB : POSITIVE :=4;     -- Wortbreite
                DEL: TIME     := 15 ns);
        port( A, B: in  bit_vector(WB-1 downto 0);
              SUM : out  bit_vector(WB     downto 0));
end ADD_S2;


architecture STRUK_HL of ADD_S2 is
signal RIPPLE_CARRY: bit_vector (WB-2 downto 0);
signal ZERO     : bit ;
component V_ADD        -- Komponenten-Deklaration: verwendeter IC-Typ
```

```
            generic( DELAY : TIME );
            port(   C_IN, IN1, IN2 : in  bit ;
                    S, C_OUT                : out bit );
end component;
                    -- Konfiguration: Board wird mit Chip bestückt
for all: V_ADD use entity WORK.V_ADD(VERHALTEN);
begin               -- Instanziierung der Komponente: Adaptersockel-Platzierung
ZERO <= '0';
VA_LSB: V_ADD
                generic map(DELAY => DEL)
                port map(        C_IN            => ZERO,
                                 IN1             => A(0),
                                 IN2             => B(0),
                                 S               => SUM(0),
                                 C_OUT   => RIPPLE_CARRY(0));
VA_K: for N in 1 to  WB-2 generate
        VA_I: V_ADD
                generic map(DELAY => DEL)
                port    map(RIPPLE_CARRY(N-1),   A(N),    B(N),    SUM(N),    RIPP-
LE_CARRY(N));
        end generate;
VA_MSB: V_ADD
                generic map(DELAY => DEL)
                port    map(RIPPLE_CARRY(WB-2),   A(WB-1),   B(WB-1),   SUM(WB-1),
SUM(WB));
end STRUK_HL;


-- Volladdierer Strukturmodell
-- Aufgabe 7.4
entity V_ADD is
        generic(DELAY : TIME := 30 ns);
        port( C_IN,IN1 ,IN2: in  bit;
              S, C_OUT     : out bit );
end V_ADD;

architecture STRUK_LL of V_ADD is
signal PROP, GEN : bit; -- Propagate, Generate
signal ZERO     : bit;
component H_ADD
generic(TD : TIME);
port(X1, X2, X3: in bit;
     Q1, Q2:     out bit);
end component;
for all: H_ADD use entity WORK.H_ADD(VERHALTEN);
begin
ZERO <= '0';
C1: H_ADD
generic map(TD => DELAY)
port map(X1 => IN1, X2 => IN2, X3 => ZERO,
         Q1 => PROP, Q2 => GEN);
C2: H_ADD
generic map(TD => DELAY)
port map(X1 => PROP, X2 => C_IN, X3 => GEN,
         Q1 => S, Q2 => C_OUT);
end STRUK_LL;

-- Halbaddierer Verhaltensmodell
entity H_ADD is
        generic(TD : TIME := 20 ns);
```

```
       port( X1, X2, X3: in  bit;
             Q1, Q2     : out bit );
-- Q1 : S , PROP; Q2 : C, GEN
end H_ADD;
architecture VERHALTEN of H_ADD is
begin
Q1 <- X1 xor X2 after TD;
Q2 <= (X1 and X2) or X3 after TD;
end VERHALTEN;
```

10 VHDL-Syntaxübersicht und Bibliotheken

Auf den nachfolgenden Seiten wird eine englischsprachige Übersicht der VHDL-Syntax reproduziert, die von der Fa. Qualis Design Corporation zusammengestellt [58] wurde. Ausserdem finden sich Übersichten dieser Firma zu den nachfolgenden Bibliotheken:

- IEEE's STD_LOGIC_1164
- IEEE's NUMERIC_BIT
- Synopsys' STD_LOGIC_ARITH
- Synopsys' STD_LOGIC_UNSIGNED
- Synopsys' STD_LOGIC_SIGNED
- Synopsys' STD_LOGIC_MISC
- Cadence's STD_LOGIC_ARITH
- Mentor's STD_LOGIC_ARITH

Eine deutschsprachige VHDL-Syntaxbeschreibung im PDF-Format findet sich im Internet unter dem URL: http://users.etech.haw-hamburg.de/users/schubert/vorles.html .

VHDL QUICK
REFERENCE CARD

Revision 2.1

() Grouping [ ] Optional

{} Repeated | Alternative

bold As is CAPS User Identifier

italic VHDL-1993

1. LIBRARY UNITS

[{use_clause}]

entity ID **is**

  [**generic** ({ID : TYPEID [:= expr];});]

  [**port** ({ID : **in** | **out** | **inout** TYPEID [:= expr];});]

  [{declaration}]

[**begin**

  {parallel_statement}]

end [*entity*] ENTITYID;

[{use_clause}]

architecture ID **of** ENTITYID **is**

  [{declaration}]

begin

  [{parallel_statement}]

end [*architecture*] ARCHID;

[{use_clause}]

package ID **is**

  [{declaration}]

end [*package*] PACKID;

[{use_clause}]

package body ID **is**

  [{declaration}]

end [*package body*] PACKID;

[{use_clause}]

configuration ID **of** ENTITYID **is**

for ARCHID

  [{block_config | comp_config}]

end for;

end [*configuration*] CONFID;

use_clause::=

  library ID;

  [{**use** LIBID.PKGID[. **all** | DECLID];}]

block_config::=

  for LABELID

    [{block_config | comp_config}]

  end for;

comp_config::=

  for all | LABELID : COMPID

    (**use entity** [LIBID.]ENTITYID [(ARCHID)]

      [[**generic map** ({GENID => expr ,})]

      port map ({PORTID => SIGID | *expr* ,})];

    [**for** ARCHID

      [{block_config | comp_config}]

      end for;]

    end for;) |

    (**use configuration** [LIBID.]CONFID

      [[**generic map** ({GENID => expr ,})]

      port map ({PORTID => SIGID | *expr*,})];)

  end for;

2. DECLARATIONS

2.1. TYPE DECLARATIONS

type ID **is** ({ID,});

type ID **is range** number **downto** | **to** number;

type ID **is array** ({range | TYPEID ,}) **of** TYPEID;

type ID **is record**

  {ID : TYPEID;}

end record;

type ID **is access** TYPEID;

type ID **is file of** TYPEID;

subtype ID **is** SCALARTYPID **range** range;

subtype ID **is** ARRAYTYPID({range,});

subtype ID **is** RESOLVFCTID TYPEID;

range ::= (integer | ENUMID **to** | **downto** integer
                  | ENUMID) |

(OBJID'[**reverse_**]range) | (TYPEID **range** <>)

2.2. OTHER DECLARATIONS

constant ID : TYPEID := expr;

[*shared*] **variable** ID : TYPEID [:= expr];

signal ID : TYPEID [:= expr];

file ID : TYPEID (**is in** | **out** string;) |

 (**open read_mode** | **write_mode** |

 append_mode is *string;*)

alias ID : TYPEID **is** OBJID;

attribute ID : TYPEID;

attribute ATTRID **of** OBJID | **others** | **all** : class

                                       is expr;

class ::=

 entity | **architecture** | **configuration** |

 procedure | **function** | **package** | **type** |

 subtype | **constant** | **signal** | **variable** |

 component | **label**

component ID [*is*]

 [**generic** ({ID : TYPEID [:= expr];});]

 [**port** ({ID : **in** | **out** | **inout** TYPEID [:= expr];});)]

end component [*COMPID*];

[*impure* | *pure*] **function** ID

 [({[**constant** | **variable** | **signal** | *file*] ID :

 in | **out** | **inout** TYPEID [:= expr];})]

 return TYPEID [**is**

begin

 {sequential_statement}

end [*function*] ID];

procedure ID[({[**constant** | **variable** | **signal**] ID :

         in | **out** | **inout** TYPEID [:= expr];})]

[**is begin**

 [{sequential_statement}]

end [*procedure*] ID];

for LABELID | **others** | **all** : COMPID **use**

 (**entity** [LIBID.]ENTITYID [(ARCHID)]) |

 (**configuration** [LIBID.]CONFID)

  [[**generic map** ({GENID => expr,})]

  port map ({PORTID => SIGID | *expr,*})];

3. EXPRESSIONS

expression ::=

 (relation **and** relation) | (relation **nand** relation) |

 (relation **or** relation) | (relation **nor** relation) |

 (relation **xor** relation) | (*relation **xnor** relation*)

relation ::= shexpr [relop shexpr]

shexpr ::= sexpr [*shop sexpr*]

sexpr ::= [+|-] term {addop term}

term ::= factor {mulop factor}

factor ::=

 (prim [** prim]) | (**abs** prim) | (**not** prim)

prim ::=

 literal | OBJID | OBJID'ATTRID | OBJID({expr,})

 | OBJID(range) | ({[choice [{| choice}] =>] expr,})

 | FCTID({[PARID =>] expr,}) | TYPEID'(expr) |

 TYPEID(expr) | **new** TYPEID['(expr)] | (expr)

choice ::= sexpr | range | RECFID | **others**

3.1. OPERATORS, INCREASING PRECEDENCE

logop **and** | **or** | **xor** | **nand** | **nor** | *xnor*

relop = | /= | < | <= | > | >=

shop **sll** | **srl** | **sla** | **sra** | **rol** | **ror**

addop **+** | **-** | **&**

mulop ***** | **/** | **mod** | **rem**

miscop ** | **abs** | **not**

4. SEQUENTIAL STATEMENTS

wait [**on** {SIGID,}] [**until** expr] [**for** time];

assert expr

 [**report** string]

 [**severity note** | **warning** | **error** | **failure**];

report string

 [*severity note* | *warning* | *error* | *failure*];

SIGID <= [**transport**] | [[*reject TIME*] *inertial*]

         {expr [**after** time],};

VARID := expr;

PROCEDUREID[({[PARID =>] expr,})];

[*LABEL:*] **if** expr **then**

 {sequential_statement}

[{**elsif** expr **then**

 {sequential_statement}}]

[else
  {sequential_statement}]
end if [*LABEL*];
[*LABEL:*] **case** expr **is**
{**when** choice [{| choice}] =>
  {sequential_statement}}
end case [*LABEL*];
[LABEL:] [**while** expr] **loop**
 {sequential_statement}
end loop [LABEL];
[LABEL:] **for** ID **in** range **loop**
 {sequential_statement}
end loop [LABEL];
next [LOOPLBL] [**when** expr];
exit [LOOPLBL] [**when** expr];
return [expression];
null;

5. PARALLEL STATEMENTS
LABEL: **block** [*is*]
 [**generic** ({ID : TYPEID;});
  [**generic map** ({[GENID =>] expr,});]]
 [**port** ({ID : **in** | **out** | **inout** TYPEID });
  [**port map** ({[PORTID =>] SIGID | *expr,*})];]
 [{declaration}]
begin
 [{parallel_statement}]
end block [LABEL];
[LABEL:] [*postponed*] **process** [({SIGID,})]
 [{declaration}]
begin
 [{sequential_statement}]
end [*postponed*] process [LABEL];
[LBL:] [*postponed*] PROCID({[PARID =>] expr,});
[LABEL:] [*postponed*] **assert** expr
 [**report** string]
 [**severity note** | **warning** | **error** | **failure**];
[LABEL:] [*postponed*] SIGID <=
 [**transport**] | [[*reject TIME*] *inertial*]
 [{{expr [**after** TIME,]} | *unaffected* **when** expr

       else}]
 {expr [**after** TIME,]} | *unaffected*;
[LABEL:] [*postponed*] **with** expr **select**
 SIGID <= [**transport**] | [[*reject TIME*] *inertial*]
  {{expr [**after** TIME,]} | *unaffected*
    when choice [{| choice}]};
LABEL: COMPID
 [[**generic map** ({GENID => expr,})]
 port map ({[PORTID =>] SIGID | *expr,*)];
LABEL: entity [LIBID.]ENTITYID [(ARCHID)]
 [[generic map ({GENID => expr,})]
 port map ({[PORTID =>] SIGID | expr,})];
LABEL: configuration [LIBID.]CONFID
 [[generic map ({GENID => expr,})]
 port map ({[PORTID =>] SIGID | expr,})];
LABEL: **if** expr **generate**
 [{parallel_statement}]
end generate [LABEL];
LABEL: **for** ID **in** range **generate**
 [{parallel_statement}]
end generate [LABEL];

6. PREDEFINED ATTRIBUTES
TYPID**'base** Base type
TYPID**'left** Left bound value
TYPID**'right** Right-bound value
TYPID**'high** Upper-bound value
TYPID**'low** Lower-bound value
TYPID**'pos**(expr) Position within type
TYPID**'val**(expr) Value at position
TYPID**'succ**(expr) Next value in order
TYPID**'pred**(expr) Previous value in order
TYPID**'leftof**(expr) Value to the left in order
TYPID**'rightof**(expr) Value to the right in order
TYPID'ascending Ascending type predicate
TYPID'image(expr) String image of value
TYPID'value(string) Value of string image
ARYID**'left**[(expr)] Left-bound of [nth] index
ARYID**'right**[(expr)] Right-bound of [nth] index
ARYID**'high**[(expr)] Upper-bound of [nth] index

ARYID**'low**[(expr)] Lower-bound of [nth] index

ARYID**'range**[(expr)] 'left down/to 'right

ARYID**'reverse_range**[(expr)] 'right down/to 'left

ARYID**'length**[(expr)] Length of [nth] dimension

ARYID'ascending[(expr)] 'right >= 'left ?

SIGID**'delayed**[(TIME)] Delayed copy of signal

SIGID**'stable**[(TIME)] Signals event on signal

SIGID**'quiet**[(TIME)] Signals activity on signal

SIGID**'transaction** Toggles if signal active

SIGID**'event** Event on signal ?

SIGID**'active** Activity on signal ?

SIGID**'last_event** Time since last event

SIGID**'last_active** Time since last active

SIGID**'last_value** Value before last event

SIGID'driving Active driver predicate

SIGID'driving_value Value of driver

OBJID'simple_name Name of object

OBJID'instance_name Pathname of object

OBJID'path_name Pathname to object

7. PREDEFINED TYPES

BOOLEAN True or false

INTEGER 32 or 64 bits

NATURAL Integers >= 0

POSITIVE Integers > 0

REAL Floating-point

BIT '0', '1'

BIT_VECTOR(NATURAL) Array of bits

CHARACTER 7-bit ASCII

STRING(POSITIVE) Array of characters

TIME hr, min, sec, ms, us, ns, ps, fs

DELAY_LENGTH Time >= 0

8. PREDEFINED FUNCTIONS

NOW Returns current simulation time

DEALLOCATE(ACCESSTYPOBJ**)**

Deallocate dynamic object

FILE_OPEN(**[status], FILEID, string, mode**)

Open file

***FILE_CLOSE(**FILEID**)** Close file*

9. LEXICAL ELEMENTS

Identifier ::= letter { [underline] alphanumeric }

decimal literal ::= integer [. integer] [E[+|-] integer]

based literal ::=

integer **#** hexint [. hexint] **#** [E[+|-] integer]

bit string literal ::= **B|O|X** " hexint "

comment ::= **--** comment text

© 1995-1998 Qualis Design Corporation. Permission to reproduce and distribute strictly verbatim copies of this document in whole is hereby granted.

Qualis Design Corporation

Elite Consulting and Training in High-Level Design

Phone: +1-503-670-7200 FAX: +1-503-670-0809

E-mail: info@qualis.com com

Web: http://www.qualis.com

Also available: 1164 Packages Quick Reference Card Verilog HDL Quick Reference Card

---

1164 PACKAGES QUICK REFERENCE CARD

Revision 2.1

() Grouping [ ] Optional

{} Repeated | Alternative

bold As is CAPS User Identifier

italic VHDL-93 c commutative

b ::= BIT

bv ::= BIT_VECTOR

u/l ::= STD_ULOGIC/STD_LOGIC

uv ::= STD_ULOGIC_VECTOR

lv ::= STD_LOGIC_VECTOR

un ::= UNSIGNED

sg ::= SIGNED

in ::= INTEGER

na ::= NATURAL

sm ::= SMALL_INT

(subtype INTEGER range 0 to 1)

1. IEEE's STD_LOGIC_1164

1.1. LOGIC VALUES

'U' Uninitialized

'X'/'W' Strong/Weak unknown

'0'/'L' Strong/Weak 0

'1'/'H' Strong/Weak 1

'Z' High Impedance

'-' Don't care

1.2. PREDEFINED TYPES

STD_ULOGIC Base type

Subtypes:

STD_LOGIC Resolved STD_ULOGIC

X01 Resolved X, 0 & 1

X01Z Resolved X, 0, 1 & Z

UX01 Resolved U, X, 0 & 1

UX01Z Resolved U, X, 0, 1 & Z

STD_ULOGIC_VECTOR(na to | downto na)
Array of STD_ULOGIC

STD_LOGIC_VECTOR(na to | downto na)
Array of STD_LOGIC

1.3. OVERLOADED OPERATORS

Description	Left	Operator	Right
bitwise-and	u/l,uv,lv	**and, nand**	u/l,uv,lv
bitwise-or	u/l,uv,lv	**or, nor**	u/l,uv,lv
bitwise-xor	u/l,uv,lv	**xor, *xnor***	u/l,uv,lv
bitwise-not		**not**	u/l,uv,lv

1.4. CONVERSION FUNCTIONS

From	To	Function
u/l	b	**TO_BIT**(from[, xmap])
uv,lv	bv	**TO_BITVECTOR**(from[, xmap])
b	u/l	**TO_STDULOGIC**(from)
bv,uv	lv	**TO_STDLOGICVECTOR**(from)
bv,lv	uv	

TO_STDULOGICVECTOR(from)

2. IEEE's NUMERIC_STD

2.1. PREDEFINED TYPES

UNSIGNED(na to | downto na) Array of STD_LOGIC

SIGNED(na to | downto na) Array of STD_LOGIC

2.2. OVERLOADED OPERATORS

Left	Op	Right	Return
	abs	sg	sg
	-	sg	sg
un	**+,-,*,/,rem,mod**	un	un
sg	**+,-,*,/,rem,mod**	sg	sg
un	**+,-,*,/,rem,mod** c	na	un
sg	**+,-,*,/,rem,mod** c	in	sg
un	**<,>,<=,>=,=,/=**	un	bool
sg	**<,>,<=,>=,=,/=**	sg	bool
un	**<,>,<=,>=,=,/=** c	na	bool
sg	**<,>,<=,>=,=,/=** c	In	bool

2.3. PREDEFINED FUNCTIONS

SHIFT_LEFT(un, na) un

SHIFT_RIGHT(un, na) un
SHIFT_LEFT(sg, na) sg
SHIFT_RIGHT(sg, na) sg
ROTATE_LEFT(un, na) un
ROTATE_RIGHT(un, na) un
ROTATE_LEFT(sg, na) sg
ROTATE_RIGHT(sg, na) sg
RESIZE(sg, na) sg
RESIZE(un, na) un
STD_MATCH(u/l, u/l) bool
STD_MATCH(ul, ul) bool
STD_MATCH(lv, lv) bool
STD_MATCH(un, un) bool
STD_MATCH(sg, sg) bool

2.4. CONVERSION FUNCTIONS

From	To	Function
un,lv	sg	**SIGNED**(from)
sg,lv	un	**UNSIGNED**(from)
un,sg	lv	**STD_LOGIC_VECTOR**(from)
un,sg	in	**TO_INTEGER**(from)
na	un	**TO_UNSIGNED**(from, size)
in	sg	**TO_SIGNED**(from, size)

3. IEEE's NUMERIC_BIT

3.1. PREDEFINED TYPES

UNSIGNED(na **to** | **downto** na) Array of BIT
SIGNED(na **to** | **downto** na) Array of BIT

3.2. OVERLOADED OPERATORS

Left	Op	Right	Return
	abs	sg	sg
	-	sg	sg
un	**+,-,*,/,rem,mod**	un	un
sg	**+,-,*,/,rem,mod**	sg	sg
un	**+,-,*,/,rem,mod** c	na	un
sg	**+,-,*,/,rem,mod** c	in	sg
un	**<,>,<=,>=,=,/=**	un	bool
sg	**<,>,<=,>=,=,/=**	sg	bool
un	**<,>,<=,>=,=,/=** c	na	bool
sg	**<,>,<=,>=,=,/=** c	in	bool

3.3. PREDEFINED FUNCTIONS

SHIFT_LEFT(un, na)   un
SHIFT_RIGHT(un, na)   un
SHIFT_LEFT(sg, na)   sg
SHIFT_RIGHT(sg, na)   sg
ROTATE_LEFT(un, na)   un
ROTATE_RIGHT(un, na)   un
ROTATE_LEFT(sg, na)   sg
ROTATE_RIGHT(sg, na)   sg
RESIZE(sg, na)   sg
RESIZE(un, na)   un

3.4. CONVERSION FUNCTIONS

From	To	Function
un,bv	sg	**SIGNED**(from)
sg,bv	un	**UNSIGNED**(from)
un,sg	bv	**BIT_VECTOR**(from)
un,sg	in	**TO_INTEGER**(from)
na	un	**TO_UNSIGNED**(from)
in	sg	**TO_SIGNED**(from)

4. SYNOPSYS' STD_LOGIC_ARITH

4.1. PREDEFINED TYPES

UNSIGNED(na **to** | **downto** na) Array of
STD_LOGIC

SIGNED(na **to** | **downto** na) Array of
STD_LOGIC

SMALL_INT Integer subtype, 0 or 1

4.2. OVERLOADED OPERATORS

Left	Op	Right	Return
	abs	sg	sg,lv
	-	sg	sg,lv
un	**+,-,*,/**	un	un,lv
sg	**+,-,*,/**	sg	sg,lv
sg	**+,-,*,/** c	un	sg,lv
un	**+,-** c	in	un,lv
sg	**+,-** c	in	sg,lv
un	**+,-** c	u/l	un,lv
sg	**+,-** c	u/l	sg,lv
un	**<,>,<=,>=,=,/=**	un	bool
sg	**<,>,<=,>=,=,/=**	sg	bool
un	**<,>,<=,>=,=,/=** c	in	bool

sg	<,>,<=,>=,=,/= c	in	bool

4.3. PREDEFINED FUNCTIONS

SHL(un, un) un   **SHR**(un, un) un

SHL(sg, un) sg   **SHR**(sg, un) sg

EXT(lv, in) lv   zero-extend

SEXT(lv, in) lv   sign-extend

4.4. CONVERSION FUNCTIONS

From	To	Function
un,lv	sg	**SIGNED**(from)
sg,lv	un	**UNSIGNED**(from)
sg,un	lv	**STD_LOGIC_VECTOR**(from)
un,sg	in	**CONV_INTEGER**(from)
in,un,sg,u	un	**CONV_UNSIGNED**(from,size)
in,un,sg,u	sg	**CONV_SIGNED**(from,size)
in,un,sg,u	lv	

CONV_STD_LOGIC_VECTOR(from,size)

5. SYNOPSYS' STD_LOGIC_UNSIGNED

5.1. OVERLOADED OPERATORS

Left	Op	Right	Return
	+	lv	lv
lv	+,-,*	lv	lv
lv	+,-c	in	lv
lv	+,- c	u/l	lv
lv	<,>,<=,>=,=,/=	lv	bool
lv	<,>,<=,>=,=,/= c	in	bool

5.2. CONVERSION FUNCTIONS

From	To	Function
lv	in	**CONV_INTEGER**(from)

6. SYNOPSYS' STD_LOGIC_SIGNED

6.1. OVERLOADED OPERATORS

Left	Op	Right	Return
	abs	lv	lv
	+,-	lv	lv
lv	+,-,*	lv	lv
lv	+,-c	in	lv
lv	+,- c	u/l	lv

© 1995-1998 Qualis Design Corporation

lv	<,>,<=,>=,=,/=	lv	bool
lv	<,>,<=,>=,=,/= c	in	bool

6.2. CONVERSION FUNCTIONS

From	To	Function
lv	in	**CONV_INTEGER**(from)

7. SYNOPSYS' STD_LOGIC_MISC

7.1. PREDEFINED FUNCTIONS

AND_REDUCE(lv | uv)   u/l

OR_REDUCE(lv | uv)   u/l

XOR_REDUCE(lv | uv)   u/l

8. CADENCE'S STD_LOGIC_ARITH

8.1. OVERLOADED OPERATORS

Left	Op	Right	Return
u/l	+,-,*,/	u/l	u/l
lv	+,-,*,/	lv	lv
lv	+,-,*,/c	u/l	lv
lv	+,-c	in	lv
uv	+,-,*	uv	uv
uv	+,-,*c	u/l	uv
uv	+,-c	in	uv
lv	<,>,<=,>=,=,/= c	in	bool
uv	<,>,<=,>=,=,/= c	in	bool

8.2. PREDEFINED FUNCTIONS

SH_LEFT(lv, na)   lv

SH_LEFT(uv, na)   uv

SH_RIGHT(lv, na)   lv

SH_RIGHT(uv, na)   uv

ALIGN_SIZE(lv, na)   lv

ALIGN_SIZE(uv, na)   uv

ALIGN_SIZE(u/l, na)   lv,uv

C-like ?: replacements:

COND_OP(bool, lv, lv)   lv

COND_OP(bool, uv, uv)   uv

COND(bool, u/l, u/l)   u/l

8.3. CONVERSION FUNCTIONS

From	To	Function
lv,uv,u/l	in	**TO_INTEGER**(from)
in	lv	**TO_STDLOGICVECTOR**(from,size)

© 1995-1998 Qualis Design Corporation

in   uv
TO_STDULOGICVECTOR(from,size)

9. MENTOR'S STD_LOGIC_ARITH

9.1. PREDEFINED TYPES

UNSIGNED(na **to** | **downto** na**)** Array of
                      STD_LOGIC

SIGNED(na **to** | **downto** na**)** Array of
                      STD_LOGIC

9.2. OVERLOADED OPERATORS

Left	Op	Right	Return
	abs	sg	sg
	-	sg	sg
u/l	**+,-**	u/l	u/l
uv	**+,-,*,/,mod,rem,****	uv	uv
lv	**+,-,*,/,mod,rem,****	lv	lv
un	**+,-,*,/,mod,rem,****	un	un
sg	**+,-,*,/,mod,rem,****	sg	sg
un	**<,>,<=,>=,=,/=**	un	bool
sg	**<,>,<=,>=,=,/=**	sg	bool
	not	un	un
	not	sg	sg
un	**and,nand,or,nor,xor**	un	un
lv	**sla,sra,sll,srl,rol,ror** lv		lv
un	**sla,sra,sll,srl,rol,ror** un		un
sg	**sla,sra,sll,srl,rol,ror** sg		sg
sg	**and,nand,or,nor,xor,**		
	xnor	sg	sg
uv	**sla,sra,sll,srl,rol,ror**	uv	uv

9.3. PREDEFINED FUNCTIONS

ZERO_EXTEND(uv | lv | un, na)   same

ZERO_EXTEND(u/l, na)   lv

SIGN_EXTEND(sg, na)   sg

AND_REDUCE(uv | lv | un | sg)   u/l

OR_REDUCE(uv | lv | un | sg)   u/l

XOR_REDUCE(uv | lv | un | sg)   u/l

9.4. CONVERSION FUNCTIONS

From	To	Function

u/l,uv,lv,un,sg	in	**TO_INTEGER**(from)
u/l,uv,lv,un,sg	in	**CONV_INTEGER**(from)
bool	u/l	**TO_STDLOGIC**(from)
na	un	**TO_UNSIGNED**(from,size)
na	un	**CONV_UNSIGNED**(from,size)
in	sg	**TO_SIGNED**(from,size)
in	sg	**CONV_SIGNED**(from,size)
na	lv	**TO_STDLOGICVECTOR**(from,size)
na	uv	

TO_STDULOGICVECTOR(from,size)

11 Literaturverzeichnis

[1] Schlicht; Nützliche Konventionen; Elektronik 22; 1996

[2] P.Pernards; Digitaltechnik; Hüthig-Verlag, Heidelberg; 1992

[3] Standard 1164-1993; IEEE Standard Multivalue Logic System for VHDL Model Interoperability; IEEE Standards Departement; New York 1994;

[4] PeakVHDL Softwaredokumentation; Accolade Design Automation Inc.; 1997 URL: http://www.acc-eda.com

[5] FPGA-Express Softwaredokumentation; Synopsys Inc.; 1998 URL: http://www.synopsys.com

[6] D.Pellerin, D.Taylor; VHDL Made Easy; Prentice-Hall, Upper Saddle River; 1997

[7] G.Lehmann, B.Wunder, M.Selz; Schaltungsdesign mit VHDL; Franzis-Verlag, Poing; 1994

[8] J.F.Wakerly; Digital Design Principles and Practices; 3rd Edition; Prentice-Hall, Upper Saddle River; 2000

[9] Datenbuch der Serie 74LS; Texas Instruments Deutschland; Freising

[10] Aurora Softwaredokumentation; Viewlogic Inc.; 1997; URL: http://www.viewlogic.com

[11] J.Bhasker; A Guide to VHDL Syntax; Prentice-Hall; Upper Saddle River; 1994

[12] J.Bhasker; Die VHDL Syntax; Prentice-Hall; Upper Saddle River; 1996

[13] J.R.Armstrong, F.G.Gray; VHDL Design Representation and Synthesis, 2nd ed.; Prentice-Hall, Upper Saddle River; 2000

[14] P.J.Ashenden; The VHDL Cookbook; University of Adelaide, South Australia; URL://ftp.cs.adelaide.edu.au/pub/VHDL-Cookbook,

[15] R.Airiau, J.M.Berge, V.Olive; Circuit Synthesis with VHDL; Kluwer Academic Publishers; Boston, Dordrecht; 1994

[16] K.tenHagen; Abstrakte Modellierung digitaler Schaltungen; Springer-Verlag, Berlin,Heidelberg; 1995

[17] A.Bleck, M.Goedecke, S.Huss, K.Waldschmidt; Praktikum des modernen VLSI-Entwurfs; Teubner-Verlag, Stuttgart; 1996

[18] E.Hering, K.Bressler, J.Gutekunst; Elektronik für Ingenieure; VDI-Verlag, Berlin, 1994

[19]   P.Pernards; Digitaltechnik II, Einführung in die Schaltwerke; Hüthig-Verlag, Heidelberg; 1995

[20]   Standard 1076.6; Standard for VHDL Register Transfer Level Synthesis; IEEE Standards Departement; New York 1999;

[21]   Private Mitteilung der Fa. Synopsys Inc

[22]   The Programmable Logic Data Book; XILINX-Corp., San Jose, CA-USA, 1998;

[23]   AMPP Catalog; Altera Corporation, San Jose, CA-USA, 1996;

[24]   Core Solutions Products Catalog; XILINX-Corp., San Jose, CA-USA, 1998;

[25]   FPGA Data Book And Design Guide; Actel Corp., Sunnyvale CA-USA, 1995;

[26]   Altera Data Book; Altera Corp., San Jose, CA-USA; 1995;

[27]   Electronic Design Interchange Format- Version 2.0.0; Electronic Industries Association, Washington DC 1987;

[28]   J.Teich, Digitale Hardware/Software Systeme, Synthese und Optimierung; Springer Verlag, Berlin Heidelberg 1998;

[29]   G.de Micheli, Synthesis and Optimization of Digital Circuits; McGraw-Hill; New York 1994;

[30]   Lattice Data Book 1994; Lattice Semiconductor Corporation; Hillsboro Oregon USA;

[31]   Standard 1076.3, VHDL Synthesis Packages; IEEE Standards Departement; New York 1995;

[32]   Standard 1076-1993, IEEE Standard VHDL Language Reference Manual; IEEE Standards Departement; New York 1994;

[33]   R.S.Pressman, Software Engineering a Practitioner's Approach; McGraw-Hill; New York 1997;

[34]   C.Siemers, Prozessorbau; Carl Hanser Verlag; München Wien 1999;

[35]   W.Oberschelp, G. Vossen, Rechneraufbau und Rechnerstrukturen, 5. Auflage, Oldenbourg Verlag München 1992;

[36]   G.Scarbata, Synthese und Analyse digitaler Schaltungen; Oldenbourg Verlag München 1996;

[37]   P.J.Ashenden, The Designer's Guide to VHDL; Morgan Kaufmann Publishers Inc.; San Francisco 1996;

[38]   CUPL-Software Documentation, Logical Devices Inc; Denver Colorado; URL: http://www.logicaldevices.com;

[39]   B.Cohen, VHDL Answers to Frequently Asked Questions; Kluwer Academic Publishers; Boston Dordrecht; 2. Auflage 1998;

[40]   Texas Instruments; AHC/AHCT Logic Databook Advanced High_Speed CMOS Data Book; 1997;

[41]   D.D.Gajski, Principles of Digital Design; Prentice Hall; Upper Saddle River New Jersey; 1997;

[42]   B.Cohen, VHDL Coding Styles and Methodologies; Kluwer Academic Publishers Boston; Dordrecht, London. 2. Auflage 1999.

[43]   D.L.Perry, VHDL; McGraw-Hill New York. 3. Auflage 1998.

[44]   K.C.Chang, Digital Design and Modelling with VHDL and Synthesis; IEEE Computer Society Press; Los Alamitos, Brüssel 1997.

[45]   R.Ernst, I.Könenkamp, Digitale Schaltungstechnik für Elektrotechniker und Informatiker; Spektrum Akademischer Verlag; Heidelberg 1995.

[46]   Texas Instruments, Digital Design Seminar; Reference Manual 1998.

[47]   ACTEL: Digital Library CD. FPGA Device Data and Application Notes; Sunnyvale California USA 1999.

[48]   XILINX: Synthesis and Simulation Design Guide; No. 040173801; San Jose, CA-USA 1999.

[49]   G.De Micheli, R.Brayton, A.Sangiovanni-Vincentelli: Optimal State Assignment for Finite State Machines; IEEE Transactions on CAD/ICAS, Vol. CAD-4, No. 3, page 269; July 1985.

[50]   St.K.Knapp, Accelerate FPGA-Macros with One-Hot Approach; Electronic Design, Penton Publications; September 1990.

[51]   Advanced Micro Devices: PAL Device Data Book and Design Guide; Sunnyvale California USA 1995.

[52]   A.Auer, Programmierbare Logik-IC; Hüthig-Verlag; Heidelberg 1994.

[53]   M.Wannemacher, Das FPGA Kochbuch; International Thomson Publishing Company; Bonn 1998.

[54]   S.D.Brown, R.J.Francis, J.Rose, S.G.Vranesic, Field-Programmable Gate Arrays; Kluwer Academic Publishers Boston, Dordrecht; London 1992.

[55]   News and Views Newsletter for Altera Customers; www.altera.com; San Jose California May 1999

[56]   M.Jain, The VHDL-Forecast; IEEE-Spectrum p. 36; June 1993

[57]   VHDL-International Markterhebung; URL: http://www.vhdl.org; 1997

[58]   VHDL Quick Reference Card, 1164 Packages Quick Reference Card; Qualis Design Corporation; URL: http://www.qualis.com; 1998

[59]   ModelSim XE Starter Download:
         URL: http://support.xilinx.com/sxpresso/webpack.htm

[60]   Design Automation Standards Commitee of the IEEE Computer Society, P1497 „DRAFT Standard for Standard Delay Format (SDF)"

[61]   IEEE 1076.4 TAG (Technical Actin Group). Standard VITAL ASIC Modeling Specifications. IEEE P1076.4

12   Sachregister